主体功能区区划研究

——基于人地关系地域系统的云南省实证研究

潘玉君　马佳伸　肖　翔　赵　波　马颖涛 等　著

国家自然科学基金项目
国家社会科学基金重大项目
国家哲学社会科学基金项目
云岭名师潘玉君工作室
地理科学国家级实验教学示范中心
低纬高原地理环境与区域发展云南省特色优势学科群
中国博士后科学基金特别资助项目

科学出版社
北　京

内 容 简 介

主体功能区是地理学等学科关注与研究的前沿和重大领域，主体功能区的科学区划和规划是国家和区域空间管制战略与规划的目标及重大任务。本书基于主体功能区研究的核心基础理论——人地关系地域系统理论，运用从定性到定量的综合集成方法、人地关系地域系统、点-轴区域开发空间理论、地理区划理论和地理科学研究维度等理论和方法，以云南省为研究对象进行实证分析，通过基于近百万个数据的模型计算，完成了融国家层面和云南省层面为一体的云南省主体功能区区划方案。

本书是一部探索性、创新性、理论性和区域性的学术著作，可供地理、经济、资源环境和城乡规划等学科及政府部门和区域发展研究等领域的专家学者使用，也可以作为主体功能区方面的教材和教学参考书。

审图号：云 S(2018)010 号

图书在版编目(CIP)数据

主体功能区区划研究：基于人地关系地域系统的云南省实证研究/潘玉君等著. —北京：科学出版社，2018.8

ISBN 978-7-03-058754-1

Ⅰ.①主… Ⅱ.①潘… Ⅲ.①区域规划-研究-云南省 Ⅳ.①TU982.274

中国版本图书馆 CIP 数据核字(2018)第 207843 号

责任编辑：周 炜 罗 娟 / 责任校对：郭瑞芝

责任印制：徐晓晨 / 封面设计：陈 敬

科学出版社出版

北京东黄城根北街 16 号

邮政编码：100717

http://www.sciencep.com

北京厚诚则铭印刷科技有限公司 印刷

科学出版社发行 各地新华书店经销

*

2018 年 8 月第 一 版 开本：720×1000 1/16

2019 年 9 月第二次印刷 印张：18 1/4

字数：368 000

定价：135.00 元

（如有印装质量问题，我社负责调换）

编 委 会

主　　编：潘玉君

副 主 编：马佳伸　赵　波　肖　翔　鄂　鹭

编　　委：（以姓氏笔画为序）

丁文荣　马佳伸　马前涛　马颖涛　王　爽
王文静　孔祥玲　甘德彬　成忠平　吕赛鸫
朱海燕　华红莲　刘　化　刘树芬　庄立会
孙　俊　杨文正　李　佳　李　润　李玉琼
李志洪　肖　翔　吴菊平　汪顺美　张谦舵
陈永森　陈锡才　武友德　林昱辰　周　兵
郑省念　经　壮　赵　波　赵健霞　施　玉
姚　辉　徐　娟　高庆彦　鄂　鹭　韩　磊
韩丽红　童　彦　潘玉君

前　言

主体功能区是地理学等学科关注与研究的前沿和重大领域，主体功能区的合理区划与规划是国家和区域空间管制战略与规划的目标及重大任务。党中央、全国人民代表大会和国务院提出了以科学发展观为指导的主体功能区及其规划编制和施行的宏大思想及计划。国家提出的主体功能区包括四个基本类型：优化开发区、重点开发区、限制开发区和禁止开发区。不同主体功能区有不同的区域定位。其中，限制开发区和禁止开发区所限制和禁止的仅是资源环境条件恶劣地区的过度工业化和过度城镇化，而不是限制和禁止科学工业化和科学城镇化，更不是限制和禁止限制开发区和禁止开发区的区域科学发展。对于限制开发区和禁止开发区的区域科学发展，其发展方向或发展道路，不应该是过度工业化和过度城镇化进而通过第二产业带动区域经济发展，而应该是科学的、适度的城镇化和科学的、适度的工业化进而通过第一产业、第二产业、第三产业的协调发展带动区域发展，实现生态-社会-经济综合效益最大化。

云南省位于我国三大地势阶梯中的第一地势阶梯与第二地势阶梯之间的过渡带和第二地势阶梯上，是诸多河流的发源地和上游区域，也是我国西南边境的重要省份。这里的资源开发、经济发展、生态建设和边境安全，对国家的经济可持续发展和社会和谐稳定有着重大贡献。区域发展理论和区域发展实践均表明，科学的空间规划特别是主体功能区规划及其施行是解决区域问题和实现区域可持续发展的关键。而科学的空间规划最重要的科学基础是科学的地理区划。吴传钧先生在《区域发展与主体功能区系统研究》（潘玉君等著）中阐述道：主体功能区规划的基础是主体功能区区划。省域科学发展的空间规划特别是主体功能区规划的科学根据或科学基础是主体功能区空间系统的科学划分，即省域主体功能区区划。对云南省这样一个复杂巨系统进行主体功能区空间系统的科学划分，主要基于以下两个系统或角度：①进行区域类型研究进而得到云南省主体功能区类型系统；②进行区域系统研究进而得到云南省主体功能区区划系统。用区划地图表达的云南省主体功能区区划系统比用类型地图表达的云南省主体功能区类型系统更能全面而系统地揭示和反映云南省主体功能区的空间结构，是进行主体功能区规划进而施行云南省科学发展的重要科学根据。云南省独特的区位和资源环境条件决定了其在国家主体功能区中的重要地位。云南省主要肩负落实科学发展观、为国家可持续发展提供资源环境保障和保障国家边境安全等方面的使命。这是云南省对国家的贡献，也是国家对云南省提出的要求。因此，云南省在国家主体功能区区划中的区域类型基本属于限制开发区和禁止开发区两个类型。云南省的限制开发区和禁止开发区的发展方向，除了科学的、适度的城镇化和科学的、适度的工业化之外，更重要的是农业特色化和规模化高速发展及旅游业特色化和规模化高速发展，水能资源、矿产资源等独有资源的集约化开发利用和大生态环境安全的维护建设。编制出既肩负国家使命又符合云南省情的云南省主体功能区区划方案，是编制云南省主体功能区规划方案的最重要的科学基础。

云南省是自然地理环境、人文地理环境和经济地理环境均十分复杂的地区。从理论上看，区域主体功能区区划应该以区域自然地理区划、区域人文地理区划、区域经济地理区划及区域综合地理区划为基础，但由于诸多方面的因素，云南省除了有主要以植被地理区划为基础的综合自然地理区划，迄今尚无云南省经济地理区划、云南省人文地理区划和云南省综合地理区划。对这样地理环境复杂和研究基础薄弱的省区开展主体功能区区划，是一项十分复杂而艰难的系统工程。因此我们的研究工作和所编制的主体功能区区划方案一定存在很多缺点和不足。

作者在主体功能区方面的研究始于2005年，得到云南省主体功能区重大项目(2006)、云南省全国经济普查重大项目(2005)、云南省政府决策咨询项目(2008)、国家自然科学基金项目(2012、2017)、国家哲学社会科学基金项目(2007、2012、2015等)、国家社会科学基金重大项目(2016)、中国博士后科学基金特别资助项目(2018)等有关项目的支持，取得了一系列成果，包括著作、论文和咨询建议报告等。本书是在吸收上述研究中的有关成果的基础上，在百万数据的支持下，大量更新数据、新增内容而形成的。本书对于更加科学地认识云南省主体功能空间结构和更加科学系统地优化云南省主体功能区规划具有重要的科学应用价值，对于科学系统地研究地理环境复杂地区的主体功能区空间划分以及地理空间划分具有重要的理论价值。

近年来，在关于地理学理论、区域发展和主体功能区及云南省区域研究等方面的教学与研究中，得到吴传钧院士、陆大道院士、郑度院士、孙鸿烈院士、李文华院士、王恩涌教授、蔡运龙教授、张国友研究员、景贵和教授、陈永森教授、赫维人教授、李灿光参事、温宝臣研究员、明庆忠教授、武友德教授、骆华松教授等的关怀、指导和帮助，在此一并表示衷心的感谢。

限于作者水平，书中难免有疏漏和不足之处，敬请读者批评指正。

目　　录

前言
第一章　主体功能区研究核心基础理论 …… 1
第一节　认识历程:地理学研究核心的系统历程和个体历程 …… 1
第二节　基本逻辑Ⅰ:人地关系地域系统的世界图景 …… 2
第三节　基本逻辑Ⅱ:人地关系地域系统的认识环节 …… 3
第四节　基本逻辑Ⅲ:人地关系地域系统的系统位置 …… 3
第五节　基本逻辑Ⅳ:人地关系地域系统中的人地关系 …… 4
第六节　基本逻辑Ⅴ:人地关系地域系统中的地域系统 …… 5
第七节　基本逻辑Ⅵ:人地关系地域系统涵义及其规定 …… 5
第八节　基本逻辑Ⅶ:人地关系地域系统的公理与法则 …… 5
第九节　人地关系地域系统理论的体系框架 …… 6
第二章　主体功能区区划的基本内涵 …… 8
第一节　主体功能区的基本概念 …… 8
第二节　主体功能区区划的基本概念与基本原则 …… 11
第三节　云南省在国家主体功能区规划的地位 …… 14
第三章　主体功能区的有关指标体系 …… 17
第一节　国家发展改革委提出的指标体系 …… 17
第二节　有关地区主体功能区规划指标体系 …… 18
第三节　云南省主体功能区区划的逻辑思路 …… 26
第四节　云南省主体功能区区划的指标体系 …… 28
第四章　主体功能区指标的计算方法 …… 31
第一节　资源环境基础的计算方法 …… 31
第二节　现有开发强度的计算方法 …… 39
第三节　发展潜力的计算方法 …… 52
第四节　功能区发展能力指数的计算方法 …… 61
第五节　主体功能区区划部分数据的计算 …… 62
第五章　云南省主体功能区区划的客观基础 …… 64
第一节　客观基础Ⅰ:资源环境承载能力指数(*A*)的县域差距 …… 64
第二节　客观基础Ⅱ:现有开发强度指数(*B*)的县域差距 …… 66
第三节　客观基础Ⅲ:发展潜力指数(*C*)的县域差距 …… 68

第四节　客观基础Ⅳ:功能区发展能力指数(*D*)的县域差距 …… 70
第六章　云南省主体功能区区划系统 …… 73
第一节　概述 …… 73
第二节　功能区发展能力指数(*D*)的区域差距 …… 89
第三节　资源环境承载能力指数(*A*)的区域差距 …… 89
第四节　现有开发强度指数(*B*)的区域差距 …… 91
第五节　发展潜力指数(*C*)的区域差距 …… 92
第七章　昆玉主体功能区基本特征 …… 94
第一节　昆玉主体功能区的概况 …… 94
第二节　昆玉主体功能区的区域差异 …… 99
第八章　保普主体功能区基本特征 …… 103
第一节　保普主体功能区的概况 …… 103
第二节　保普主体功能区的区域差异 …… 108
第九章　麒蒙主体功能区基本特征 …… 113
第一节　麒蒙主体功能区的概况 …… 113
第二节　麒蒙主体功能区的区域差异 …… 118
第十章　宣富主体功能区基本特征 …… 123
第一节　宣富主体功能区的概况 …… 123
第二节　宣富主体功能区的区域差异 …… 128
第十一章　勐广主体功能区基本特征 …… 132
第一节　勐广主体功能区的概况 …… 132
第二节　勐广主体功能区的区域差异 …… 137
第十二章　楚大主体功能区基本特征 …… 140
第一节　楚大主体功能区的概况 …… 140
第二节　楚大主体功能区的区域差异 …… 145
第十三章　昭通主体功能区基本特征 …… 149
第一节　昭通主体功能区的概况 …… 149
第二节　昭通主体功能区的区域差异 …… 153
第十四章　迪怒主体功能区基本特征 …… 158
第一节　迪怒主体功能区的概况 …… 158
第二节　迪怒主体功能区的区域差异 …… 162
第十五章　各市州的主体功能区的基本构成 …… 167
第一节　昆明市的主体功能区的构成情况 …… 167
第二节　曲靖市的主体功能区的构成情况 …… 171
第三节　玉溪市的主体功能区的构成情况 …… 174

第四节　保山市的主体功能区的构成情况 …… 177
第五节　昭通市的主体功能区的构成情况 …… 180
第六节　丽江市的主体功能区的构成情况 …… 183
第七节　普洱市的主体功能区的构成情况 …… 184
第八节　临沧市的主体功能区的构成情况 …… 187
第九节　楚雄彝族自治州的主体功能区的构成情况 …… 189
第十节　红河哈尼族彝族自治州的主体功能区的构成情况 …… 192
第十一节　文山壮族苗族自治州的主体功能区的构成情况 …… 195
第十二节　西双版纳傣族自治州的主体功能区的构成情况 …… 196
第十三节　大理白族自治州的主体功能区的构成情况 …… 198
第十四节　德宏傣族景颇族自治州的主体功能区的构成情况 …… 201
第十五节　怒江傈僳族自治州的主体功能区的构成情况 …… 203
第十六节　迪庆藏族自治州的主体功能区的构成情况 …… 205
参考文献 …… 208
附录 …… 226
附录 1　云南省主体功能区规划 …… 226
附录 2　云南省资源环境载荷类型评价 …… 241
附录 3　云南省资源环境承载能力预警类型评价 …… 248
附录 4　云南省 129 个县(市、区)民族数据 …… 263
附录 5　云南省 129 个县(市、区)义务教育状态 …… 268
附录 6　云南省 129 个县(市、区)自然地理背景 …… 275
附录 7　云南省综合自然区划 …… 279

第一章　主体功能区研究核心基础理论

主体功能区研究的最重要和最直接的基础理论是吴传钧提出和阐述的人地关系地域系统理论。该理论也是主体功能区研究的核心理论，其具有鲜活的生命力，是不断发展的理论。

德国古典哲学特别是黑格尔哲学和马克思哲学提出和阐述了理性认识和理论构建中的“逻辑”和“历史”的关系——“历史和逻辑的同一”——问题。地理学的理论思维和理论构建要遵循“历史与逻辑的同一”原则。黑格尔提出和阐述了“逻辑先于历史”即逻辑是随着历史发展而逐渐展开的和凸显出来的著名命题。纵观地理学发展历史，而不是地理学发展的研究历史，可以发现这样一个基本规律：地理学若干基本理论问题以研究对象、研究核心、学科体系、科学方法和研究范式等科学概念或科学范畴形式，随着地理学发展历史而逐渐展现出来。在这一宏大历史过程中，表达科学概念或科学范畴的名词或术语伴随着地理学发展史而逐渐形成。孕育于古代地理学时期和萌发于近代地理学时期的“地理学研究核心”问题，在现代地理学时期凸显出来，成为现代地理学要回答的地理学元问题之一。吴传钧率先明确提出了“地理学研究核心”这个地理学元问题，并从历史角度和逻辑角度研究和回答了这个元问题：①提出和阐述了“人地关系地域系统”这个地理学的重要科学概念；②提出和阐述了“地理学研究核心是人地关系地域系统”重要观点；③阐述了“人地关系地域系统的研究范式”。这不仅是中国地理学的理论“自觉”而且是地理学的理论“自觉”的范例，正如洪堡、李特尔、白兰士、拉采尔、道库恰耶夫、赫特纳、索恰瓦……的理论“自觉”那样。这是中国地理学(家)对地理学学科和理论的重要知识生产贡献之一。人地关系地域系统理论的系统构建和发展，就成为地理学重要理论工作，其中包括逻辑基础即人地关系地域系统理论的逻辑基础。本书在系统学习地理学理论特别是吴传钧关于人地关系地域系统有关论述的基础上，试论人地关系地域系统理论的逻辑基础。

第一节　认识历程：地理学研究核心的系统历程和个体历程

遵循科学哲学系统研究地理学史特别是地理学思想史可以发现一个基本规律，地理学的若干基本问题包括：地理学研究对象、地理学研究核心、地理学学科体系、地理学基本价值、地理学研究范式、地理学基本原理和地理学科学发展，这些基本问题的明确提出、系统回答和科学阐述，是伴随地理学发展历史而逐渐展开的含义化、概念化、术语化和问题化的过程。地理学对于地理学研究核心这个地理学元命题的认识有系统历程和个体历程。地理学研究核心认识的系统历程是指地理学或地理学家群体在不同地理学时期对地理学研究核心认识的发展演变过程。地理学研究核心认识的个体历程是指某一位地理学家在其不同学术阶段对地理学研究核心认识的发展演变过程。地理学研究核心认识的系统历程是地理学研究核心的认识的个体历程的背景和基础。在地理学思想史上,理论修养深厚和富有学科使命感的一些地理学家或自觉或不自觉地阐述地理学研究核心问题。他们虽然没有使用地理学研究核心术语,但较为明确地阐述了地理学研究核心的内涵。其中,近、现代地理学时期的李特尔地理学中心原理“自然的一切现象和形态对人类的关系”,李希霍芬地理学最高目标“人与自然以及生物特征之间关系”,竺可桢“地理学乃研究地面上各种事物之分配及其对于人类影响”,索尔“文化景观论和文化景观是人文地理学研究核心”,费谢尔“区域地理是地理学研究核心”,李旭旦“人地关系是地理核心”和吴传钧“人地关系地域系统是地理学研究核心”等都是地理学研究核心认识的系统历程的组成部分。吴传钧先生对地理学研究核心认识的历程属于个体历程,是系统历程中最重要的个体历程。1979 年中国地理学会第四届代表大会,吴传钧在大会报告中已提出并初步阐述地理学研究核心问题并给出地理学研究核心是人地关系地域系统涵义的科学答案。1980 年他以大会报告为基础发表“地理学的特殊研究领域和今后任务”,进一步阐述地理学研究核心“人地关系地域系统”若干问题。1991 年他在《经济地理》发表“论地理学研究核心——人地关系地域系统”,系统阐述地理学研究核心是人地关系地域系统。在该文中还系统阐述了人地关系地域系统研究内容。这些内容已超越研究内容,实际上是阐述人地关系地域系统的包括科学维度、价值维度和伦理维度的研究范式。

在现代地理学时期,地理学研究核心这个地理学元问题的提出和回答以及给出科学的系统的答案,这是地理学发展的必然规律。无论是哪个国家哪个学派哪位地理学家,在现代地理学时期能率先明确提出“地理学研究核心”这个地理学元命题并给出科学系统答案,都是对地理学特别是地理学理论和地理学学科的重大知识贡献。吴传钧不仅明确提出“地理学研究核心”这个地理学元命题,而且提出和定义“人地关系地域系统”这个地理学基本科学概念,回答和给出“地理学研究核心”的科学的、系统的答案——人地关系地域系统。这三个方面的重大知识贡献,是中国现当代地理学家对地理学若干重大知识贡献之一。

第二节　基本逻辑Ⅰ:人地关系地域系统的世界图景

马克思哲学和马克思主义哲学认为人类认识和把握客观世界的方式是多元

的，包括哲学方式、科学方式、常识方式、神话方式、宗教方式、艺术方式和伦理方式。不同的把握方式构成不同的世界图景：哲学的世界图景、科学的世界图景、常识的世界图景、神话的世界图景、宗教的世界图景、艺术的世界图景和伦理的世界图景。其中，最主要的把握方式及其世界图景是：通过哲学方式获得哲学的世界图景，通过科学方式获得科学的世界图景，通过常识方式获得常识的世界图景。地理学对于人地关系地域系统的把握方式应该是地理科学方式，地理学对人地关系地域系统的世界图景应该是地理科学的世界图景。地理科学方式和地理科学世界图景，与哲学方式和地理哲学世界图景、常识方式和地理常识世界图景之间有复杂因果反馈关系。人地关系地域系统的科学方式和科学图景需要人地关系地域系统理论。人地关系地域系统理论是包括内在原理、桥接原理和导出原理等在内的，具有一定结构的，不仅解释人地关系地域系统现象而且解释人地关系地域系统规律的演绎陈述系统。

第三节 基本逻辑Ⅱ：人地关系地域系统的认识环节

马克思哲学关于认识的过程是：基于经验的感性认识→理性认识→基于理性的感性认识。这一原理适合于对人地关系地域系统的系统认识过程和个体认识过程。人地关系地域系统的系统认识过程，是指地理学家对人地关系地域系统的认识过程；人地关系地域系统的个体认识过程是指某一地理学家、地理学学派等对人地关系地域需要的认识过程。个体认识过程是系统认识过程的一部分。在人地关系地域系统的基于经验的感性认识阶段或环节上主要呈现出多元特征：角度多元、层次多元、对象多元。在人地关系地域系统的理性认识阶段或环节上主要呈现一元特征：规范的概念和原理等。在人地关系地域系统的基于理性的感性认识阶段或环节上主要呈现新的多元特征——对象的角度多元、对象的层次多元和对象的方法多元等。其中，从科学研究意义看，形成和构建人地关系地域系统的理性是地理学科学研究人地关系地域系统的最重要环节。

第四节 基本逻辑Ⅲ：人地关系地域系统的系统位置

古代地理学时期托勒密和斯特拉波已有地球表层思想，近代地理学时期李希霍芬提出地球表层概念和地理学研究对象是地球表层观点。现代地理学时期钱学森提出和阐述地球表层及其是地理科学研究对象。黄秉维科学地把地球表层区分为地球陆地表层和地球大洋表层，提出和阐述地球陆地表层是地理学研究对象。吴传钧提出和阐述人地关系地域系统及其是地理学研究核心。这里有两个系统：作为地理学研究对象的地球陆地表层系统；作为地理学研究核心的人地关系地域系统。这两个概念及其论断是中国地理学家对地理学学科和理论的重大贡献。这两个系统均具有地域分异性特征和“两类系统”。地球陆地表层的基本特征之一是地域分异性。地球陆地表层系统在自然地域分异因素、经济地域分异因素和人文地域分异因素以及综合地域分异因素作用下，发生地域分异，分异出若干不同空间范围尺度和不同自然地理类型、经济地理类型和人文地理类型和综合地理类型的地域（或地区或区域），构成了地域系统和以地域等级为基础的地域类型系统。人地关系地域系统的基本特征之一是地域分异性。人地关系地域系统在自然地域分异因素、经济地域分异因素和人文地域分异因素以及综合地域分异因素作用下，发生地域分异，分异出若干不同空间范围尺度和不同类型的人地关系地域系统，构成了人地关系地域系统的地域系统和人地关系地域系统的类型系统。前者相当于地域系统研究视角的划分即人地关系地域系统的区划，后者相当于类型系统研究视角的划分即人地关系地域系统的类型。无论是地球陆地表层系统还是人地关系地域系统，均有地域系统和类型系统这两种地理空间及其观念，具有地理本体论、地理认识论、地理方法论和地理知识论意义。

这两个系统及其地域系统和类型系统在地域空间水平范围上具有吻合性或一致性；在地域空间垂直范围上和构成要素以及机制上，人地关系地域系统是地球陆地表层系统的核心子系统。

第五节　基本逻辑Ⅳ：人地关系地域系统中的人地关系

对于人地关系这一地理学的重要科学概念，地理学家的认识或定义角度尚存在很大的差别，形成了不同的认识或角度：不加区域界定的人地关系的定义、不加区际界定的人地关系的定义、不加过程的人地关系的定义和力求时空统一的人地关系定义。①不加区域界定的人地关系的概念。这种概念泛指人类与地理环境之间的关系。这种定义存在着没有具体界定区域等方面的问题，是哲学思辨的概念，而不是地理科学的概念。②加以区域界定的人地关系概念。这种概念将人地关系定义为某区域的人地关系是指这个区域内的人的群体的活动与这个区域内资源和环境条件之间的关系。③加以区际界定的人地关系概念。这种概念将人地关系定义为某区域的人地关系是指这个区域内人的群体活动与这个区域内资源和环境条件之间的关系和与这个区域有关的区域之间关系的总和。④加以时空界定的人地关系概念。这种概念将人地关系定义为某区域的某时期的人地关系是指这个区域内的人的群体活动与这个区域内资源和环境条件之间的关系和与这个区域有关的区域之间关系以及历史继承（乃至未来规划）关系的总和。

第六节　基本逻辑Ⅴ:人地关系地域系统中的地域系统

人地关系地域系统中的地域系统有两个理解的角度:要素关系的概念和地域关系的概念。①要素关系的角度的概念。“人地关系地域系统”中的“地域系统”,是指某一个地域内的各种地理要素(自然地理要素、经济地理要素和人文地理要素)之间通过能量流、物质流和信息流等和各种因果反馈关系而形成和维持的系统。其中,等级较高的是这个地域内的人的群体的活动子系统与这个地域内的资源和环境子系统之间的人地关系。目前绝大多数学者是这样理解地域系统的。②地域关系的角度的概念。“人地关系地域系统”中的“地域系统”,是指某一个地域与与其有关的其他地域(背景地域、相关地域和次级地域)之间通过能量流、物质流和信息流等和各种因果反馈关系而形成和维持的系统。

第七节　基本逻辑Ⅵ:人地关系地域系统涵义及其规定

人地关系地域系统在理解为关于人地关系的地域系统的基础上,还可以理解为关于地域系统的人地关系。①人地关系地域系统的含义与规定Ⅰ。人地关系地域系统可以理解为关于人地关系的地域系统。这是绝大多数地理学家和地理工作者所理解的人地关系地域系统。吴传钧院士指出,人地关系地域系统是以地球表层一定地域为基础的人地关系系统。这种理解规定了地理科学对地域系统研究的主要角度是人地关系。如何进行以地域为基础的人地关系的系统研究呢?建立人地关系公理是必要的和必然的。②人地关系地域系统的含义与规定Ⅱ。人地关系地域系统可以理解为关于地域系统的人地关系。这是需要地理学家和地理工作者需要拓展理解的人地关系地域系统。这种理解规定了地理科学对于人地关系研究的主要角度是地域系统。如何进行以人地关系为主要角度的地域的系统研究呢?建立地域公理是必要的和必然的。

第八节　基本逻辑Ⅶ:人地关系地域系统的公理与法则

对人地关系地域系统的本体认识,可以抽象提升出无需逻辑证明的公理系统。这些公理也是研究人地关系地域系统法则的基础。公理和法则都是科学陈述,侧重不同:公理所阐述的是人地关系地域系统的客观属性,属于人地关系地域系统本体论范畴,是今后系统构建人地关系地域系统理论的逻辑起点;法则所阐述的是人们在认识、研究和表达人地关系地域系统时所要遵循的根本规则,属于认识论、方法论和知识论范畴。这里需要阐明的是,许多哲学家认为知识论就是认识论。而我们认为两者有联系但是也有区别,知识论是关于对认识和研究结果的表述。

第一,人地关系公理与法则。地理科学中的人地关系具有三种属性是地理科学关于人地关系研究的全部理论的元基础。它们构成了地理科学关于人地关系公理系统:①公理Ⅰ。任何人地关系都是地域系统的人地关系。地理科学所理解和研究的人地关系都是一定地域内的人地关系,其状态取决于这个地域以及与这个地域有关系的诸多地域的性质和特征。②公理Ⅱ。任何人地关系都是人与地因果反馈的人地关系。这里存在着地对人的作用和人对地的作用,有些情况地对人的作用表现突出,有些情况人对地的作用表现突出。③公理Ⅲ。任何人地关系都是发展过程中的人地关系。任何人地关系在某一时期的总体特征还取决于这个地域在过去历史时期的特征乃至未来规划时期的发展期望。这三个公理决定了人地关系研究法则:①法则Ⅰ。认识、研究和表达人地关系要从地域系统角度进行。②法则Ⅱ。认识、研究和表达人地关系要从人和地之间因果反馈关系进行。③法则Ⅲ。认识、研究和表达人地关系要从历史和未来发展过程进行。

第二,地域系统公理与法则。地理科学中的地域具有三种属性,是地理科学关于地域或区域研究的全部理论的元基础。它们构成了地理科学关于地域或区域的公理体系乃至形式体系的公理系统:①公理Ⅰ。任何地域都是人地关系的地域。任何地域在某一时期的总体特征取决于这个地域内的人的群体活动与这个地域内的资源环境之间的关系。②公理Ⅱ。任何地域都是地域系统中的地域。任何地域在某一时期的总体特征还取决于这个地域与与其有关的诸多地域之间的关系。③公理Ⅲ。任何地域都是发展过程中的地域。任何地域在某一时期的总体特征还取决于这个地域在过去历史时期的特征乃至未来规划时期的发展期望。所以,某一个地域在某一时期的状态取决于:这个地域内的人和这个地域内的地之间的关系、其他地域对这个地域的作用、这个地域的历史时期的状态以及未来规划时期的期望。这三个公理决定了地域系统研究法则:①法则Ⅰ。认识、研究和表达地域系统要从人地关系角度进行。②法则Ⅱ。认识、研究和表达地域系统都要从地域系统之间关系进行。③法则Ⅲ。认识、研究和表达地域系统要从历史和未来发展过程进行。

第九节　人地关系地域系统理论的体系框架

人地关系地域系统的科学知识包括人地关系地域系统的经验事实、人地关系地域系统的科学事实、人地关系地域系统的基本性质、人地关系地域系统的科学问题、人地关系地域系统的科学规律、人地关系地域系统的科学学说、人地关系地域系统的科学案例、人地关系地域系统的研究范式和人地关系地域系统的科学理论等形态。其最高形态是人地关系地域系统的科学理论。人地关系地域系统的科学理论的系统构建，需要笛卡儿所倡导的“理性”和培根所倡导的“经验”的双重基础以及“归纳的逻辑”和“演绎的逻辑”的双重逻辑，“理性”和“演绎的逻辑”的作用越来越重要。人地关系地域系统的科学理论的知识成分也一定不仅包括经验成分而且包括先验成分和超验成分。地理学思想史和地理学哲学的一些论著中有这样的观点——地理学知识特别是地理学理论知识是纯粹经验成分和归纳的逻辑知识。其实这种观点是不正确的起码是不全面的观点。关于这些认识我们将在其他论著中阐述。本书所阐述的问题基本属于具有知性基础的理性范畴，强调的是理性和演绎的逻辑重要性，具有鲜明形而上特征。不仅人地关系地域系统理论构建需要理性、演绎、先验、超验和形而上，而且地理学的科学发展同样需要理性、演绎、先验、超验和形而上。人地关系地域系统是中国特色地理学的核心知识之一，也是走向科学的人本地理学和人本的科学地理学的基础之一。

第二章　主体功能区区划的基本内涵

第一节　主体功能区的基本概念

由于任何一个地域或区域都不是孤立的，都是地域系统或区域系统中的地域或区域，因此，某一个地域或区域在其地域系统或区域系统中都有其应有的地位和作用。从这个地位或作用出发，就有了主体功能和主体功能区的概念。

一、地域系统

地域系统可以经地域分异或地域组合两个途径形成，也可以从这两方面来认识和研究（图 2-1）。第一，从地域分异的角度看，某地域 R 在地域分异因素的作用下分异出 R_1、R_2 和 R_3；R_1 在地域分异因素的作用下分异出 R_{11}、R_{12} 和 R_{13}，R_2 在地域分异因素的作用下分异出 R_{21}、R_{22}、R_{23} 和 R_{24}，R_3 在地域分异因素的作用下分异出 R_{31} 和 R_{32}。第二，从地域组合的角度看，地域 R_{11}、R_{12} 和 R_{13} 在地域组合因素的作用下组合成 R_1，R_{21}、R_{22}、R_{23} 和 R_{24} 在地域组合因素的作用下组合成 R_2，R_{31} 和 R_{32} 在地域组合因素的作用下组合成 R_3；地域 R_1、R_2 和 R_3 在地域组合因素的作用下组合成 R。它们构成了地域系统。

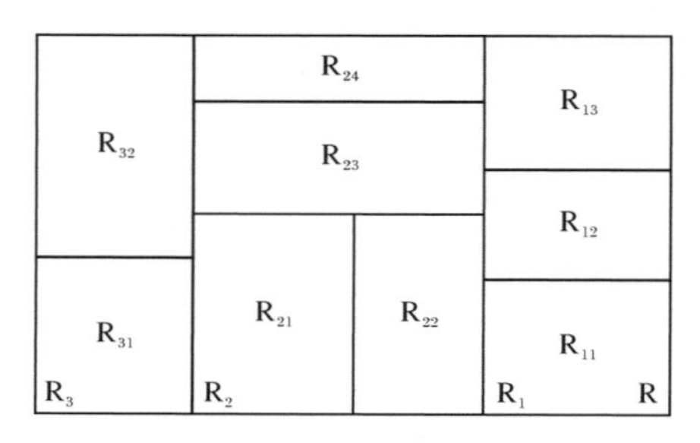

图 2-1　地域系统示意图

二、主体功能与主体功能区

（一）区域主体功能

区域主体功能是指某地域相对它的背景地域和相关地域所承担的主要功能。

在这个地域系统中,对地域R而言,每一个次一级地域或每一个次二级地域对地域R的贡献或作用,就是这个次一级或次二级地域的区域主体功能。从地理学的学科看,这个主体功能可以解析为自然地理主体功能、经济地理主体功能和人文地理主体功能及综合地理主体功能。这个地域除具有主体功能外,还有辅助功能和次要功能。

如果这个地域R代表全国,那么从行政系统看,每一个次一级地域就是各个省(自治区、直辖市),每一个次二级地域就是各个市(地区、自治州)等行政区域。如果这个地域R是一个省域,那么从行政系统看,每一个次一级地域就是各个市(地区、自治州),每一个次二级地域就是各个县或区等行政区域。每一个地域的主体功能取决于这个地域在地域R中的地理位置、资源环境基础、社会经济发展水平和发展潜力及人地关系状态等共同决定的区位优势和区位特色。

(二)主体功能区

如果地域R的某些次级地域其主体功能相似或联系密切,那么这些次级地域就构成了关于地域R的某一主体功能区域,简称主体功能区。每一个主体功能区均有其自己主要的和独特的功能。主体功能区就是基于不同区域的资源环境承载能力、现有开发密度和发展潜力等,按照区域分工和协调发展的原则,将特定区域确定为特定主体功能定位类型的一种空间单元与规划区域。主体是指一个地区相对它的背景地域和相关地域所承担的主要功能,即这个地区或以发展经济为其主要功能,或以保护环境为其主要功能,或以其他特有的功能为其发展的主体功能。区域的主体功能决定了该地区的区域属性和发展方向。除区域的主体功能之外,该地区还有辅助功能、次要功能等区域功能。

三、主体功能区的划分类型

(一)主体功能区的基本类型

《中华人民共和国国民经济和社会发展第十一个五年规划纲要》明确提出了主体功能区的发展思想:我国将根据资源环境承载能力、现有开发密度和发展潜力,统筹考虑未来我国人口分布、经济布局、国土利用和城镇化格局,将国土空间划分为优化开发区、重点开发区、限制开发区和禁止开发区四类主体功能区,按照主体功能定位完善区域政策和绩效评价,规范空间开发秩序,形成合理的空间开发结构。

优化开发区是指国土开发密度已经较高、资源环境承载能力开始减弱的区域(如环渤海、长江三角洲和珠江三角洲等地区)。环渤海、长江三角洲和珠江三角洲等地区是我国经济社会发展中的龙头,其发展模式很大程度上决定今后一段时期我国经济增长方式能否转变、新型区域格局能否建立等一系列重大战略问题。这些地区应把提高经济增长的质量和效益放在首位，率先提高自主创新能力，率先实现结构优化升级和经济增长方式转变，率先完善社会主义市场经济体制，在率先发展中带动和帮助中西部地区发展。

重点开发区是指资源环境承载能力较强、集聚经济和人口条件较好的区域（如中原地区、江汉平原、长株潭地区、关中地区、成渝地区等）。重点开发区域要充实基础设施，改善投资环境，加强产业配套能力建设，促进产业集群发展，提高资源利用效率，壮大经济规模，提高城镇化水平，承接限制开发区域和禁止开发区域转移出来的人口，逐步成为未来支撑全国经济发展和人口聚集的重要载体。

限制开发区是指资源环境承载能力较弱、大规模集聚经济和人口条件不够好的生态环境脆弱区域。从国家层面看，主要是事关全国或较大区域范围生态安全的天然林保护地区、退耕还林还草地区、草原“三化”地区、重要水源保护地区、水资源严重短缺地区、国家蓄滞洪区、自然灾害频发地区、石漠化和荒漠化地区、水土流失严重地区等。该类地区必须坚持保护优先、适度发展的方针，从根本上扭转不顾当地生态环境条件盲目搞建设的做法，逐步建成全国重要的生态功能区。

禁止开发区是指依法设立的国家级自然保护区、国家森林公园等各种自然保护区域。禁止开发区主要包括五类：国家级自然保护区、国家级风景名胜区、世界文化自然遗产地、国家地质公园和国家森林公园。

这里的开发主要是指较大强度的工业化和较大规模的城镇化。因此，限制开发区和禁止开发区的限制和禁止，并不是限制和禁止某区域的全面发展，而仅是限制和禁止资源环境条件恶劣地区较大强度的工业化和较大规模的城镇化。各类主体功能区的发展应根据当地的资源环境条件，走以第一、二、三产业的协调带动区域经济发展的道路。限制开发区和禁止开发区，虽然不适合也不应该进行较大强度的工业化和较大规模的城镇化，但是可以根据当地的资源环境条件适度地进行工业化和城镇化，走第一、二、三产业的协调发展的道路，还可以接受国家的财政转移支付。

（二）主体功能区的类型系统

1）类型系统

上述四个类型是基本的主体功能区类型。实际上，在每一个基本类型中，还应该根据区域特点和实际情况，增加若干亚类和次类，见表 2-1。例如，在优化开发区类中，划分为强度优化开发区亚类（QY）、中度优化开发区亚类（ZY）、轻度优化开发区亚类（qY）；在重点开发区类中，划分为强度重点开发区亚类（QZ）、中度重点开发区亚类（ZZ）、轻度重点开发区亚类（qZ）；在限制开发区类中，划分为轻度限制开发区亚类（qX）、中度限制开发区亚类（ZX）、强度限制开发区亚类（QX）；在禁止开发区类中，划分为轻度禁止开发区亚类(qJ)、中度禁止开发区亚类(ZJ)、强度禁止开发区亚类(QJ)。这样，就可以逻辑地得到主体功能区类型系统。

2)发展目标

这些主体功能区都要发展，都要对国家或上一级地域的发展承担责任，只是发展的侧重点不同。第一，就经济发展目标或任务而言，这些主体功能区的责任，从大到小为 QY、ZY、qY、QZ、ZZ、qZ、qX、ZX、QX、qJ、ZJ、QJ；第二，就生态建设和环境保护发展目标或任务而言，这些主体功能区的责任，从小到大为 QY、ZY、qY、QZ、ZZ、qZ、qX、ZX、QX、qJ、ZJ、QJ；第三，就社会特别是民生发展目标而言，这些主体功能区要通过财政转移支付、生态补偿、碳排补偿、生态消耗补偿等手段，按购买力平价计算，实现区域均衡。最终在不同类型的主体功能区之间实现区域均衡，科学发展。

表 2-1　主体功能区分类系统

主体功能区类	主体功能区亚类
优化开发区(Y)	强度优化开发区亚类(QY)
	中度优化开发区亚类(ZY)
	轻度优化开发区亚类(qY)
重点开发区(Z)	强度重点开发区亚类(QZ)
	中度重点开发区亚类(ZZ)
	轻度重点开发区亚类(qZ)
限制开发区(X)	轻度限制开发区亚类(qX)
	中度限制开发区亚类(ZX)
	强度限制开发区亚类(QX)
禁止开发区(J)	轻度禁止开发区亚类(qJ)
	中度禁止开发区亚类(ZJ)
	强度禁止开发区亚类(QJ)

第二节　主体功能区区划的基本概念与基本原则

一、主体功能区区划的基本概念

(一) 主体功能区区划的科学内涵

根据地理区划的思想、原则和方法及主体功能指标，将地域 R 划分成不同地域等级的地域系统或将若干次级地域逐级合并为地域 R 的过程，就是主体功能区区划，所得到的区划方案就是主体功能区区划方案。它是主体功能区规划的重要基础。

（二）主体功能区区划的基本层次

主体功能区区划针对不同地域尺度有不同的方案。就目前而言，它可以包括三个层面的区划方案：①针对国家发展总体构想的国家层面的主体功能区区划；②针对省域发展总体构想的省域层面的主体功能区区划；③针对市域发展总体构想的市域层面的主体功能区区划。

这三个区域尺度的主体功能区区划之间是紧密联系的。在系统工作的角度，第一，从自上而下的角度看，国家层面的主体功能区区划是省域层面的主体功能区区划的框架基础，省域层面的主体功能区区划是对国家层面主体功能区区划的细化；省域层面的主体功能区区划是市域层面的主体功能区区划的框架基础，市域层面的主体功能区区划是对省域层面的主体功能区区划的细化。第二，从自下而上的角度看，在全国各个省域的主体功能区区划完成的基础上，可以对全国的主体功能区区划初步方案进行精细化，得到更加系统的全国主体功能区区划方案。

（三）区域主体功能属性的差异

在不同层次的主体功能区区划及其方案中有这样的问题，即某一个基本地域单元在不同层次的主体功能区区划方案中的主体功能不同。对于某一个国家基本行政区域，如县，在不同层面的主体功能区区划方案中，它的主体功能属性或主体功能定位就可能不同。例如，某一个县，它在省域主体功能区区划方案中属于强度重点开发亚类，而它在国家主体功能区区划方案中属于轻度限制开发亚类。

（四）主体功能区区划的理想条件

从主体功能区区划的内涵和任务及与综合自然地理区划、综合经济地理区划、综合人文地理区划和综合地理区划之间的逻辑关系看，最理想的是先有综合地理区划，再有主体功能区区划。关于这种观点，吴传钧院士在拙著《区域发展与主体功能区系统研究》序言中就已明确阐述。但目前很多地方尚无综合自然地理区划、综合经济地理区划、综合人文地理区划和综合地理区划，因此只能根据具体情况进行主体功能区区划，确定主体功能区区划方案。

二、主体功能区区划的基本原则

主体功能区区划研究除了遵循发生统一性原则、区域共轭性原则、综合性原则、主导性原则、地域完整性原则、空间适应性原则、空间组织与协调原则、开放性原则、空间规划原则、区域连续性与取大去小原则及空间格局、过程与功能相结合的原则等自然地理学和人文-经济地理学的一般区划原则外，特别要遵守发展能力相对一致性原则、基本行政单位相对完整性原则、综合-主导性因素统一原则、自上而下与自下而上相结合原则、可持续性原则、综合考虑自然条件与社会经济现状相结合的原则、区划方案间的协同发展原则。

（一）发展能力相对一致性原则

在主体功能区区划中，要在遵循区域客观实际的基础上，确保某一个主体功能区中的各个次级区或亚区之间有相对一致的发展能力。它们在发展能力上的差别要小于不同主体功能区之间的差别，这样既符合地理区划的思想又便于进行区域开发管理的实施。

（二）基本行政单位相对完整性原则

由于主体功能区区划要为政府科学决策服务，充分实现区域协调开发与管理，因此主体功能区区划方案中要力争确保行政区域的完整性。在国家主体功能区区划方案中，要力争确保地市级行政单元的完整性；在省级主体功能区区划方案中，要力争确保县区级行政单元的完整性；在地市级主体功能区区划方案中，要力争确保乡镇级行政单元的完整性。

（三）综合-主导性因素统一原则

由于主体功能区区划地域背景的复杂性、区域发展的差异性，在很多情况下，既要充分考虑各种综合因素的协同作用，还要考虑某些主导因素的特殊作用。这在禁止开发区和优化开发区的确定中尤其重要。

（四）自上而下与自下而上相结合原则

由于本主体功能区区划是以云南省为范围尺度，以县域尺度为解析尺度进行的，因此较高等级的区域划分通常采用自上而下的演绎途径，较低等级的地域类型则多应用自下而上的归纳途径。自上而下有利于更好地把握宏观格局，自下而上则更利于基于最小空间单元的定量精细化分析。本区划采用自上而下与自下而上相结合的原则，通过自下而上得到较为准确的区划界线，通过自上而下避免分区过于破碎和偏离实际。

（五）可持续发展原则

由于主体功能区区划是对研究区进行比较长远的、全面的、整体的、前瞻的划分，这就要求云南主体功能区划研究要处理好现在的区划与未来云南省发展之间的关系问题，遵循区域可持续发展原则是云南未来国土空间开发的根本要求。区划是终点与起点并存的地理设计方案，必须要做到既能真实客观地反映研究区的现状，又要为该区域未来的可持续发展做好指导。

（六）综合考虑自然条件与社会经济现状相结合的原则

由于主体功能区区划研究是在研究区资源环境承载能力、现有开发密度和发展潜力等基础上进行的，因此自然条件只为区域发展提供物质基础条件，这种物质潜力的释放必须在一定社会经济技术条件下才能实现。社会条件的差异性，很大程度上影响区域资源环境的开发利用，如资源的利用强度和程度、资源的保护等。因此，在进行本区划研究时，需要综合考虑自然条件与社会经济现状。

（七）区划方案间的协同发展原则

由于主体功能区区划研究是基于区域资源环境现状、开发现状及未来发展前景于一体的综合区划，因此在进行区划研究时既要考虑与高一级尺度区划方案的衔接和协调，又要考虑与研究区已有的要素区划方案、综合区划方案间的协调。真正做到多个区划方案间的协调，促进区域的科学合理发展。

第三节　云南省在国家主体功能区规划的地位

云南位于中国的西南部，是中国连接东南亚、南亚重要的通道，是中国“一带一路”开放的前沿。云南是个边疆省份，南部、西部分别与越南、老挝、缅甸三国为邻，沿边有 26 个县市与邻国相连，有 15 个民族跨境而居。东部和北部与广西、贵州、四川、西藏 4 省（自治区）接壤。云南省南北长 990km，东西宽864.9km，面积 39.41km^2。云南省第六次人口普查的数据显示，全省总人口 45996195，其中汉族 30628908 人，少数民族 15337287 人，少数民族占总人口的 33.34%。少数民族中，人口数在 6000 人以上的民族共 25 个。人口在 100 万以上的有：彝族 5027996 人、哈尼族 1629504 人、白族 1561170 人、傣族 1222397 人、壮族 1215081 人、苗族 1202858 人。云南省 2017 年的生产总值 14719.95 亿元，年末总人口 4770.5 万人，年末就业人口 2998.89 万人。

云南省位于我国三大地势阶梯中的第一地势阶梯与第二地势阶梯过渡带上，地势北高南低，平均海拔 2000m 左右，山地占全省国土总面积 94%。云南省位于青藏高原东南部，地质构造运动活跃，形成了一系列的自然遗产地及地质公园。红河河谷与云岭东侧的山地作为云南省东西分界线，将云南省分为滇西横断山系纵谷区与滇东、滇中高原两大地貌地区。在高原与山地中，还散布有面积在 1km^2 以上的坝子（山间盆地、宽谷及局部平坦地面的总称）1886 个，小于 1km^2 者多达数千个。坝子为云南省农业发展、城市发展的集中区域，人地关系矛盾突出。

云南省境内江河纵横，为众多河流的河源区，伊洛瓦底江水系、怒江水系、澜沧江水系、金沙江水系、红河(元江)水系、南盘江水系等六大水系，是东南亚国家主要的河流上游地区，对东南亚的稳定发展具有重要的意义。云南省共有 40 多个天然湖泊，多数为断陷型湖泊，其中九大高原湖泊尤为著名。复杂的地貌形态、水平与垂直气候带的重叠与交叉，影响生物系列的形成与分布，使云南省成为一处类型复杂、群系众多和各类资源聚集的地方。境内动植物种类之多，区系与生态系统之复杂，也是国内外均熟知的，一向有“植物王国”、“动物王国”等美誉。

云南省地处低纬度地区，深受东亚季风气候、南亚季风气候及特殊的高原季风气候影响，处于青藏高原向低纬度平原过渡区域，使云南省形成了热带、温带、寒带和湿润、半湿润、半干旱和干旱等多种多样的气候类型。同时，云贵高原在河流作用下形成耸立于高原面上的山地、河谷、盆地及负向地貌及其地貌组合，使得云南省形成特殊的生境，发育了非常丰富的生态系统类型。主要有北热带北缘山地生态系统、亚热带西部地带生态系统、亚热带中北部地带生态系统、滇西北三江并流亚寒温地带生态系统等。这些生态系统，除了是生物的栖息地外，还是云南省及东南亚河流的水源保护区。

随着人类活动的加剧及对生物多样性认识的提升。云南省在上述生态系统的基础上建立了一批服务全国乃至世界的保护区，为了便于管理将这些保护区分为：滇西南中山宽谷北热带季雨林生态亚区；滇东南中山峡谷热带湿润雨林、山地苔藓林生态亚区；西双版纳中山盆地北热带季雨林生态亚区；文山岩溶山原罗浮栲、截果石栎林生态亚区；蒙自、元江岩溶高原峡谷云南松、红木荷林生态亚区；澜沧江、巴边江中游中山山原刺栲、思茅松林生态亚区；临沧山原印栲林、刺斗石栎林生态亚区；乌蒙山山地云南松林—羊草草甸生态亚区；金沙江下游干热河谷常绿灌丛—稀树草原生态亚区；滇西横断山半湿润常绿阔叶林生态亚区；滇中高原盆地滇青冈—元江栲林—云南松林生态亚区；滇西中山山原高山栲—云南松林生态亚区；四川盆地南缘岩溶常绿—落叶阔叶林生态亚区；大雪山—念他翁山云杉冷杉林—高山灌丛—高山草甸生态亚区。

结合云南省在全国及世界的地位，尤其是作为东南亚国家重要的水源涵养区的重要地位，国家将云南省在全国主体功能区划中的开发方式定位为重点开发区、限制开发区和禁止开发区三类。其中，以限制开发区和禁止开发区为主。将限制开发区分为农产品主产区和重点生态功能区。其中，前者包括宜良县(不包括匡远镇、北古城镇和狗街镇)、石林县(不包括鹿阜街道)、禄劝县(不包括屏山镇和转龙镇)、陆良县、师宗县(不包括丹凤镇和竹基镇)、罗平县(不包括罗雄镇、阿岗镇和九龙镇)、会泽县、新平县、元江县、元谋县、姚安县、施甸县、腾冲市、龙陵县、昌宁县、宁洱县、墨江县、景谷县、江城县、澜沧县、凤庆县、云县、永德县、镇康县、双江县、耿马县、沧源县、建水县、弥勒市、石屏县、泸西县、元阳县、绿春县、红河县、丘北县、宾川县、巍山县、洱源县、鹤庆县、云龙县、水胜县、芒市、梁河县、盈江县、陇川县、镇雄县、彝良县、威信县等48个县区。后者包括玉龙县、屏边县、金平县、文山市、西畴县、马关县、广南县、富宁县、勐海县、勐腊县、剑川县、泸水市、福贡县、贡山县、兰坪县、香格里拉市、德钦县、维西县等18个县区。禁止开发区主要包括自然保护区、世界文化自然遗产地、国家风景名胜区、国家森林公园、国家地质公园、城市饮用水水源地保护区、国家湿地公园、水产种植资源保护区、牛栏江流域上游保护区水源保护核心区。

综上所述，云南省是一个后发达的民族省区，贫困面大，是一个集发展与保护为一体的特殊功能区，在国家发展乃至世界发展中具有举足轻重的地位。

第三章　主体功能区的有关指标体系

第一节　国家发展改革委提出的指标体系

国家发展改革委认为，为保证主体功能区划分标准和内涵的统一性，国家和地方都应采用统一的指标体系（表 3-1），以保证规划工作基础的一致，也便于国家与省级及相邻地区规划方案的衔接协调。同时，考虑到地区之间的差异和特点，各地区在进行主体功能区划分时，可按照统一的指标体系，适当补充原则、标准和采用不同赋值的方式，以体现不同区域的特殊性。在进行云南省主体功能区省级区划时，可依据国家主体功能区域划分的指标体系来计算本省的指标项并进行评价，让主体功能区的国家统一指标在研究中得到明确和深化。

表 3-1　主体功能区划分指标

一级分指标	二级分指标
资源环境承载能力	水资源的丰裕程度
	土地资源的丰裕程度
	水的环境容量
	大气的环境容量
	水土流失的生态敏感性
	沙漠化的生态敏感性
	生物多样性的生态重要性
	水源涵养的生态重要性
	自然灾害频发程度（地质、地震、气候、风暴潮）
现有开发密度	土地资源开发强度
	水资源开发强度
发展潜力	经济社会发展基础
	科技教育水平
	区位条件
	历史和民族
	国家和地区的战略取向

第二节 有关地区主体功能区规划指标体系

一、山东省曾建议使用的主体功能区规划指标体系

山东省主体功能区规划指标体系(表 3-2)把资源环境承载能力、现有开发密度和发展潜力等因素确定为主体功能区划分的关键标准。其中,资源环境承载能力反映了资源环境对经济活动的支撑能力,是区域经济可持续发展的基础,也是进行主体功能区划分的重要依据,应优先考虑;现有开发密度则代表区域的开发水平,反映现实的社会经济活动对资源环境的影响程度和压力大小,但一个地区的开发水平取决于该区的资源环境承载能力,因此,分析现有开发密度必须以承载能力为依据;此外,一个地区的长远发展和功能定位,除分析其现实状态外,还应兼顾其发展潜力。基于上述分析,资源环境承载能力、现有开发密度和发展潜力等因素实际上构成了区域发展综合承载力,它统筹考虑了经济环境与区域发展的相互作用和影响,可以作为主体功能区划分指标。根据山东省实际情况,按照可获得性、可应用性及科学性原则,选取 12 个代表性分量指标对山东省进行主体功能区划分;考虑到各指标对区域承载状况的贡献不同,通过专家打分,并运用层次分析法对各指标相对于区域承载力的重要程度进行赋权。

表 3-2 山东省主体功能区规划指标体系

总指标	一级分指标	二级分指标
主体功能区划分指标体系(区域承载能力指标)	资源环境承载能力	人均耕地面积(9)
		人均水资源占有量(14)
		万元 GDP 废水产生量(10)
		万元 GDP 废气排放量(6)
		万元 GDP 固体废弃物产生量(6)
	现有开发密度	单位国土面积 GDP 产出(10)
		第三产业所占比重(6)
		固定资产投资占 GDP 比重(7)
		城市居民恩格尔系数(5)
		城市建设用地比重(7)
	发展潜力	中等学校占学校总数的比重(7)
		研究与试验发展(R&D)经费支出占财政总支出的比重(12)

二、河南省曾建议使用的主体功能区规划指标体系

河南省主体功能区规划(表 3-3)采用地理信息系统、遥感等空间分析技术和

手段，将各类指标量化，建立相关计算模型，以县域为省级功能区区划的基础空间单元，在单要素分析的基础上，对多要素进行综合分析，开展主体功能区区划规划编制重大问题研究。围绕资源环境承载能力、现有开发密度和发展潜力的分析及评价开展前期研究。借助大专院校和科研院所的技术力量，对河南省资源禀赋、生态状况、环境容量、区位特征、现有开发密度、人口集聚状态、经济结构特点、参与国家分工程度和经济社会发展方向等问题进行专题研究。每一单元进行资源环境承载能力、现有开发密度和发展潜力的综合分析评价，确定地域单元的主体功能，分三层来设计指标体系，一级层面指标与国家指标体系相衔接；二级层面指标与国家发展改革委指标相一致，主要考虑10项指标；三级层面指标主要结合河南省自然社会经济发展实际情况，考虑40项指标。

表3-3　河南省主体功能区规划指标体系

分类	主要因素 $B_i(i=1,2,\cdots,10)$	主要指标 $C_i(i=1,2,\cdots,40)$
资源环境承载能力	资源丰度	人均水资源占有量、人均耕地面积、气候资源生产潜力等6项指标
	环境容量	工业废水处理率、工业废渣处理率、环保经费占GDP比重(%)、空气质量优良级天数等4项指标
	生态环境敏感性	年灾害损失度1项指标
	生态重要性	重要生态功能区面积占区域国土面积比重1项指标
现有开发密度	土地资源开发强度	人口密度、城镇化水平、建成区面积占国土面积比重、建设用地、交通用地面积占国土面积比重等6项指标
	水资源开发强度	水资源利用率1项指标
	环境压力	万元GDP耗水量、空气污染指数等3项指标
发展潜力	区位条件	区域地貌条件、中心城市的影响度和道路通达度等3项指标
	发展基础	经济密度、人均GDP、第二产业占GDP比重、旅游业收入、文化产业投入、城镇居民可支配收入、农民人均纯收入、恩格尔系数、科技创新能力、区域经济聚集度、路网密度等13项指标
	发展趋势	优惠政策和偏差系数等2项指标

三、北京市曾建议使用的主体功能区规划指标体系

北京市土地利用、城镇体系、自然保护区、山区发展、水资源保护等规划体系都已比较健全，经国务院批准的《北京城市总体规划(2004—2020年)》，规划区范围为北京市行政辖区，总面积为16410km^2，已初步划分出首都核心功能区、城市功能拓展区、城市发展新区、生态涵养发展区。服从于国家主体功能区区划对北京的功能定位，在主体功能区区划中注意处理好主体功能区与行政区的关系、主

体功能与其他功能的关系，以及功能匹配和功能平衡与福利水平的关系，主体功能区规划与城镇体系规划及土地利用规划等的关系，依据更科学、更系统、更“技术”、更客观的原则，提出了两种设想。设想一：按资源环境承载能力、已开发密度或强度、发展潜力设置，主要用来划分优化开发区和重点开发区，指标体系包括资源环境承载能力、现有开发密度或强度、发展潜力 3 大类；设想二：充分诠释主体功能区区划中的开发内涵，构建用于衡量开发程度或宜开发性的指标，以此测度各地理单元宜开发性并确认开发方向，将其分别归置于禁止开发区、限制开发区、重点开发区和优化开发区。初步构思设计宜开发指数指标体系（表 3-4），由宜居类指标（宜居指数）、交叉类指标和宜资类指标（宜资指数）构成。

表 3-4　北京市主体功能区规划指标体系

总指标	一级分指标	二级分指标
宜开发指数	宜居类指标（宜居指数）	人口密度
		生活安全指数
		城市管理综合指数
		外来人口管理率
		常住人口下降率
		城市（镇）化率
		公共资源密度
	交叉类指标	路网密度
		地质灾害危险等级
		地形或坡度
		基准地价
		大气质量综合指数
		地表水质达标率
		森林覆被率
	宜资类指标（宜资指数）	税收优惠
		投资指数
		现服高新业比重
		产业聚集度
		土地投资强度
		万元 GDP 能水耗
		单位面积 GDP

四、四川省曾建议使用的主体功能区规划指标体系

在国家的主体功能区区划框架中，四川省大部分区域为重点开发区，《四川省国民经济和社会发展第十一个五年规划纲要》提出，根据资源条件、地理区位和发

展潜力，在充分发挥各地区特色与优势、保护好和引导好各地区加快发展积极性的前提下，通过发展经济和人口转移，逐步形成特色突出、优势互补的成都、川南、攀西、川东北、川西北5大经济区。四川省试图从资源承载能力、环境承载能力、生态环境承载能力、区域开发密度、区域开发潜力等指标（表3-5），结合四川省的实际，根据区域特色，适当增加反映地方特色的指标，构建具有区域特色的主体功能区规划指标体系。

表3-5　四川省主体功能区规划指标体系

总指标	一级分指标	二级分指标
资源承载能力	土地资源承载能力	人均可利用国土面积
		人均耕地面积
		耕地区位商
		人均建成区面积
		城镇人口密度
		地均GDP
	水资源承载能力	人均水资源拥有量
		地下水储量
		人均地下水拥有量
		水资源区位商
		人均可利用淡水拥有量
		可调度利用的水资源
		水资源质量
		单位GDP水耗
	能源、矿产资源承载能力	人均能源拥有量
		单位GDP能耗
		矿产资源保有储量
		矿产资源回收利用率
		矿产资源综合利用率
		电力消耗弹性系数
环境承载能力	大气环境承载能力	大气质量二级及二级以上城市比例
		城市大气质量二级及二级以上天数
		大气中有毒、有害气体含量
		总悬浮颗粒数（TSP）

续表

总指标	一级分指标	二级分指标
环境承载能力	水环境承载能力	1～3 级河流水质监测断面占比例
		化学需氧量(COD)
		生化需氧量(BOD)
		工业废水排放达标率
		pH
		水环境质量等级
生态环境承载能力	自然灾害受灾面积占总面积的比例	
	水土流失面积占国土面积的比例	
	森林覆盖率	
	工业固体废物综合利用率	
	生活垃圾处理和消纳能力	
	工业垃圾处理和消纳能力	
	人均城镇绿地面积	
	人均占有林地与草地面积	
	土壤 pH	
区域开发密度	工业化水平	
	城镇化水平	
	人口密度	
	人均 GDP	
	地均 GDP	
	人均耕地面积	
区域开发潜力	矿产资源储量潜在价值	
	人均受教育年限	
	区位交通条件	
	研究与开发经费占 GDP 的比率	
	可开发利用的土地面积	
	人均资源占有量	
	人均污染分摊量	
	地均污染分摊量	

五、湖北省曾建议使用的主体功能区规划指标体系

湖北省作为全国省域主体功能区规划 8 个试点省份之一，其区划方法既要体

现该省地域特色，又要对其他省份具有一定的借鉴意义。发展潜力和资源环境承载能力是重点开发区和限制开发区的主导因素，发展潜力和资源环境承载能力均较大的区域确定为重点开发区域，两主导因素（或其一）较小者确定为限制开发区域。因此，可根据资源环境承载能力和发展潜力的不同组合，利用矩阵分类路径识别重点开发区和限制开发区。无论选择何种路径，主体功能类型的识别都涉及较多因素，必须构建科学合理的评价指标体系，并遵循可比性、易得性和精简性原则选取指标。坚持可比性，目的在于使评价单元都能公平参与评价，多采用均量指标和相对指标；坚持易得性，是为了提高可操作性，要求所选指标的数据容易直接获得或间接计算合成，定性指标要便于量化；精简性原则要求每个指标意义明确、信息丰富，具有较大的区分度。该路径下区域主体功能识别指标体系的构建以影响 3 类主体功能区的共同主导因子（资源环境承载能力、开发强度和发展潜力）为支持层。领域层和指标层的选取见表 3-6，指标层共选取 22 个指标。矩阵分类用于识别重点开发区和限制开发区，其指标体系（同表 3-6）由目标层、支持层、领域层和指标层构成，支持层仅包括资源环境承载能力（B_1）、开发强度（B_2）和发展潜力（B_3），资源环境承载能力所包括的领域层和指标层同表 3-6，发展潜力（B_3）的领域层需增加社会经济基础（C_3），其他领域层的具体指标同表 3-6。

表 3-6　湖北省主体功能区适宜性评价指标体系

<table>
<tr><th>目标层（A）</th><th>支持层（B）</th><th>领域层（C）</th><th>指标层（D）</th></tr>
<tr><td rowspan="14">区域主体功能适宜性（A）</td><td rowspan="6">资源环境承载能力（B_1）</td><td rowspan="2">资源承载能力（C_1）</td><td>人均水资源占有量（D_1）</td></tr>
<tr><td>适宜建设用地面积（D_2）</td></tr>
<tr><td rowspan="4">环境承载能力（C_2）</td><td>林地覆盖率（D_3）</td></tr>
<tr><td>湿地面积比重（D_4）</td></tr>
<tr><td>土壤侵蚀面积比重（D_5）</td></tr>
<tr><td>地表水质达标率（D_6）</td></tr>
<tr><td rowspan="8">开发强度（B_2）</td><td rowspan="5">社会经济基础（C_3）</td><td>人均 GDP（D_7）</td></tr>
<tr><td>非农产业比重（D_8）</td></tr>
<tr><td>城镇化率（D_9）</td></tr>
<tr><td>等级公路路网密度（D_{10}）</td></tr>
<tr><td>城镇空间密度（D_{11}）</td></tr>
<tr><td rowspan="3">土地利用强度（C_4）</td><td>人口密度（D_{12}）</td></tr>
<tr><td>建设用地面积比重（D_{13}）</td></tr>
<tr><td>建城区经济密度（D_{14}）</td></tr>
</table>

续表

目标层(A)	支持层(B)	领域层(C)	指标层(D)
区域主体功能适宜性(A)	发展潜力(B_3)	区位优势(C_5)	通达性(D_{15})
			到省级中心城市的最近距离(D_{16})
			货运周转量(D_{17})
			客运周转量(D_{18})
		经济活力(C_6)	“十五”期间 GDP 年均增长率(D_{19})
			实际利用外资占固定资产投资比重(D_{20})
		开发效益(C_7)	全员社会劳动生产率(D_{21})
			固定资产投资回报率(D_{22})

六、浙江省曾建议使用的主体功能区规划指标体系

按照国家推进形成主体功能区的战略意图，主体功能区规划指标主要包括资源环境承载能力、现有开发密度和发展潜力等方面，并重点突出资源和环境方面的关键指标，体现资源环境对国土空间开发的约束作用。浙江省主体功能区指标(表 3-7)的选择与国家指标相衔接，同时充分考虑了自然环境、经济社会发展的特点，提出了既符合主体功能区的内涵特征，又符合浙江省实际的指标体系。

表 3-7　浙江省主体功能区规划指标体系

目标层	准则层	准则亚层	指标层
主体功能区规划指标体系	资源环境承载能力	资源丰度	可利用土地资源
			可利用水资源
		环境容量	污染物容量
		生态敏感性	灾害频发土地面积比例
		生态重要性	受保护区域占国土面积比重
	现有开发密度	开发密度	有效人口密度
	发展潜力	开发强度	单位建设用地 GDP
		开发进度	城市化水平
		区位条件	交通通达性
		战略机遇	战略选择
		创新能力	R&D 投入占 GDP 比重

为探究区域的资源环境承载能力、现有开发密度和发展潜力的深层含义，科学合理选择具体指标，研究考虑主体功能区规划指标体系采用层次分析法进行指标的选择。层次分析法由以下 4 个层次构成：目标层是评价指标体系建立的最终目

标，用以衡量评价和划分区域的主体功能；准则层包括资源环境承载能力、现有开发密度和发展潜力等 3 大因素，囊括了指标评价 3 个方面的功能；准则亚层是将资源环境承载能力、现有开发密度和发展潜力 3 大因素按照各自的内涵和特征，派生出各因素依托的子因素；指标层是以上分类下的各子因素最有代表性的指标。

七、辽宁省曾建议使用的主体功能区规划指标体系

辽宁省主体功能区规划指标体系（表 3-8），是在国家发展改革委提出的主体功能区划指导性指标体系框架下，结合辽宁省实际情况提出的。遵循指标对应数据的可比性、可得性原则，做到每个指标的内涵设定明确、信息来源可靠、数据采集方便、统计口径一致、核算方法规范等，确保评价结果的客观性、公正性，为各方认可和接受。作为综合性的主体功能区划分，不同于过去欧洲的经济区划、自然区划、生态区划等专业区划，需要考虑更广泛的、更综合性的指标，做出综合区划。当然，综合的指标体系复合运算，形成一套复合指标是最佳方案，突出指标的重点，围绕更好地处理主观与客观、现状与发展、自然和人文、开发与保护等各种关系，选择重点的标志性指标，建立必要的划分准则，最后形成区划应用指标体系。分四层来设计指标体系，表 3-8 列出了辽宁省主体功能区划指标体系框架的三级指标，四级层面指标主要结合辽宁省自然社会经济发展实际情况选择，考虑 49 项指标。

表 3-8　辽宁省主体功能区规划指标体系

一级指标	二级指标	三级指标
资源环境承载能力	资源丰度	土地资源丰度、水资源丰度、可建设用地丰度
	环境容量	大气自净能力、水体的纳污能力、近海自净能力
	生态敏感性	荒漠化威胁、石漠化威胁、地面沉降威胁、海水倒灌威胁、盐碱化威胁
	自然灾害敏感性	地质灾害威胁、气候灾害威胁、洪涝灾害威胁
	生态重要性	保护区限制、水源涵养区限制、湿地保护区限制、生态林地限制
现有开发强度	土地资源开发强度	人口密度、生产总值密度、城镇开发强度、农村居民点建设强度、工矿用地开发强度、交通用地开发强度、功能园区开发强度
	水资源开发强度	水资源开发强度、水资源利用结构系数、供水能力增加难度
	资源环境压力	综合环境质量、固体废弃物、大气污染物排放、污水排放、特种缓冲区
发展潜力	区位优势度	交通区位、城市区位、矿产区位、农产区位
	发展基础优势度	经济总量、经济结构、发展水平、产业空间结构优势、市场竞争基础、科教支撑优势
	发展速度惯性	经济增长、人口增长、用地增长
	发展趋势	自主品牌、吸引品牌、基础设施

第三节 云南省主体功能区区划的逻辑思路

一、云南省主体功能区的理论基础

吴传钧院士在系统关注地理学的研究核心问题的基础上提出地理学的研究核心是人地关系地域系统的理论思想，在该理论中，吴传钧始终倡导人地关系是一个集“人”和“地”两个子系统的复杂开放系统；人地关系是一种动态的关系；研究人地关系需要用定性与定量相结合的原则；人地关系是通过优化调控的方式实现的。在此基础上，潘玉君提出人地关系地域系统协调共生的理论构建，提出人地关系地域系统的概念，根据熵值原理提出人地关系地域系统的 3 种类型，运用反馈学理论研究人地关系地域系统的协调共生原理。

陆大道院士的点-轴理论源于 Christaller 的中心地理论，主要强调区域空间增长极之间在区域交通网络结构共同作用下而形成的经济效应。对于区域区划，主要通过“点轴理论”思想将地域空间联系较为密切的地域单元划分在一起，便于后期的区域国土空间协调发展。

黄秉维院士和郑度院士一直都强调进行地理学的研究始终需要运用综合研究的思维。其中，黄秉维一直强调自然地理学的综合研究，指出要研究一个对象与其周围现象之间的联系，研究各对象之间的联系；既要发展综合自然地理学，也要发展部门地理学，更要将其联系起来，并照顾到地域与地域之间的关系。郑度认为区域研究是体现自然和人文综合的重要层次和有效途径。探讨区域单元的形成发展、分异组合、划分合并与相互联系，是地理学对过程和类型综合研究的概括与总结。

樊杰以地域功能理论为基础，其理论的核心思想包括：①地域功能是社会-环境相互作用的产物，是一个地域在更大尺度地域的可持续发展系统中所发挥的作用；②人类活动是影响地域功能格局可持续性的主要驱动力，其空间均衡过程是区域间经济、社会、生态综合效益的人均水平趋于相等；③地域功能分异导致的经济差距，特别是民生质量差距，应该通过分配层面和消费层面的政策调控予以解决。可见，功能区划是自然与人文因素共同作用、社会与环境复合系统的综合功能区划，功能区划是在较长的时间段、更大空间尺度中谋求综合效益较优的方案，实现功能区划必须具备配套完善的制度和措施系统。

二、云南省主体功能区的实证基础

对云南省地理区划的研究有：尹绍亭的云南民族文化区域划分研究；杨一光的云南省综合自然区划；杨月圆的云南省生态区划研究；李冬梅对云南省生态功

能类型敏感性进行分区的研究；李岱青的云南省洱海地区的生态区划研究；杨子生的云南省金沙江流域滑坡泥石流灾害区划研究；段旭的云南省冰冻灾害气候区划研究；《云南土地资源》编著组的云南省土地资源区划研究；杨旺舟的云南省生态经济区划研究；潘玉君团队的云南省教育区划研究、云南省可持续发展功能区划、云南省药用植物资源分区。

三、云南省主体功能区的区划逻辑

在对云南省进行主体功能区区划时，其总体的研究思路如下：以科学发展观为指导思想，以人地关系地域系统协调共生、点-轴区域开发空间理论、地理区划理论、主体功能区理论和地理科学研究综合范式理论等为理论基础，以钱学森院士提出的从定性到定量的综合集成法（meta-synthesis，M-S）为方法论基础，以对全国区域分异和云南省区域分异及云南省区域发展阶段等为客观基础，运用自上而下的区域分化和自下而上的区域合并综合起来的区域方法，对在近千万个数据中筛选出来的近百万个数据进行定量计算分析，最终得出基于国家层面和云南省层面的云南省主体功能区区划方案，其研究的总体逻辑结构如图 3-1 所示。

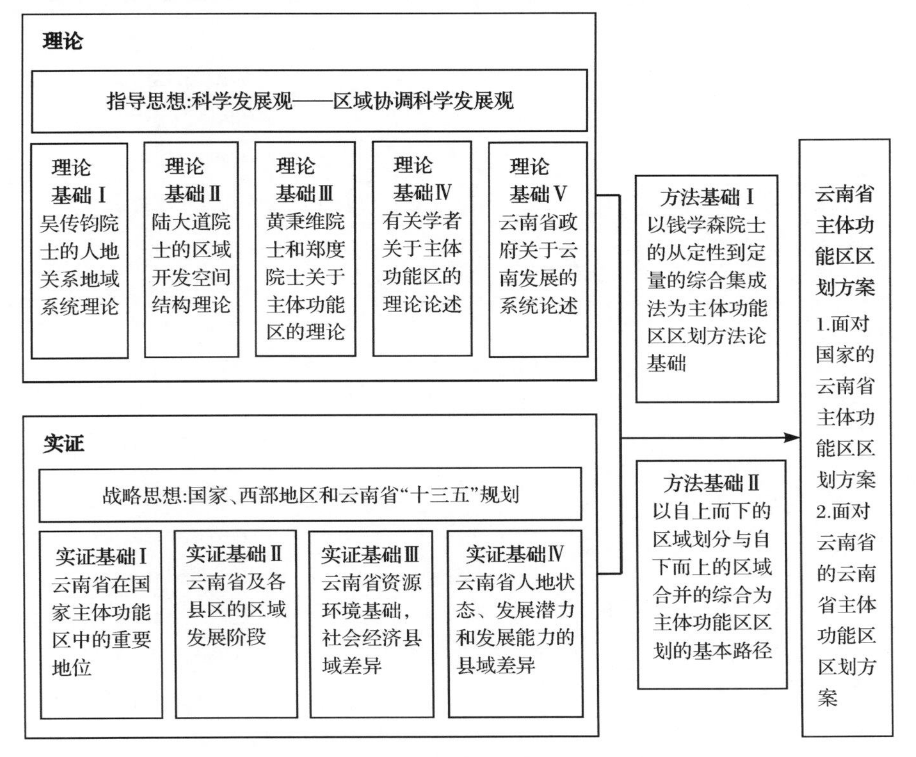

图 3-1　云南省主体功能区区划的逻辑

第四节　云南省主体功能区区划的指标体系

我国的自然地理环境和人文地理环境的巨大差异，决定了省区主体功能区及其指标体系也存在一定的区域差异。因此，云南省主体功能区区划的指标体系在遵循国家主体功能区区划指标体系的基础上，结合云南省特殊的社会经济条件和特殊的文化地理环境，构建了云南省特色的主体功能区区划指标体系（表 3-9）。

表 3-9　云南省主体功能区区划指标体系

<table>
<tr><th>总指标</th><th>一级分指标</th><th>二级分指标</th><th>三级/四级分指标</th></tr>
<tr><td rowspan="26">D
功能区发展能力指数</td><td rowspan="11">A
资源环境承载能力指数
(4/10)</td><td rowspan="8">A_1
资源承载能力指数
(1/2)</td><td>A_{11}耕地资源承载能力指数(1/8)</td></tr>
<tr><td>A_{12}森林资源承载能力指数(1/8)</td></tr>
<tr><td>A_{13}淡水资源承载能力指数(1/8)</td></tr>
<tr><td>A_{14}能源资源承载能力指数(1/8)</td></tr>
<tr><td>A_{15}矿产资源承载能力指数(1/8)</td></tr>
<tr><td>A_{16}草地资源承载能力指数(1/8)</td></tr>
<tr><td>A_{17}旅游资源承载能力指数(1/8)</td></tr>
<tr><td>A_{18}空间资源承载能力指数(1/8)</td></tr>
<tr><td rowspan="3">A_2
环境承载能力指数
(1/2)</td><td>A_{21}总体环境承载能力指数(1/3)</td></tr>
<tr><td>A_{22}人均环境承载能力指数(1/3)</td></tr>
<tr><td>A_{23}地均环境承载能力指数(1/3)</td></tr>
<tr><td rowspan="15">B
现有开发强度指数
(4/10)</td><td rowspan="3">B_1 经济水平指数
(1/8)</td><td>B_{11}总量 GDP 指数(1/3)</td></tr>
<tr><td>B_{12}人均 GDP 指数(1/3)</td></tr>
<tr><td>B_{13}地均 GDP 指数(1/3)</td></tr>
<tr><td rowspan="2">B_2 经济变化指数
(1/8)</td><td>B_{21}总量 GDP 变化指数(1/2)</td></tr>
<tr><td>B_{22}工业 GDP 变化指数(1/2)</td></tr>
<tr><td rowspan="3">B_3
城镇化指数
(1/8)</td><td>B_{31}人口城镇化指数(1/3)</td></tr>
<tr><td>B_{32}城区城镇化指数(1/3)</td></tr>
<tr><td>B_{33}经济城镇化指数(1/3)</td></tr>
<tr><td rowspan="2">B_4 工业化指数
(1/8)</td><td>B_{41}非农产值指数(1/2)</td></tr>
<tr><td>B_{42}工业产值指数(1/2)</td></tr>
<tr><td rowspan="2">B_5 产值能耗指数
(1/8)</td><td>B_{51}万元 GDP 能耗指数(1/2)</td></tr>
<tr><td>B_{52}万元工业 GDP 能耗指数(1/2)</td></tr>
<tr><td colspan="2">B_6 人类发展指数(1/8)</td></tr>
<tr><td colspan="2">B_7 产业结构演进指数(1/8)</td></tr>
</table>

续表

<table>
<tr><th>总指标</th><th>一级分指标</th><th>二级分指标</th><th colspan="2">三级/四级分指标</th></tr>
<tr><td rowspan="11">D
功能区发展能力指数</td><td rowspan="3">B
现有开发强度指数
(4/10)</td><td rowspan="3">B_8
交通指数
(1/8)</td><td colspan="2">B_{81}公路指数(3/5)</td></tr>
<tr><td colspan="2">B_{82}铁路指数(1/5)</td></tr>
<tr><td colspan="2">B_{83}民航指数(1/5)</td></tr>
<tr><td rowspan="8">C
发展潜力指数
(2/10)</td><td rowspan="4">C_1
人地协调指数
(1/3)</td><td colspan="2">C_{11}人资协调指数(1/2)</td></tr>
<tr><td rowspan="3">C_{12}
人环协调指数(1/2)</td><td>C_{121}总量生态盈亏变化指数(1/3)</td></tr>
<tr><td>C_{122}人均生态盈亏变化指数(1/3)</td></tr>
<tr><td>C_{123}地均生态盈亏变化指数(1/3)</td></tr>
<tr><td rowspan="4">C_2
战略区位指数
(2/3)</td><td rowspan="2">C_{21}
战略区位数值指数(1/2)</td><td>C_{211}社会经济战略区位数值指数(1/2)</td></tr>
<tr><td>C_{212}资源环境战略区位数值指数(1/2)</td></tr>
<tr><td rowspan="2">C_{22}
战略区位赋值指数(1/2)</td><td>C_{221}社会经济战略区位赋值指数(1/2)</td></tr>
<tr><td>C_{222}资源环境战略区位赋值指数(1/2)</td></tr>
</table>

以科学发展观人地关系地域系统协调共生思想和地理区划理论为理论基础，遵循国家有关主体功能区指标体系的基本原则，在全国主体功能区区划的有关文件和部分领导讲话的指导下，在参考相关主体功能区研究成果的基础上，结合云南省基本省情特点和应有的数据支持情况，筛选云南省主体功能区的有关指标集合。例如，一级、二级分指标的权重系数主要是遵循科学发展观思想，在既有较为成熟的指标体系的基础上，运用综合集成法和专家咨询法构建测度云南省主体功能区的指标体系。

云南省主体功能区的属性是按照功能区发展能力指数(D)和资源环境承载能力指数(A)、现有开发强度指数(B)及发展潜力指数(C)的定性博弈关系确定的。按主体功能区对云南省的国土空间发展方向和要求进行定位，有利于维护云南省自然生态系统和建设资源节约型、环境友好型社会，对促进云南省经济社会全面协调可持续发展具有重要意义。

(一) 资源环境承载能力指数(A)

资源环境承载能力即在自然生态环境不受危害并维系良好生态系统的前提下，特定区域的资源禀赋和环境容量所能承载的经济规模和人口规模。国家主体功能区区划的指标体系主要包括：水和土地等资源的丰裕程度，水和大气等的环境容量，水土流失和沙漠化等的生态敏感性，生物多样性和水源涵养等的生态重要性，地质、地震、气候和风暴潮等自然灾害频发程度等。在这个指标中，主要是从人地关系地域系统中“地”的角度出发来考虑资源和环境。将资源环境承载能力指数分为资源承载能力指数(A_1)和环境承载能力指数(A_2)两个指标。其中，资源承载能力指数在国家层面的主体功能区区划指标体系的指导下，在原有五类资源，即耕地资源承载能力指数(A_{11})、森林资源承载能力指数(A_{12})、淡水资源承载能力指数(A_{13})、能源资源承载能力指数(A_{14})、矿产资源承载能力指数(A_{15})的基础上，考虑云南省特殊的自然景观和人文景观，增加了草地资源承载能力指数(A_{16})、旅游资源承载能力指数(A_{17})和空间资源承载能力指数(A_{18})这三项指标，力求更全面地阐述具有云南特点的资源环境能力。环境承载能力指数(A_2)包括总体环境承载能力指数(A_{21})、人均环境承载能力指数(A_{22})和地均环境承载能力指数(A_{23})。在环境承载能力指标里不仅考虑了总体的环境承载能力，而且还考虑了人均和地均的情况。

(二) 现有开发强度密度(B)

国家的主体功能区区划指标体系主要指特定区域工业化、城镇化的程度，包括土地资源、水资源开发强度等。在这个指标中，主要从人地关系地域系统中“人”的角度出发来考虑经济活动和社会活动。将这个指标用 8 个分指标来诠释，这 8 个分指标分别是经济水平指数(B_1)、经济变化指数(B_2)、城镇化指数(B_3)、工业化指数(B_4)、产值能耗指数(B_5)、人类发展指数(B_6)、产业结构演进指数(B_7)和交通指数(B_8)。根据云南省的情况，在经济水平中不仅考虑了总量 GDP，也考虑了人均 GDP 和地均 GDP，在城镇化中，除了考虑人口城镇化外，还考虑了城区城镇化和经济城镇化，在交通中分别从公路、铁路和民航三方面考虑。

(三) 发展潜力指数(C)

发展潜力即基于一定资源环境承载能力，特定区域的潜在发展能力。国家的主体功能区指标体系包括经济社会发展基础、科技教育水平、区位条件、历史和民族等地缘因素，以及国家和地区的战略取向等。在这个指标中，综合考虑了人地关系地域系统中的“人”和“地”，充分结合了当地的资源和区位条件，即人地协调指数(C_1)和战略区位指数(C_2)。其中，人地协调指数包括人资协调指数(C_{11})和人环协调指数(C_{12})。战略区位指数(C_2)包括战略区位数值指数(C_{21})和战略区位赋值指数(C_{22})。

(四) 功能区发展能力指数(D)

这个指标由 3 个指标综合计算得出，这 3 个指标分别是：资源环境承载能力指数(A)，它的权重是 4/10；现有开发密度指数(B)，它的权重是 4/10；发展潜力指数(C)，它的权重是 2/10。

第四章　主体功能区指标的计算方法

第一节　资源环境基础的计算方法

自然资源是一个国家或地区发展的基础，而资源环境承载能力是衡量一个地区主体功能区属性的三大指数之一。一个地区的资源环境承载能力指数越大，表明该地区资源禀赋状况越好，生态环境状况越好。

一、资源环境承载能力指数的计算

1) 算式

$$A = \frac{1}{2}(A_1 + A_2)$$

2) 算符

A 为资源环境承载能力指数，A_1 为资源承载能力指数，A_2 为环境承载能力指数。

3) 含义

该指数用于衡量一个地区的资源承载能力状况和生态环境承载能力的大小，指数值越大说明该区域资源环境承载能力越大。

二、资源承载能力指数和环境承载能力指数的计算

(一) 资源承载能力指数的计算

1) 算式

$$A_1 = \frac{1}{8}(A_{11} + A_{12} + A_{13} + A_{14} + A_{15} + A_{16} + A_{17} + A_{18})$$

2) 算符

A_1 为资源承载能力指数，A_{11} 为耕地资源承载能力指数，A_{12} 为森林资源承载能力指数，A_{13} 为淡水资源承载能力指数，A_{14} 为能源资源承载能力指数，A_{15} 为矿产资源承载能力指数，A_{16} 为草地资源承载能力指数，A_{17} 为旅游资源承载能力指数，A_{18} 为空间资源承载能力指数。

3) 含义

资源承载能力指数用于衡量一个地区的资源基础安全状态，指数值越大，说

明资源状况越安全。

（二）环境承载能力指数的计算

1）算式

$$A_2 = \frac{1}{3}(A_{21} + A_{22} + A_{23})$$

2）算符

A_2 为环境承载能力指数，A_{21} 为总体环境承载能力总指数，A_{22} 为人均环境承载能力指数，A_{23} 为地均环境承载能力指数。

3）含义

环境承载能力指数用于衡量一个地区生态环境承载能力状况，指数值越大，说明该地区生态环境状况越好。

三、A_{11} 等末级指数的计算

（一）耕地资源承载能力指数的计算

1）算式

$$A_{11} = 10a'_{11} + 50$$

$$a'_{11} = \frac{a_{11} - \bar{a}_{11}}{\delta a_{11}}$$

$$\delta a_{11} = \sqrt{\frac{1}{126-1}\sum_{i=1}^{126}(a_{11}i - \bar{a}_{11}i)^2}$$

$$a_{11} = \frac{\mathrm{RF}_{11}}{\mathrm{NF}_{11}}$$

$$\bar{a}_{11} = \frac{1}{126}\sum_{i=1}^{126} a_{11}i$$

2）算符

A_{11} 为耕地资源承载能力指数，a'_{11} 为标准化后的耕地资源承载能力指数，a_{11} 为区耕地的原始指数，i 为第 i 个县，RF_{11} 为研究区的耕地密度，NF_{11} 为背景区的耕地密度，耕地密度为有效耕地面积与国土面积的比值，$\bar{a}_{11}$ 为 126 个县耕地资源原始指数的平均值，δa_{11} 为 126 个县耕地资源原始指数的标准差。

3）含义

耕地资源承载能力指数用于衡量研究区的耕地资源承载能力状况，指数值越大，说明研究区的耕地资源承载能力越大。

（二）森林资源承载能力指数的计算

1）算式

$$A_{12} = 10a'_{12} + 50$$

$$a'_{12} = \frac{a_{12} - \bar{a}_{12}}{\delta a_{12}}$$

$$\delta a_{12} = \sqrt{\frac{1}{126-1}\sum_{i=1}^{126}(a_{12}i - \bar{a}_{12}i)^2}$$

$$a_{12} = \frac{RF_{12}}{NF_{12}}$$

$$\bar{a}_{12} = \frac{1}{126}\sum_{i=1}^{126} a_{12}i$$

2）算符

A_{12}为森林资源承载能力指数，a'_{12}为标准化后的森林资源承载能力指数，a_{12}为研究区森林的原始指数，i 为第 i 个县，RF_{12}为研究区的森林密度，NF_{12}为背景区的森林密度，森林密度为林地面积与国土面积的比值，$\bar{a}_{12}$为 126 个县森林资源原始指数的平均值，δa_{12}为 126 个县森林资源原始指数的标准差。

3)含义

森林资源承载能力指数用于衡量研究区的森林资源承载能力状况，指数值越大，说明研究区的森林资源承载能力越大。

(三)淡水资源承载能力指数的计算

1)算式

$$A_{13} = 10a'_{13} + 50$$

$$a'_{13} = \frac{a_{13} - \bar{a}_{13}}{\delta a_{13}}$$

$$\delta a_{13} = \sqrt{\frac{1}{126-1}\sum_{i=1}^{126}(a_{13}i - \bar{a}_{13}i)^2}$$

$$a_{13} = \frac{RF_{13}}{NF_{13}}$$

$$\bar{a}_{13} = \frac{1}{126}\sum_{i=1}^{126} a_{13}i$$

2）算符

A_{13}为淡水资源承载能力指数，a'_{13}为标准化后的淡水资源承载能力指数，a_{13}为研究区淡水的原始指数，i 为第 i 个县，RF_{13}为研究区的淡水密度，NF_{13}为背景区的淡水密度，淡水密度为淡水量与国土面积的比值，$\overline{a}_{13}$为 126 个县淡水资源原始指数的平均值，δa_{13}为 126 个县淡水资源原始指数的标准差。

3）含义

淡水资源承载能力指数用于衡量研究区的淡水资源承载能力状况，指数值越大，说明研究区的淡水资源承载能力越大。

（四）能源资源承载能力指数的计算

1）算式

$$A_{14} = 10a'_{14} + 50$$

$$a'_{14} = \frac{a_{14} - \overline{a}_{14}}{\delta a_{14}}$$

$$\delta a_{14} = \sqrt{\frac{1}{126-1}\sum_{i=1}^{126}(a_{14}i - \overline{a}_{14}i)^2}$$

$$a_{14} = \frac{\mathrm{RF}_{14}}{\mathrm{NF}_{14}}$$

$$\overline{a}_{14} = \frac{1}{126}\sum_{i=1}^{126}a_{14}i$$

2）算符

A_{14}为能源资源承载能力指数，a'_{14}为标准化后的能源资源承载能力指数，a_{14}为研究区能源的原始指数，i 为第 i 个县，RF_{14}为研究区的能源密度，NF_{14}为背景区的能源密度，能源密度为能源储量与国土面积的比值，$\overline{a}_{14}$为 126 个县能源资源原始指数的平均值，δa_{14}为 126 个县能源资源原始指数的标准差。

3）含义

能源资源承载能力指数用于衡量研究区的能源资源承载能力状况，指数值越大，说明研究区的能源资源承载能力越大。

（五）矿产资源承载能力指数的计算

1）算式

$$A_{15} = 10a'_{15} + 50$$

$$a'_{15} = \frac{a_{15} - \overline{a}_{15}}{\delta a_{15}}$$

$$\delta a_{15} = \sqrt{\frac{1}{126-1}\sum_{i=1}^{126}(a_{15}i - \overline{a}_{15}i)^2}$$

$$a_{15} = \frac{\mathrm{RF}_{15}}{\mathrm{NF}_{15}}$$

$$\bar{a}_{15} = \frac{1}{126}\sum_{i=1}^{126} a_{15}i$$

2）算符

A_{15}为矿产资源承载能力指数，a'_{15}为标准化后的矿产资源承载能力指数，a_{15}为研究区矿产的原始指数，i 为第 i 个县，RF_{15}为研究区的矿产密度，NF_{15}为背景区的矿产密度，矿产密度为矿产量与国土面积的比值，$\bar{a}_{15}$为 126 个县矿产资源原始指数的平均值，δa_{15}为 126 个县矿产资源原始指数的标准差。

3）含义

矿产资源承载能力指数用于衡量研究区的矿产资源承载能力状况，指数值越大，说明研究区的矿产资源承载能力越大。

（六）草地资源承载能力指数的计算

1）算式

$$A_{16} = 10a'_{16} + 50$$

$$a'_{16} = \frac{a_{16} - \bar{a}_{16}}{\delta a_{16}}$$

$$\delta a_{16} = \sqrt{\frac{1}{126-1}\sum_{i=1}^{126} (a_{16}i - \bar{a}_{16}i)^2}$$

$$a_{16} = \frac{RF_{16}}{NF_{16}}$$

$$\bar{a}_{16} = \frac{1}{126}\sum_{i=1}^{126} a_{16}i$$

2）算符

A_{16}为草地资源承载能力指数，a'_{16}为标准化后的草地资源承载能力指数，a_{16}为研究区草地的原始指数，i 为第 i 个县，RF_{16}为研究区的草地密度，NF_{16}为背景区的草地密度，草地密度为草地面积与国土面积的比值，$\bar{a}_{16}$为 126 个县草地资源原始指数的平均值，δa_{16}为 126 个县草地资源原始指数的标准差。

3）含义

草地资源承载能力指数用于衡量研究区的草地资源承载能力状况，指数值越大，说明研究区的草地资源承载能力越大。

（七）旅游资源承载能力指数的计算

1）算式

$$A_{17} = 10a'_{17} + 50$$

$$a'_{17} = \frac{a_{17} - \bar{a}_{17}}{\delta a_{17}}$$

$$\delta a_{17}=\sqrt{\frac{1}{126-1}\sum_{i=1}^{126}\left(a_{17}i-\bar{a}_{17}i\right)^2}$$

$$a_{17}=a_{171}+a_{172}$$

$$a_{171}=\frac{RF_{171}}{NF_{171}}$$

$$a_{172}=\frac{RF_{172}}{NF_{172}}$$

$$\bar{a}_{17}=\frac{1}{126}\sum_{i=1}^{126}a_{17}i$$

2）算符

A_{17}为旅游资源承载能力指数，a'_{17}为标准化后的旅游资源承载能力指数，a_{17}为研究区旅游资源的原始指数，$\bar{a}_{17}$为 126 个县旅游资源原始指数的平均值。RF_{171}为研究区的一级旅游资源密度，NF_{171}为背景区的一级旅游资源密度，RF_{172}为研究区的二、三级旅游资源密度，NF_{172}为背景区的二、三级旅游资源密度，旅游资源密度是指某区域的景区个数与该区域国内面积的比值。δa_{17}为 126 个县旅游资源的原始指数的标准差。

3）含义

旅游资源承载能力指数用于衡量研究区的旅游资源承载能力状况，指数值越大，说明研究区的旅游资源承载能力越大。

（八）空间资源承载能力指数的计算

1）算式

$$A_{18}=10a'_{18}+50$$

$$a'_{18}=\frac{a_{18}-\bar{a}_{18}}{\delta a_{18}}$$

$$\delta a_{18}=\sqrt{\frac{1}{126-1}\sum_{i=1}^{126}\left(a_{18}i-\bar{a}_{18}i\right)^2}$$

$$a_{18}=\frac{a_{181}}{a_{182}}$$

$$a_{181}=\frac{RS_{1811}-RS_{1812}}{RS_{181}}$$

$$a_{182}=\frac{NS_{1821}-NS_{1822}}{NS_{182}}$$

$$\bar{a}_{18}=\frac{1}{126}\sum_{i=1}^{126}a_{18}i$$

2）算符

A_{18}为空间资源承载能力指数，a'_{18}为标准化后的空间资源承载能力指数，a_{18}为研究区空间的原始指数，i 为第 i 个县，RS_{181}为研究区的国土面积，RS_{1811}为研究区≤25°的国土面积，RS_{1812}为研究区的建成面积，NS_{182}为背景区的国土面积，NS_{1822}为背景区≤25°的国土面积，NS_{1822}为背景区的建成面积，$\bar{a}_{18}$为 126 个县空间资源原始指数的平均值，δa_{18}为 126 个县空间资源原始指数的标准差。

3）含义

空间资源承载能力指数用于衡量研究区的空间资源承载能力状况，指数值越大，说明研究区的空间资源承载能力越大。

（九）总体环境承载能力指数的计算

1）算式

$$A_{21}=10a'_{21}+50$$

$$a'_{21}=\frac{a_{21}-\bar{a}_{21}}{\delta a_{21}}$$

$$\delta a_{21}=\sqrt{\frac{1}{126-1}\sum_{I=1}^{126}(a_{21}I-\bar{a}_{21}I)^2}$$

$$a_{21}=\frac{REC_{21}}{NEC_{21}}$$

$$REC_{21}=P_R\sum_{i=1}^{6}a_{Ri}r_iy_i$$

$$NEC_{21}=P_N\sum_{i=1}^{6}a_{Ni}r_iy_i$$

$$\bar{a}_{21}=\frac{1}{126}\sum_{I=1}^{126}a_{21}I$$

2）算符

A_{21}为总体环境承载能力指数，a'_{21}为标准化后的总体环境承载能力指数，a_{21}为研究区总体环境承载能力的原始指数，I 为第 I 个县，REC_{21}和 NEC_{21}分别为研究区与背景区的总生态承载能力，P_R 和 P_N 分别为研究区和背景区的总人口，a_{R_i}和 a_{N_i} 分别为研究区和背景区的生物生产面积，r_i 为均衡因子，y_i 为产量因子，i 为建筑用地、耕地、森林、草地、水域和化石能源用地，$\bar{a}_{21}$为 126 个县总体环境承载能力原始指数的平均值，δa_{21}为 126 个县总体环境承载能力原始数据的标准差。

3）含义

总体环境承载能力指数用于衡量研究区的环境承载能力总体状况，指数值越大，说明研究区的总体环境承载能力越大。

（十）人均环境承载能力指数的计算

1）算式

$$A_{22}=10a'_{22}+50$$

$$a'_{22}=\frac{a_{22}-\overline{a}_{22}}{\delta a_{22}}$$

$$\delta a_{22}=\sqrt{\frac{1}{126-1}\sum_{I=1}^{126}(a_{22}I-\overline{a}_{22}I)^2}$$

$$a_{22}=\frac{\mathrm{REC}_{22}}{\mathrm{NEC}_{22}}$$

$$\mathrm{REC}_{22}=\sum_{i=1}^{6}a_{\mathrm{R}i}r_iy_i$$

$$\mathrm{NEC}_{22}=\sum_{i=1}^{6}a_{\mathrm{N}i}r_iy_i$$

$$\overline{a}_{22}=\frac{1}{126}\sum_{I=1}^{126}a_{22}I$$

2）算符

A_{22}为人均环境承载能力指数，a'_{22}为标准化后的人均环境承载能力指数，a_{22}为研究区人均环境承载能力的原始指数，I为第I个县，REC_{22}和NEC_{22}分别为研究区和背景区的人均生态承载能力，$a_{\mathrm{R}i}$和$a_{\mathrm{N}i}$分别为研究区与背景区的人均生物生产面积，r_i为均衡因子，y_i为产量因子，i为建筑用地、耕地、森林、草地、水域和化石能源用地，$\overline{a}_{22}$为126个县人均环境承载能力原始指数的平均值，δa_{22}为126个县人均环境承载能力原始指数的标准差。

3）含义

人均环境承载能力指数用于衡量研究区的人均环境承载能力状况，指数值越大，说明研究区的人均环境承载能力越大。

（十一）地均环境承载能力指数的计算

1）算式

$$A_{23}=10a'_{23}+50$$

$$a'_{23}=\frac{a_{23}-\overline{a}_{23}}{\delta a_{23}}$$

$$\delta a_{23}=\sqrt{\frac{1}{126-1}\sum_{I=1}^{126}(a_{23}I-\overline{a}_{23}I)^2}$$

$$a_{23}=\frac{\mathrm{REC}_{23}}{\mathrm{NEC}_{23}}$$

$$\mathrm{REC}_{23}=\frac{1}{S_{\mathrm{R}}}P_{\mathrm{R}}\sum_{i=1}^{6}a_{\mathrm{R}i}r_{i}y_{i}$$

$$\mathrm{NEC}_{23}=\frac{1}{S_{\mathrm{N}}}P_{\mathrm{N}}\sum_{i=1}^{6}a_{\mathrm{N}i}r_{i}y_{i}$$

$$\bar{a}_{23}=\frac{1}{126}\sum_{I=1}^{126}a_{23}I$$

2）算符

A_{23}为地均环境承载能力指数，a'_{23}为标准化后的地均环境承载能力指数，a_{23}为研究区地均环境承载能力的原始指数，I 为第 I 个县，REC_{23}和地均 NEC_{23}分别为研究区与背景区的地均生态承载能力，S_{R}和 S_{N}分别为研究区与背景区的国土面积，P_{R}和 P_{N}分别为研究区和背景区的总人口，$a_{\mathrm{R}i}$和 $a_{\mathrm{N}i}$分别为研究区和背景区的生物生产面积，r_i为均衡因子，y_i为产量因子，i 为建筑用地、可耕地、森林、草地、水域和化石能源用地，$\bar{a}_{23}$为 126 个县地均环境承载能力原始指数的平均值，δa_{23}为 126 个县地均环境承载能力原始数据的标准差。

3）含义

地均环境承载能力指数用于衡量研究区的地均环境承载能力状况，指数值越大，说明研究区的地均环境承载能力越大。

第二节　现有开发强度的计算方法

现有开发强度指数是衡量一个地区主体功能区属性的三大指数之一。该指数综合反映了一个地区的经济、城镇化、工业化、人类发展、产业结构演进和交通等要素状况。指数值越大，表明该地区开发强度越大，区域发展状况越好。

一、现有开发强度指数的计算

1）算式

$$B=\frac{1}{8}(B_1+B_2+B_3+B_4+B_5+B_6+B_7+B_8)$$

2）算符

B 为现有开发强度指数，B_1 为经济水平指数，B_2 为经济变化指数，B_3 为城镇化指数，B_4 为工业化指数，B_5 为产值能耗指数，B_6 为人类发展指数，B_7 为产业结构演进指数，B_8 为交通指数。

3）含义

现有开发强度指数是经济水平指数、经济变化指数、城镇化指数、工业化指数、产值能耗指数、人类发展指数、产业结构演进指数与交通指数的和乘以它们的权重(1/8)所得的值。该指数用于衡量一个地区开发强度的状况，指数值越高，说明该地区开发强度越大。

二、经济水平指数、经济变化指数等指数的计算

（一）经济水平指数的计算

1）算式

$$B_1 = \frac{1}{3}(B_{11} + B_{12} + B_{13})$$

2）算符

B_1 为经济水平指数，B_{11} 为总量 GDP 指数，B_{12} 为人均 GDP 指数，B_{13} 为地均 GDP 指数。

3）含义

总量 GDP 指数、人均 GDP 指数与地均 GDP 指数的和乘以它们的权重(1/3)所得的值为经济水平指数。该指数用于衡量一个地区的经济水平状况，指数值越大，说明该地区经济水平越高。

（二）经济变化指数的计算

1）算式

$$B_2 = \frac{1}{2}(B_{21} + B_{22})$$

2）算符

B_2 为经济变化指数，B_{21} 为总量 GDP 变化指数，B_{22} 为工业 GDP 变化指数。

3）含义

总量 GDP 变化指数与工业 GDP 变化指数的和乘以它们的权重(1/2)所得的值为经济变化指数。该指数用于衡量一个地区经济发展变化状况，指数值越大，说明经济发展变化越大。

（三）城镇化指数的计算

1）算式

$$B_3 = \frac{1}{3}(B_{31} + B_{32} + B_{33})$$

2）算符

B_3 为城镇化指数，B_{31} 为人口城镇化指数，B_{32} 为城区城镇化指数，B_{33} 为经济城镇化指数。

3）含义

人口城镇化指数、城区城镇化指数与经济城镇化指数的和乘以它们的权重(1/3)所得的值为城镇化指数。该指数用于衡量一个地区的城镇化水平，指数值越大，说明城镇化水平越高。

（四）工业化指数的计算

1）算式

$$B_4 = \frac{1}{2}(B_{41} + B_{42})$$

2）算符

B_4 为工业化指数，B_{41} 为非农产值指数，B_{42} 为工业产值指数。

3）含义

非农产值指数与工业产值指数的和乘以它们的权重(1/2)所得的值为工业化指数。该指数用于衡量一个地区的工业化水平，指数值越大，说明研究区工业化程度越高。

（五）产值能耗指数的计算

1）算式

$$B_5 = \frac{1}{2}(B_{51} + B_{52})$$

2）算符

B_5 为产值能耗指数，B_{51} 为万元 GDP 能耗指数，B_{52} 为万元工业 GDP 能耗指数。

3）含义

万元 GDP 能耗指数与万元工业 GDP 能耗指数的和乘以它们的权重(1/2)所得的值为产值能耗指数。该指数用于衡量一个地区产值能耗状况，指数值越大，说明万元产值能耗越小。

（六）人类发展指数的计算

1）算式

$$B_6 = 10b'_6 + 50$$

$$b'_6 = \frac{b_6 - \overline{b}_6}{\delta b_6}$$

$$\delta b_6 = \sqrt{\frac{1}{126-1}\sum_{i=1}^{126}(b_6 i - \overline{b}_6 i)^2}$$

$$b_6 = \frac{\mathrm{HDI_R}}{\mathrm{HDI_N}}$$

$$\mathrm{HDI} = \frac{1}{3}(\mathrm{LEI} + \mathrm{EI} + B_{12})$$

$$\bar{b}_6 = \frac{1}{126}\sum_{i=1}^{126} b_6 i$$

2) 算符

B_6 为人类发展指数，b'_6为标准化后的人类发展指数，b_6 为人类发展指数的原始指数，i 为第 i 个县，LEI 为预期寿命指数，EI 为受教育指数，B_{12}为人均 GDP 指数，$\bar{b}_6$ 为 126 个县人类发展指数原始指数的平均值，δb_6 为 126 个县人类发展指数原始指数的标准差。

3)含义

线性转换后的人类发展指数用于衡量研究区的人类发展水平，指数值越大，说明研究区相对于背景区而言人类发展水平越高。人类发展指数的值为 0～1，该值越接近 0，说明人类发展水平越低；越接近 1，说明人类发展水平越高。

（七）产业结构演进指数的计算

1) 算式

$$B_7 = 10b'_7 + 50$$

$$b'_7 = \frac{b_7 - \bar{b}_7}{\delta b_7}$$

$$\delta b_7 = \sqrt{\frac{1}{126-1}\sum_{i=1}^{126}(b_7 i - \bar{b}_7 i)^2}$$

$$b_7 = \frac{b_{7\mathrm{R}}}{b_{7\mathrm{N}}}$$

$$b_{7\mathrm{R}} = \frac{\mathrm{Xg1}}{\mathrm{Xg1}} \times \frac{\mathrm{Xg1}}{\mathrm{Xg}} \times \frac{\mathrm{Xdg1}}{\mathrm{SdG1}} + \frac{\mathrm{Xg2}}{\mathrm{Xg1}} \times \frac{\mathrm{Xg2}}{\mathrm{Xg}} \times \frac{\mathrm{Xdg2}}{\mathrm{SdG2}} + \frac{\mathrm{Xg3}}{\mathrm{Xg1}} \times \frac{\mathrm{Xg3}}{\mathrm{Xg}} \times \frac{\mathrm{Xdg3}}{\mathrm{SdG3}}$$

$$b_{7\mathrm{N}} = \frac{\mathrm{Sg1}}{\mathrm{Sg1}} \times \frac{\mathrm{Sg1}}{\mathrm{Sg}} \times \frac{\mathrm{Sdg1}}{\mathrm{QdG1}} + \frac{\mathrm{Sg2}}{\mathrm{Sg1}} \times \frac{\mathrm{Sg2}}{\mathrm{Sg}} \times \frac{\mathrm{Sdg2}}{\mathrm{QdG2}} + \frac{\mathrm{Sg3}}{\mathrm{Sg1}} \times \frac{\mathrm{Sg3}}{\mathrm{Sg}} \times \frac{\mathrm{Sdg3}}{\mathrm{QdG3}}$$

$$\bar{b}_7 = \frac{1}{126}\sum_{i=1}^{126} b_7 i$$

2) 算符

B_7 为产业结构演进指数，b'_7为标准化后的产业结构演进指数，b_7 为产业结构演进指数的原始指数，i 为第 i 个县，Xg1、Xg2、Xg3 和 Xg 分别为县的第一、二、三产业和总产业的产值，Xdg1、Xdg2 和 Xdg3 分别为县的第一、二、三产业的地均经济密度，SdG1、SdG2 和 SdG3 分别为省的第一、二、三产业的地均经济密度，Sg1、Sg2、Sg3 和 Sg 分别为省的第一、二、三产业和总产业的产值，QdG1、QdG2 和 QdG3 分别为全国的第一、二、三产业的地均经济密度，$\bar{b}_7$ 为背景区 126 个县产业结构演进原始指数的平均值，δb_6 为背景区 126 个县产业结构演进原始指数的标准差。

3)含义

产业结构演进指数用于衡量产业结构演进状态，指数值越大，说明产业结构演进状态越好，反之越差。

（八）交通指数的计算

1) 算式

$$B_8 = \frac{3}{5}B_{81} + \frac{1}{5}B_{82} + \frac{1}{5}B_{83}$$

2) 算符

B_8 为交通指数，B_{81}为公路指数，B_{82}为铁路指数，B_{83}为民航指数。

3) 含义

交通指数用于衡量一个地区的交通状况，指数值越大，说明交通条件越好。

三、总量 GDP 指数、人均 GDP 指数等末级指数的计算

（一）总量 GDP 指数的计算

1) 算式

$$B_{11} = 10b'_{11} + 50$$

$$b'_{11} = \frac{b_{11} - \bar{b}_{11}}{\delta b_{11}}$$

$$\delta b_{11} = \sqrt{\frac{1}{126-1}\sum_{i=1}^{126}(b_{11}i - \bar{b}_{11}i)^2}$$

$$b_{11} = \frac{GDP_R}{GDP_N}$$

$$\bar{b}_{11} = \frac{1}{126}\sum_{i=1}^{126}b_{11}i$$

2) 算符

B_{11}为总量 GDP 指数，b'_{11}为标准化后的总量 GDP 指数，b_{11}为研究区总量 GDP 的原始指数，i 为第 i 个县，GDP_R为研究区的国内生产总值，GDP_N为背景区的国内生产总值，$\bar{b}_{11}$为 126 个县总量 GDP 原始指数的平均值，δb_{11}为 126 个县总量 GDP 原始指数的标准差。

3) 含义

总量 GDP 指数用于衡量研究区的总量 GDP 状况，指数值越大，说明研究区的总量 GDP 相对于背景区的总量 GDP 越高。

(二) 人均 GDP 指数的计算

1) 算式

$$B_{12} = 10b'_{12} + 50$$

$$b'_{12} = \frac{b_{12} - \overline{b}_{12}}{\delta b_{12}}$$

$$\delta b_{12} = \sqrt{\frac{1}{126-1}\sum_{i=1}^{126}(b_{12}i - \overline{b}_{12}i)^2}$$

$$b_{12} = \frac{RB_{12}}{NB_{12}}$$

$$\overline{b}_{12} = \frac{1}{126}\sum_{i=1}^{126} b_{12}i$$

2) 算符

B_{12}为人均 GDP 指数，b'_{12}为标准化后的人均 GDP 指数，b_{12}为研究区人均 GDP 的原始指数，i 为第 i 个县，RB_{12}和 NB_{12}分别为研究区与背景区的人均 GDP，$\overline{b}_{12}$为 126 个县人均 GDP 原始指数的平均值，δb_{12}为 126 个县人均 GDP 原始指数的标准差。

3)含义

人均 GDP 指数用于衡量研究区的人均 GDP 状况，指数值越大，说明研究区的人均 GDP 相对于背景区的人均 GDP 越高。

(三) 地均 GDP 指数的计算

1) 算式

$$B_{13} = 10b'_{13} + 50$$

$$b'_{13} = \frac{b_{13} - \overline{b}_{13}}{\delta b_{13}}$$

$$\delta b_{13} = \sqrt{\frac{1}{126-1}\sum_{i=1}^{126}(b_{13}i - \overline{b}_{13}i)^2}$$

$$b_{13} = \frac{RB_{13}}{NB_{13}}$$

$$\overline{b}_{13} = \frac{1}{126}\sum_{i=1}^{126} b_{13}i$$

2）算符

B_{13}为地均 GDP 指数，b'_{13}为标准化后的地均 GDP 指数，b_{13}为研究区地均 GDP 的原始指数，i 为第 i 个县，RB_{13}和 NB_{13}分别为研究区与背景区的地均 GDP，$\bar{b}_{13}$为 126 个县地均 GDP 原始指数的平均值，δb_{13}为 136 个县地均 GDP 原始指数的标准差。

3）含义

地均 GDP 指数用于衡量研究区的地均 GDP 状况，指数值越大，说明研究区的地均 GDP 相对于背景区的地均 GDP 越高。

（四）总量 GDP 变化指数的计算

1）算式

$$B_{21} = 10b'_{21} + 50$$

$$b'_{21} = \frac{b_{21} - \bar{b}_{21}}{\delta b_{21}}$$

$$\delta b_{21} = \sqrt{\frac{1}{126-1}\sum_{i=1}^{126}(b_{21}i - \bar{b}_{21}i)^2}$$

$$b_{21} = \frac{\mathrm{R}\bar{\mathrm{r}}_{21}}{\mathrm{N}\bar{\mathrm{r}}_{21}}$$

$$\bar{r}_{21} = \sqrt[3]{a_{21}b_{21}c_{21}} - 1$$

$$\bar{b}_{21} = \frac{1}{126}\sum_{i=1}^{126}b_{21}i$$

2）算符

B_{21}为总量 GDP 变化指数，b'_{21}为标准化后的总量 GDP 变化指数，b_{21}为研究区总量 GDP 变化的原始指数，i 为第 i 个县，$\mathrm{R}\bar{\mathrm{r}}_{21}$为研究区平均 GDP 增长率，$\mathrm{N}\bar{\mathrm{r}}_{21}$为背景区平均 GDP 增长率，$\bar{r}_{21}$为平均 GDP 增长率，$a_{21}$、$b_{21}$、$c_{21}$分别为近三年的 GDP 增长率，$\bar{b}_{21}$为 126 个县总量 GDP 变化原始指数的平均值，δb_{21}为 126 个县总量 GDP 变化原始指数的标准差。

3）含义

总量 GDP 变化指数用于衡量研究区的总量 GDP 变化状况，指数值越大，说明研究区的总量 GDP 变化相对于背景区的总量 GDP 变化越大。

（五）工业 GDP 变化指数的计算

1）算式

$$B_{22} = 10b'_{22} + 50$$

$$b'_{22}=\frac{b_{22}-\bar{b}_{22}}{\delta b_{22}}$$

$$\delta b_{22}=\sqrt{\frac{1}{126-1}\sum_{i=1}^{126}(b_{22}i-\bar{b}_{22}i)^2}$$

$$b_{22}=\frac{\mathrm{R}\bar{\mathrm{r}}_{22}}{\mathrm{N}\bar{\mathrm{r}}_{22}}$$

$$\bar{r}_{22}=\sqrt[3]{a_{22}b_{22}c_{22}}-1$$

$$\bar{b}_{22}=\frac{1}{126}\sum_{i=1}^{126}b_{22}i$$

2）算符

B_{22}为工业 GDP 变化指数，b'_{22}为标准化后的工业 GDP 变化指数，b_{22}为研究区工业 GDP 变化的原始指数，i 为第 i 个县，$\mathrm{R}\bar{\mathrm{r}}_{22}$为研究区平均工业 GDP 增长率，$\mathrm{N}\bar{\mathrm{r}}_{22}$为背景区平均工业 GDP 增长率，$\bar{r}_{22}$为平均工业 GDP 增长率，$a_{22}$、$b_{22}$、$c_{22}$分别为近三年的工业增长率，$\bar{b}_{22}$为 126 个县工业 GDP 变化原始指数的平均值，δb_{22}为 126 个县工业 GDP 变化原始指数的标准差。

3）含义

工业 GDP 变化指数用于衡量研究区的工业 GDP 变化状况，指数值越大，说明研究区的工业 GDP 变化相对于背景区的工业 GDP 变化越大。

（六）人口城镇化指数的计算

1）算式

$$B_{31}=10b'_{31}+50$$

$$b'_{31}=\frac{b_{31}-\bar{b}_{31}}{\delta b_{31}}$$

$$\delta b_{31}=\sqrt{\frac{1}{126-1}\sum_{i=1}^{126}(b_{31}i-\bar{b}_{31}i)^2}$$

$$b_{31}=\frac{\mathrm{R}\,\mathrm{r}_{31}}{\mathrm{N}\,\mathrm{r}_{31}}$$

$$r_{31}=\frac{P_{\mathrm{a}}}{P}$$

$$\bar{b}_{31}=\frac{1}{126}\sum_{i=1}^{126}b_{31}i$$

2）算符

B_{31}为人口城镇化指数，b'_{31}为标准化后的人口城镇化指数，b_{31}为研究区人口城镇化的原始指数，i 为第 i 个县，Rr_{31}为研究区的人口城镇化率，Nr_{31}为背景区的人口城镇化率，r_{31}为人口城镇化率，P_a 为非农人口，P 为总人口，$\bar{b}_{31}$为 126 个县人口城镇化原始指数的平均值，δb_{31}为 126 个县人口城镇化原始指数的标准差。

3)含义

人口城镇化指数用于衡量研究区的人口城镇化状况，指数值越大，说明研究区的人口城镇化程度越高。

(七) 城区城镇化指数的计算

1) 算式

$$B_{32} = 10b'_{32} + 50$$

$$b'_{32} = \frac{b_{32} - \bar{b}_{32}}{\delta b_{32}}$$

$$\delta b_{32} = \sqrt{\frac{1}{126-1}\sum_{i=1}^{126} (b_{32}i - \bar{b}_{32}i)^2}$$

$$b_{32} = \frac{\mathrm{Rr}_{32}}{\mathrm{Nr}_{32}}$$

$$r_{32} = \frac{S_a}{S_b}$$

$$\bar{b}_{32} = \frac{1}{126}\sum_{i=1}^{126} b_{32}i$$

2) 算符

B_{32}为城区城镇化指数，b'_{32}为标准化后的城区城镇化指数，b_{32}为研究区城区城镇化的原始指数，i 为第 i 个县，Rr_{32}为研究区的城区城镇化率，Nr_{32}为背景区的城区城镇化率，r_{32}为城区城镇化率，S_a 为建成区面积，S_b 为$\leqslant 25°$的国土面积，$\bar{b}_{32}$为 126 个县城区城镇化原始指数的平均值，δb_{32}为 126 个县城区城镇化原始指数的标准差。

3) 含义

城区城镇化指数用于衡量研究区的城区城镇化状况，指数值越大，说明研究区的城区城镇化程度越高。

(八) 经济城镇化指数的计算

1) 算式

$$B_{33} = 10b'_{33} + 50$$

$$b'_{33} = \frac{b_{33} - \bar{b}_{33}}{\delta b_{33}}$$

$$\delta b_{33} = \sqrt{\frac{1}{126-1}\sum_{i=1}^{126} (b_{33}i - \bar{b}_{33}i)^2}$$

$$b_{33} = \frac{\mathrm{Rr}_{33}}{\mathrm{Nr}_{33}}$$

$$r_{33} = \frac{W_{41}}{W}$$

$$\bar{b}_{33} = \frac{1}{126}\sum_{i=1}^{126} b_{33}i$$

2) 算符

B_{33}为经济城镇化指数,b'_{33}为标准化后的经济城镇化指数,b_{33}为研究区经济城镇化的原始指数,i 为第 i 个县,Rr_{33}为研究区的经济城镇化率,Nr_{33}为背景区的经济城镇化率,r_{33}为经济城镇化率,W_{41}为非农产值,W 为总产值,$\bar{b}_{33}$为 126 个县经济城镇化原始指数的平均值,δb_{33}为 126 个县经济城镇化原始指数的标准差。

3) 含义

经济城镇化指数用于衡量研究区的经济城镇化状况,指数值越大,说明研究区的经济城镇化程度越高。

(九) 非农产值指数的计算

1) 算式

$$B_{41} = 10b'_{41} + 50$$

$$b'_{41} = \frac{b_{41} - \bar{b}_{41}}{\delta b_{41}}$$

$$\delta b_{41} = \sqrt{\frac{1}{126-1}\sum_{i=1}^{126} (b_{41}i - \bar{b}_{41}i)^2}$$

$$b_{41} = \frac{\mathrm{Rr}_{41}}{\mathrm{Nr}_{41}}$$

$$r_{41} = \frac{W_{41}}{W}$$

$$\bar{b}_{41} = \frac{1}{126}\sum_{i=1}^{126} b_{41}i$$

2) 算符

B_{41}为非农产值指数,b'_{41}为标准化后的非农产值指数,b_{41}为研究区非农产值率的原始指数,i 为第 i 个县,Rr_{41}为研究区的非农产值率,Nr_{41}为背景区的非农产值率,r_{41}为非农产值率,W_{41}为非农产值,W 为总产值,$\bar{b}_{41}$为 126 个县非农产值率原始指数的平均值,δb_{41}为 126 个县非农产值率原始指数的标准差。

3) 含义

非农产值指数用于衡量研究区的非农产值率状况,指数值越大,说明研究区的非农产值占总产值的比重越大。

（十）工业产值指数的计算

1）算式

$$B_{42} = 10b'_{42} + 50$$

$$b'_{42} = \frac{b_{42} - \overline{b}_{42}}{\delta b_{42}}$$

$$\delta b_{42} = \sqrt{\frac{1}{126-1}\sum_{i=1}^{126}(b_{42}i - \overline{b}_{42}i)^2}$$

$$b_{42} = \frac{\mathrm{Rr}_{42}}{\mathrm{Nr}_{42}}$$

$$r_{42} = \frac{W_{42}}{W}$$

$$\overline{b}_{42} = \frac{1}{126}\sum_{i=1}^{126} b_{42}i$$

2）算符

B_{42}为工业产值指数，b'_{42}为标准化后的工业产值指数，b_{42}为研究区工业产值率的原始指数，i 为第 i 个县，Rr_{42}为研究区的工业产值率，Nr_{42}为背景区的工业产值率，r_{42}为工业产值率，W_{42}为工业产值，W 为总产值，$\overline{b}_{42}$为 126 个县工业产值率原始指数的平均值，δb_{42}为 126 个县工业产值率原始指数的标准差。

3）含义

工业产值指数用于衡量研究区的工业产值率状况，指数值越大，说明研究区的工业产值占总产值的比重越大。

（十一）万元 GDP 能耗指数的计算

1）算式

$$B_{51} = 10b'_{51} + 50$$

$$b'_{51} = \frac{b_{51} - \overline{b}_{51}}{\delta b_{51}}$$

$$\delta b_{51} = \sqrt{\frac{1}{126-1}\sum_{i=1}^{126}(b_{51}i - \overline{b}_{51}i)^2}$$

$$b_{51} = \frac{Q}{\mathrm{RQ}_{51}}$$

$$\overline{b}_{51} = \frac{1}{126}\sum_{i=1}^{126} b_{51}i$$

2) 算符

B_{51}为万元 GDP 能耗指数，b'_{51}为标准化后的万元 GDP 能耗指数，b_{51}为研究区万元 GDP 能耗的原始指数，i 为第 i 个县，Q 为期望值，RQ_{51}为研究区的万元 GDP 能耗，$\overline{b}_{51}$为 126 个县万元 GDP 能耗原始指数的平均值，δb_{51}为 126 个县万元 GDP 能耗原始指数的标准差。

3)含义

万元 GDP 能耗指数用于衡量研究区的万元 GDP 能耗指数状况，指数值越大，说明研究区的万元 GDP 能耗越小。

(十二) 万元工业 GDP 能耗指数的计算

1) 算式

$$B_{52} = 10b'_{52} + 50$$

$$b'_{52} = \frac{b_{52} - \overline{b}_{52}}{\delta b_{52}}$$

$$\delta b_{52} = \sqrt{\frac{1}{126-1}\sum_{i=1}^{126}(b_{52}i - \overline{b}_{52}i)^2}$$

$$b_{52} = \frac{Q_a}{RQ_{52}}$$

$$\overline{b}_{52} = \frac{1}{126}\sum_{i=1}^{126} b_{52}i$$

2) 算符

B_{51}为万元工业 GDP 能耗指数，b'_{52}为标准化后的万元工业 GDP 能耗指数，b_{52}为研究区万元工业 GDP 能耗的原始指数，i 为第 i 个县，Q_a 为期望值，为 2015 年云南省万元工业 GDP 能耗的最小值，RQ_{52}为研究区的万元工业 GDP 能耗，$\overline{b}_{52}$为 126 个县万元工业 GDP 能耗原始指数的平均值，δb_{52}为 126 个县万元工业 GDP 能耗原始指数的标准差。

3) 含义

万元工业 GDP 能耗指数用于衡量研究区的万元工业 GDP 能耗指数状况，指数值越大，说明研究区的万元工业 GDP 能耗越小。

(十三) 公路指数的计算

1) 算式

$$B_{81} = 10b'_{81} + 50$$

$$b'_{81} = \frac{b_{81} - \overline{b}_{81}}{\delta b_{81}}$$

$$\delta b_{81} = \sqrt{\frac{1}{126-1}\sum_{i=1}^{126}(b_{81}i - \bar{b}_{81}i)^2}$$

$$b_{81} = \sum_{I=1}^{8}\frac{\mathrm{RL}_{81}}{\mathrm{NL}_{81}}I$$

$$\bar{b}_{81} = \frac{1}{126}\sum_{i=1}^{126}b_{81}i$$

2) 算符

B_{81}为公路指数，b'_{81}为标准化后的公路指数，b_{81}为研究区公路指数的原始指数，i为第i个县，RL_{81}为研究区公路里程，NL_{81}为背景区公路里程，$\bar{b}_{81}$为126个县公路指数原始指数的平均值，I为四、六、八车道、一、二、三、四级公路和等外公路，δb_{81}为126个县公路指数的原始指数的标准差。

3)含义

公路指数用于衡量研究区的交通通达状况，指数值越大，说明研究区的交通通达状况越好。

（十四）铁路指数的计算

1) 算式

$$B_{82} = 10b'_{82} + 50$$

$$b'_{82} = \frac{b_{82} - \bar{b}_{82}}{\delta b_{82}}$$

$$\delta b_{82} = \sqrt{\frac{1}{126-1}\sum_{i=1}^{126}(b_{82}i - \bar{b}_{82}i)^2}$$

$$b_{82} = \frac{\mathrm{RL}_{82}}{\mathrm{NL}_{82}}$$

$$\bar{b}_{82} = \frac{1}{126}\sum_{i=1}^{126}b_{82}i$$

铁路的值根据区域是否有铁路经过而定，如果区域有铁路经过则赋值2；若区域毗邻铁路经过的县，则赋值1；若区域既没有铁路经过又不与铁路经过的县毗邻，则赋值0。

2)算符

B_{82}为铁路指数，b'_{82}为标准化后的铁路指数，b_{82}为研究区铁路指数的原始指数，i为第i个县，RL_{82}为研究区铁路的值，NL_{82}为背景区铁路的值，$\bar{b}_{82}$为126个县铁路指数的原始指数的平均值，δb_{82}为126个县铁路指数的原始指数的标准差。

3) 含义

铁路指数用于衡量研究区的交通通达状况，指数值越大，说明研究区的交通通达状况越好。

（十五）民航指数的计算

1) 算式

$$B_{83} = 10b'_{83} + 50$$

$$b'_{83} = \frac{b_{83} - \overline{b}_{83}}{\delta b_{83}}$$

$$\delta b_{83} = \sqrt{\frac{1}{126-1}\sum_{i=1}^{126}(b_{83}i - \overline{b}_{83}i)^2}$$

$$b_{83} = \frac{\mathrm{RL}_{83}}{\mathrm{RL}_{83}}$$

$$\overline{b}_{83} = \frac{1}{126}\sum_{i=1}^{126} b_{83}i$$

民航的值根据区域是否有机场而定，如果区域有机场则赋值 2；若区域毗邻有机场的县，则赋值 1；若区域既没有机场又不与有机场的县毗邻，则赋值 0。

2)算符

B_{83}为民航指数，b'_{83}为标准化后的民航指数，b_{83}为研究区民航指数的原始指数，i 为第 i 个县，RL_{83}为研究区民航的值，NL_{83}为背景区民航的值，$\overline{b}_{83}$为 126 个县民航指数的原始指数的平均值，δb_{83}为 126 个县民航指数的原始指数的标准差。

3) 含义

民航指数用于衡量研究区的交通通达状况，指数值越大，说明研究区的交通通达状况越好。

第三节 发展潜力的计算方法

一个地区的人与资源和环境关系越协调，战略区位越重要，那么该区域的发展潜力越大。一个区域发展潜力越大，也就意味着该区域功能区发展能力越强。

一、发展潜力指数

1) 算式

$$C = \frac{1}{3}C_1 + \frac{2}{3}C_2$$

2) 算符

C 为发展潜力指数，C_1 为人地协调指数，C_2 为战略区位指数。

3)含义

该指数用于衡量一个地区发展潜力状况，指数值越大，说明该地区的发展潜力越大。

二、人地协调指数和战略区位指数的计算

（一）人地协调指数的计算

1）算式

$$C_1=\frac{1}{2}(C_{11}+C_{12})$$

2）算符

C_1 为人地协调指数，C_{11} 为人资协调指数，C_{12} 为人环协调指数。

3）含义

人地协调指数是人资协调指数和人环协调指数的和乘以它们的权重（1/2）所得的值。该指数值越大，说明人地关系越协调，反之则说明人地关系越紧张。

（二）战略区位指数的计算

1）算式

$$C_2=\frac{1}{2}(C_{21}+C_{22})$$

2）算符

C_2 为战略区位指数，C_{21} 为战略区位数值指数，C_{22} 为战略区位赋值指数。

3）含义

战略区位指数用于衡量一个地区的社会、经济、资源和环境战略区位的重要性。指数值越大，说明该地区的社会、经济、资源和环境战略区位越重要，反之越不重要。

三、人环协调指数、战略区位数值指数等指数的计算

（一）人环协调指数的计算

1）算式

$$C_{12}=\frac{1}{3}(C_{121}+C_{122}+C_{123})$$

2）算符

C_{12} 为人环协调指数，C_{121} 为总量生态盈亏变化指数，C_{122} 为人均生态盈亏变化指数，C_{123} 为地均生态盈亏变化指数。

3）含义

人环协调指数是总量生态盈亏变化指数、人均生态盈亏变化指数和地均生态

盈亏变化指数的和乘以它们的权重(1/3)所得的值。

(二) 战略区位数值指数的计算

1) 算式

$$C_{21}=\frac{1}{2}(C_{211}+C_{212})$$

2) 算符

C_{21}为战略区位数值指数,C_{211}为社会经济战略区位数值指数,C_{212}为资源环境战略区位数值指数。

3) 含义

战略区位数值指数用于衡量一个地区的社会和经济战略区位的重要性。指数值越大,说明该地区的社会和经济战略区位越重要,反之越不重要。

(三) 战略区位赋值指数的计算

1) 算式

$$C_{22}=\frac{1}{2}(C_{221}+C_{222})$$

2) 算符

C_{22}为战略区位赋值指数,C_{221}为社会经济战略区位赋值指数,C_{222}为资源环境战略区位赋值指数。

3) 含义

战略区位赋值指数用于衡量一个地区的资源和环境战略区位的重要性。指数值越大,说明该地区的资源和环境战略区位越重要,反之越不重要。

(四) 人资协调指数的计算

1) 算式

$$C_{11}=\frac{A_1}{PE}$$

2) 算符

C_{11}为人资协调指数,A_1 为资源承载能力指数,P 为研究区与背景区的人口密度的比通过标准化和线性转换所得的值,E 为研究区与背景区地均经济密度的比通过标准化和线性转换所得的值。

3) 含义

人资协调指数用于衡量研究区的人资协调状况,指数值越大,说明研究区的人资协调状况越好。

四、总量生态盈亏变化指数等末级指数的计算

(一) 总量生态盈亏变化指数的计算

1) 算式

$$C_{121}=10c'_{121}+50$$

$$c'_{121}=\frac{c_{121}-\bar{c}_{121}}{\delta c_{121}}$$

$$\delta c_{121}=\sqrt{\frac{1}{126-1}\sum_{i=1}^{126}(c_{121}i-\bar{c}_{121}i)^2}$$

$$c_{121}=\frac{\mathrm{Rr}_{121}}{\mathrm{Nr}_{121}}$$

$$r_{121}=\frac{a_{121}-b_{121}}{a_{121}}$$

$$\bar{c}_{121}=\frac{1}{126}\sum_{i=1}^{126}c_{121}i$$

2) 算符

C_{121}为总量生态盈亏变化指数，c'_{121}为标准化后的总量生态盈亏变化指数，c_{121}为研究区总量生态盈亏变化指数的原始指数，i 为第 i 个县，Rr_{121}为研究区的生态盈亏变化率，Nr_{121}为背景区的生态盈亏变化率，r_{121}为生态盈亏变化率，a_{121}为当年的生态盈亏变化率，b_{121}为前一年的生态盈亏变化率，$\bar{c}_{121}$为 126 个县总量生态盈亏变化指数的原始指数的平均值，δc_{121}为 126 个县总量生态盈亏变化指数的原始指数的标准差。

3) 含义

总量生态盈亏变化指数用于衡量研究区的总量生态盈亏变化状况，指数值越大，说明研究区的总量生态盈亏变化越大。

(二) 人均生态盈亏变化指数的计算

1) 算式

$$C_{122}=10c'_{122}+50$$

$$c'_{122}=\frac{c_{122}-\bar{c}_{122}}{\delta c_{122}}$$

$$\delta c_{122}=\sqrt{\frac{1}{126-1}\sum_{i=1}^{126}(c_{122}i-\bar{c}_{122}i)^2}$$

$$c_{122}=\frac{\mathrm{Rr}_{122}}{\mathrm{Nr}_{122}}$$

$$r_{122}=\frac{a_{122}-b_{122}}{a_{122}}$$

$$\bar{c}_{122}=\frac{1}{126}\sum_{i=1}^{126}c_{122}i$$

2）算符

C_{122}为人均生态盈亏变化指数，c'_{122}为标准化后的人均生态盈亏变化指数，c_{122}为研究区人均生态盈亏变化指数的原始指数，i 为第 i 个县，Rr_{122}为研究区的人均生态盈亏变化率，Nr_{122}为背景区的生态盈亏变化率，r_{122}为人均生态盈亏变化率，a_{122}为当年的人均生态盈亏，b_{122}为前一年的人均生态盈亏，$\bar{c}_{122}$为 126 个县人均生态盈亏变化指数的原始指数的平均值，δc_{122}为 126 个县人均生态盈亏变化指数的原始指数的标准差。

3）含义

人均生态盈亏变化指数用于衡量研究区的人均生态盈亏变化状况，指数值越大，说明研究区的人均生态盈亏变化越大。

（三）地均生态盈亏变化指数的计算

1）算式

$$C_{123}=10c'_{123}+50$$

$$c'_{123}=\frac{c_{123}-\bar{c}_{123}}{\delta c_{123}}$$

$$\delta c_{123}=\sqrt{\frac{1}{126-1}\sum_{i=1}^{126}(c_{123}i-\bar{c}_{123}i)^2}$$

$$c_{123}=\frac{\mathrm{Rr}_{123}}{\mathrm{Nr}_{123}}$$

$$r_{123}=\frac{a_{123}-b_{123}}{a_{123}}$$

$$\bar{c}_{123}=\frac{1}{126}\sum_{i=1}^{126}c_{123}i$$

2）算符

C_{123}为地均生态盈亏变化指数，c'_{123}为标准化后的地均生态盈亏变化指数，c_{123}为研究区地均生态盈亏变化指数的原始指数，i 为第 i 个县，Rr_{123}为研究区的地均生态盈亏变化率，Nr_{123}为背景区的地均生态盈亏变化率，r_{123}为地均生态盈亏变化率，a_{123}为当年的地均生态盈亏，b_{123}为前一年的地均生态盈亏，$\bar{c}_{123}$为 126 个县地均生态盈亏变化指数的原始指数的平均值，δc_{123}为 126 个县地均生态盈亏变化指数的原始指数的标准差。

3）含义

地均生态盈亏变化指数用于衡量研究区的地均生态盈亏变化状况，指数值越大，说明研究区的地均生态盈亏变化越大。

（四）社会经济战略区位数值指数的计算

1）算式

$$C_{211}=\frac{1}{2}(C_{2111}+C_{2112})$$

$$C_{2111}=10c'_{2111}+50$$

$$c'_{2111}=\frac{c_{2111}-\bar{c}_{2111}}{\delta c_{2111}}$$

$$\delta c_{2111}=\sqrt{\frac{1}{126-1}\sum_{i=1}^{126}(c_{2111}i-\bar{c}_{2111}i)^2}$$

$$\bar{c}_{2111}=\frac{1}{126}\sum_{i=1}^{126}c_{2111}i$$

$$c_{2111}=\frac{\mathrm{RP}_{2111}}{\mathrm{NP}_{2111}}$$

$$C_{2112}=10c'_{2112}+50$$

$$c'_{2112}=\frac{c_{2112}-\bar{c}_{2112}}{\delta c_{2112}}$$

$$\delta c_{2112}=\sqrt{\frac{1}{126-1}\sum_{i=1}^{126}(c_{2112}i-\bar{c}_{2112}i)^2}$$

$$\bar{c}_{2112}=\frac{1}{126}\sum_{i=1}^{126}c_{2112}i$$

$$c_{2112}=\frac{1}{5}a+\frac{2}{5}b+\frac{1}{5}c+\frac{1}{5}d$$

$$a=\frac{\Delta\mathrm{RG}_1}{\Delta\mathrm{NG}_1}\times\frac{\mathrm{RG}_1}{\mathrm{NG}_1}$$

$$b=\frac{\Delta\mathrm{RG}_2}{\Delta\mathrm{NG}_2}\times\frac{\mathrm{RG}_2}{\mathrm{NG}_2}$$

$$c=\frac{\Delta\mathrm{RG}_3}{\Delta\mathrm{NG}_3}\times\frac{\mathrm{RG}_3}{\mathrm{NG}_3}$$

$$d=\frac{\Delta\mathrm{RG}}{\Delta\mathrm{NG}}\times\frac{\mathrm{RG}}{\mathrm{NG}}$$

2）算符

C_{211}为社会经济战略区位数值指数，C_{2111}为社会战略数值指数，c'_{2111}为标准化后的社会战略数值指数，i 为第 i 个县，c_{2111} 为社会战略数值指数的原始指数，用识字成人原始数据计算，RP_{2111} 为研究区的成人识字数，NP_{2111} 为背景区的成人识字数，C_{2112} 为经济战略数值指数，c'_{2112} 为标准化后的经济战略数值指数，c_{2112} 为经济战略数值指数的原始指数，a、b、c、d 分别为第一、二、三和总产业的经济贡献率原始指数，ΔRG_1、ΔRG_2、ΔRG_3 和 ΔRG 分别为研究时段研究区第一、二、三和总产业的增加值，ΔNG_1、ΔNG_2、ΔNG_3 和 ΔNG 分别为研究时段背景区第一、二、三和总产业的产值，$\bar{c}_{2111}$ 和 $\bar{c}_{2112}$ 分别为 126 个县社会战略数值和经济战略数值原始指数的平均值，δc_{2111} 和 δc_{2112} 分别为 126 个县社会战略数值和经济战略数值原始指数的标准差。

3）含义

社会经济战略区位数值指数是用于衡量一个地区的社会和经济战略区位的重要性。指数值越大，说明该地区的社会和经济战略区位越重要，反之越不重要。

（五）资源环境战略区位数值指数的计算

1）算式

$$C_{212} = \frac{1}{2}(C_{2121} + C_{2122})$$

$$C_{2121} = 10c'_{2121} + 50$$

$$c'_{2121} = \frac{c_{2121} - \bar{c}_{2121}}{\delta c_{2121}}$$

$$\delta c_{2121} = \sqrt{\frac{1}{126-1}\sum_{i=1}^{126}(c_{2121}i - \bar{c}_{2121}i)^2}$$

$$\bar{c}_{2121} = \frac{1}{126}\sum_{i=1}^{126} c_{2121}i$$

$$c_{2121} = \sum_{I=1}^{8} \frac{RG}{NG} I$$

$$C_{2122} = 10c'_{2122} + 50$$

$$c'_{2122} = \frac{c_{2122} - \bar{c}_{2122}}{\delta c_{2122}}$$

$$\delta c_{2122} = \sqrt{\frac{1}{126-1}\sum_{i=1}^{126}(c_{2122}i - \bar{c}_{2122}i)^2}$$

$$\bar{c}_{2122} = \frac{1}{126}\sum_{i=1}^{126} c_{2122}i$$

$$c_{2122} = \frac{(a_1 - a_2) - (a_2 - a_3)}{(b_1 - b_2) - (b_2 - b_3)}$$

2) 算符

C_{212}为资源环境战略区位数值指数，C_{2121}为资源战略区位数值指数，C_{2122}为环境战略区位数值指数，i为第i个县，RG为研究区的资源量，NG为背景区的资源量，I为耕地、森林、淡水、能源、矿产、草地、旅游和空间资源，a_1、a_2、a_3分别为研究区近三年的EF，b_1、b_2、b_3分别为背景区近三年的EF，EF为生态足迹。c'_{2121}和c'_{2122}分别为标准化后的资源战略区位数值指数与环境战略区位数值指数，$\bar{c}_{2121}$和$\bar{c}_{2122}$分别为126个县资源战略区位数值原始指数的平均值和环境战略区位数值原始指数的平均值，δc_{2121}和δc_{2222}分别为资源战略区位数值原始指数的标准差和环境战略区位数值原始指数的标准差，c_{2121}和c_{2122}分别为资源战略区位数值的原始指数和环境战略区位数值的原始指数。

3) 含义

资源环境战略区位数值指数用于衡量一个地区的资源和环境战略区位的重要性。指数值越大，说明该地区的资源和环境战略区位越重要，反之越不重要。

(六) 社会经济战略区位赋值指数的计算

1) 算式

$$C_{221}=\frac{1}{2}(C_{2211}+C_{2212})$$

$$C_{2211}=10c'_{2211}+50$$

$$c'_{2211}=\frac{c_{2211}-\bar{c}_{2211}}{\delta c_{2211}}$$

$$\delta c_{2211}=\sqrt{\frac{1}{126-1}\sum_{i=1}^{126}(c_{2211}i-\bar{c}_{2211}i)^2}$$

$$\bar{c}_{2211}=\frac{1}{126}\sum_{i=1}^{126}c_{2211}i$$

$$c_{2211}=\frac{a_{2211}}{b_{2211}}$$

$$C_{2212}=10c'_{2212}+50$$

$$c'_{2212}=\frac{c_{2212}-\bar{c}_{2212}}{\delta c_{2212}}$$

$$\delta c_{2212}=\sqrt{\frac{1}{126-1}\sum_{i=1}^{126}(c_{2212}i-\bar{c}_{2212}i)^2}$$

$$\bar{c}_{2212}=\frac{1}{126}\sum_{i=1}^{126}c_{2212}i$$

$$c_{2212}=\frac{a_{2212}}{b_{2212}}$$

2) 算符

C_{221}为社会经济战略区位赋值指数,C_{2211}和C_{2212}分别为社会战略区位赋值指数和经济战略区位赋值指数,i为第i个县,c_{2211}为社会战略区位赋值的原始指数,a_{2211}为研究区的社会属性值,b_{2211}为背景区的社会属性值,c_{2212}为经济战略区位赋值的原始指数,a_{2212}为研究区的经济属性值,b_{2212}为背景区的经济属性值,c'_{2211}和c'_{2212}分别为标准化后的社会战略区位赋值指数和经济战略区位赋值指数,$\bar{c}_{2211}$和$\bar{c}_{2212}$分别为126个县社会战略区位赋值原始指数的平均值和经济战略区位赋值原始指数的平均值,δc_{2211}和δc_{2212}分别为126个县社会战略区位赋值原始指数的标准差和经济战略区位赋值原始指数的标准差。

3) 含义

社会经济战略区位赋值指数用于衡量一个地区的社会和经济战略区位的重要性。指数值越大,说明该地区的社会和经济战略区位越重要,反之越不重要。

(七) 资源环境战略区位赋值指数的计算

1) 算式

$$C_{222} = \frac{1}{2}(C_{2221} + C_{2222})$$

$$C_{2221} = 10c'_{2221} + 50$$

$$c'_{2221} = \frac{c_{2221} - \bar{c}_{2221}}{\delta c_{2221}}$$

$$\delta c_{2221} = \sqrt{\frac{1}{126-1}\sum_{i=1}^{126}(c_{2221}i - \bar{c}_{2221}i)^2}$$

$$\bar{c}_{2221} = \frac{1}{126}\sum_{i=1}^{126} c_{2221}i$$

$$c_{2221} = \frac{a_{2221}}{b_{2221}}$$

$$C_{2222} = 10c'_{2222} + 50$$

$$c'_{2222} = \frac{c_{2222} - \bar{c}_{2222}}{\delta c_{2222}}$$

$$\delta c_{2222} = \sqrt{\frac{1}{126-1}\sum_{i=1}^{126}(c_{2222}i - \bar{c}_{2222}i)^2}$$

$$\bar{c}_{2222} = \frac{1}{126}\sum_{i=1}^{126} c_{2222}i$$

$$c_{2222} = \frac{a_{2222}}{b_{2222}}$$

2) 算符

C_{222}为资源环境战略区位赋值指数，C_{2221}和C_{2222}分别为资源战略区位赋值指数和环境战略区位赋值指数，i为第i个县，c_{2221}为资源战略区位赋值的原始指数，a_{2221}为研究区的资源属性值，b_{2221}为背景区的资源属性值，c_{2222}为环境战略区位赋值的原始指数，a_{2222}为研究区的环境属性值，b_{2222}为背景区的环境属性值，c'_{2221}和c'_{2222}分别为标准化后的资源战略区位赋值指数和环境战略区位赋值指数，$\bar{c}_{2221}$和$\bar{c}_{2222}$分别为126个县资源战略区位赋值原始指数的平均值和环境战略区位赋值原始指数的平均值，δc_{2221}和δc_{2222}分别为126个县资源战略区位赋值原始指数的标准差和环境战略区位赋值原始指数的标准差。

环境属性值根据区域是否是干热河谷、石漠化地区、国家级或省级保护区、地质公园、重要水源地、文化遗产和生物多样性地区而定。

3) 含义

资源战略区位赋值指数用于衡量一个地区的资源和环境战略区位的重要性。指数值越大，说明该地区的资源和环境战略区位越重要，反之越不重要。

第四节　功能区发展能力指数的计算方法

一、功能区发展能力指数的计算

1) 算式

$$D=\frac{4}{10}A+\frac{4}{10}B+\frac{2}{10}C$$

2) 算符

D为功能区发展能力指数，A为资源环境承载能力指数，B为现有开发强度指数，C为发展潜力指数。

3) 含义

功能区发展能力指数是资源环境承载能力指数、现有开发强度指数和发展潜力指数分别乘以它们的权重再求和所得的值。该指数用于衡量一个地区功能区发展能力状况，指数值越大，说明该地区功能区发展能力越强，反之越弱。

二、资源环境承载能力指数、现有开发强度指数和发展潜力指数的计算

（一）资源环境承载能力指数的计算

1) 算式

$$A=\frac{1}{2}(A_1+A_2)$$

2）算符

A 为资源环境承载能力指数，A_1 为资源承载能力指数，A_2 为环境承载能力指数。

3）含义

该指数用于衡量一个地区的资源承载能力状况和生态环境承载能力的大小，指数值越大，说明该区域资源环境承载能力越大。

（二）现有开发强度指数的计算

1）算式

$$B=\frac{1}{8}(B_1+B_2+B_3+B_4+B_5+B_6+B_7+B_8)$$

2）算符

B 为现有开发强度指数，B_1 为经济水平指数，B_2 为经济变化指数，B_3 为城镇化指数，B_4 为工业化指数，B_5 为产值能耗指数，B_6 为人类发展指数，B_7 为产业结构演进指数，B_8 为交通指数。

3）含义

现有开发强度指数是经济水平指数、经济变化指数、城镇化指数、工业化指数、产值能耗指数、人类发展指数与产业结构演进指数的和乘以它们的权重(1/8)所得的值，用于衡量一个地区开发强度的状况。指数值越高，说明该地区开发强度越大。

（三）发展潜力指数的计算

1）算式

$$C=\frac{1}{3}C_1+\frac{2}{3}C_2$$

2）算符

C 为发展潜力指数，C_1 为人地协调指数，C_2 为战略区位指数。

3）含义

该指数用于衡量一个地区发展潜力状况，指数值越大，说明该地区的发展潜力越大。

第五节　主体功能区区划部分数据的计算

一、城镇建设用地的计算

经过专家鉴定，辽宁省的主体功能区区划比较科学，其他省区的主体功能区区划应当借鉴其科学的方法。其中，辽宁省的优化开发区、重点开发区和限制开发区与其开发净面积有一个相对稳定的密度比，分别为 0.305、0.156、0.076。

根据云南省复杂的地形地势，各县开发净面积采用该县前 3 个大坝子面积之和。因此，对城镇化有效国土面积而言，云南省每一个主体功能区城镇建设用地的计算方法是：一个重点开发区的城镇建设用地面积为 0.156 乘以该重点开发区净面积；一个限制开发区的城镇建设用地面积为 0.076 乘以该限制开发区净面积。

二、迁移人口数计算

禁止开发区和限制开发区对人口总量有一定的限制，其根据是经济的发展水平，即当地总量 GDP 与全国人均 GDP 的比，因此，一个县区的适量人口计算方法如下：该地区当年的总量 GDP 与全国当年的人均 GDP 的比值再减去当地现有人口数，如果值为正则表示可以接纳的人口数，如果值为负则表示应当迁出的人口数。

三、财政转移支付计算

财政转移支付包括当地的基础设施建设、提高人民生活水平、医疗公共卫生等方面的支付，因此，应当以国家的人均 GDP 为标准来计算个人每年应当支付的金额。对主体功能区而言，限制开发区和禁止开发区财政支付转移量的计算方法如下：全国人均 GDP 与当地人均 GDP 的差值再乘以当地的人口数，若当地的人均 GDP 高于或等于全国的人均 GDP，则不需要转移。

第五章　云南省主体功能区区划的客观基础

第一节　客观基础Ⅰ：资源环境承载能力指数(A)的县域差距

云南省各县(市、区)资源环境承载能力指数(A)见表5-1，由表可以看出以下几点：①各县(市、区)资源环境承载能力指数(A)介于43.267～60.350，其平均值为49.949；②高于平均水平的县(市、区)有58个，低于平均水平的县(市、区)有68个，资源环境承载能力指数排在前5位的是澜沧县、昭阳区、富源县、马关县和麒麟区，排在最后5位的是河口县、呈贡区、绥江县、西畴县和漾濞县。云南省各县(市、区)资源环境承载能力指数(A)可聚类为八类，其分布情况如图5-1和图5-2所示。

表5-1　云南省各县(市、区)资源环境承载能力指数(A)

地区	澜沧县	昭阳区	富源县	马关县	麒麟区	镇雄县	蒙自市	墨江县	会泽县	香格里拉市
A	60.350	59.850	57.175	56.034	55.851	55.730	55.212	54.680	54.624	54.188
地区	宣威市	砚山县	贡山县	耿马县	沧源县	景东县	寻甸县	腾冲市	西盟县	景谷县
A	54.146	54.140	54.040	53.840	53.736	53.565	53.534	53.311	53.291	53.217
地区	丘北县	永德县	镇康县	泸西县	德钦县	弥勒市	石林县	大理市	富民县	盈江县
A	53.178	52.887	52.850	52.801	52.596	52.390	52.314	52.262	52.219	52.163
地区	芒市	镇沅县	陆良县	宁蒗县	师宗县	隆阳区	瑞丽市	广南县	水富县	元阳县
A	52.145	52.065	51.989	51.913	51.825	51.637	51.524	51.497	51.483	51.375
地区	勐海县	罗平县	陇川县	临翔区	文山市	彝良县	云县	昌宁县	屏边县	孟连县
A	51.348	51.219	51.201	51.148	51.128	51.045	51.003	50.893	50.787	50.773
地区	金平县	梁河县	勐腊县	昆明四区	凤庆县	景洪市	沾益区	牟定县	威信县	新平县
A	50.621	50.504	50.348	50.346	50.202	50.144	50.057	50.022	49.941	49.904
地区	鲁甸县	双江县	富宁县	宜良县	禄丰县	玉龙县	盐津县	元谋县	开远市	兰坪县
A	49.890	49.822	49.815	49.800	49.725	49.660	49.528	49.520	49.510	49.414
地区	巧家县	思茅区	巍山县	龙陵县	个旧市	弥渡县	建水县	江川区	通海县	红河县
A	49.358	49.338	49.285	49.235	49.223	49.132	49.113	49.080	49.058	48.816

续表

地区	华宁县	麻栗坡县	宾川县	宁洱县	永胜县	永善县	安宁市	施甸县	楚雄市	江城县
A	48.588	48.534	48.460	48.383	48.231	48.045	48.038	47.992	47.834	47.774
地区	南华县	嵩明县	维西县	大关县	元江县	福贡县	姚安县	东川区	绿春县	华坪县
A	47.763	47.726	47.593	47.568	47.469	47.427	47.326	47.264	47.238	47.189
地区	泸水市	马龙区	峨山县	晋宁区	石屏县	大姚县	云龙县	祥云县	武定县	红塔区
A	46.908	46.872	46.806	46.779	46.778	46.776	46.768	46.575	46.549	46.441
地区	禄劝县	澄江县	剑川县	双柏县	鹤庆县	永平县	洱源县	永仁县	易门县	古城区
A	46.333	46.218	46.119	46.004	45.808	45.638	45.608	45.602	45.436	45.352
地区	南涧县	漾濞县	西畴县	绥江县	呈贡区	河口县				
A	45.113	45.063	44.750	44.511	44.471	43.267				

区域差距	基尼系数	泰尔指数	加权变异系数
数值	0.036	0.036	0.552

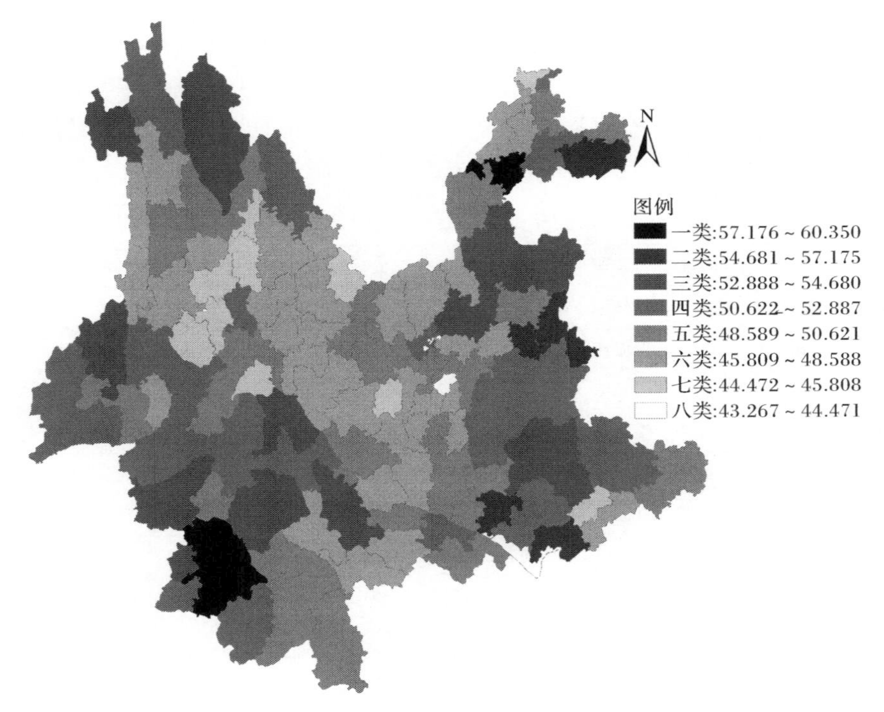

图 5-1　云南省各县(市、区)资源环境承载能力指数(*A*)区域差异

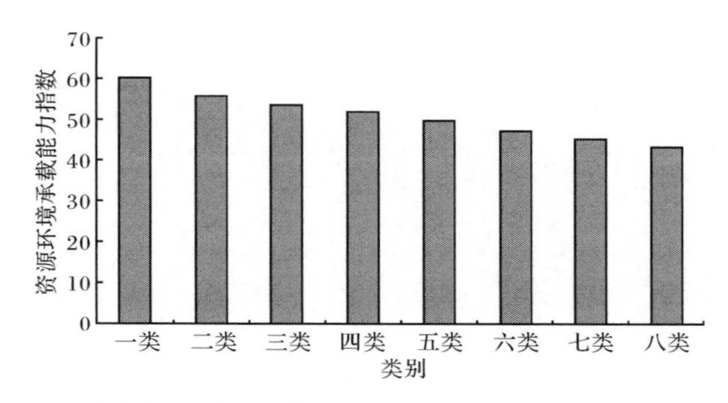

图 5-2　云南省各县(市、区)资源环境承载能力指数(*A*)(聚类后)柱状图

第二节　客观基础Ⅱ:现有开发强度指数(*B*)的县域差距

云南省各县(市、区)现有开发强度指数(*B*)见表 5-2,由表可以看出以下几点:①各县(市、区)现有开发强度指数(*B*)介于 42.398～83.108,其平均值为50.000;②高于平均水平的县(市、区)有 47 个,低于平均水平的县(市、区)有 79 个,现有开发强度指数(*B*)排在前 5 位的是昆明四区、红塔区、安宁市、东川区和麒麟区,排在最后 5 位的是元阳县、绿春县、红河县、屏边县和宁蒗县。云南省各县(市、区)现有开发强度指数(*B*)可以聚类为八类,其分布情况如图 5-3 和图 5-4 所示。

表 5-2　云南省各县(市、区)现有开发强度指数(*B*)

地区	昆明四区	红塔区	安宁市	东川区	麒麟区	大理市	兰坪县	个旧市	水富县	德钦县
B	83.108	79.608	61.954	61.654	59.910	59.259	58.974	57.982	57.715	57.339
地区	楚雄市	呈贡区	景洪市	古城区	香格里拉	禄丰县	思茅区	开远市	晋宁区	文山市
B	55.927	55.884	55.161	55.006	54.788	54.166	54.089	53.579	53.509	53.415
地区	弥勒市	昭阳区	峨山县	通海县	富民县	嵩明县	澄江县	勐腊县	维西县	易门县
B	53.100	52.914	52.777	52.568	52.391	52.377	51.971	51.853	51.776	51.767
地区	宜良县	蒙自市	富源县	勐海县	江川区	云县	隆阳区	临翔区	石林县	沾益区
B	51.506	51.374	51.199	51.198	51.132	51.114	50.801	50.801	50.730	50.716
地区	新平县	马关县	华宁县	砚山县	瑞丽市	泸水市	祥云县	寻甸县	大姚县	河口县
B	50.526	50.504	50.384	50.364	50.292	50.038	50.031	49.723	49.716	49.642
地区	盐津县	会泽县	福贡县	鹤庆县	陆良县	宣威市	华坪县	剑川县	腾冲市	罗平县
B	49.617	49.610	49.551	49.409	49.380	49.312	49.312	49.295	49.258	49.182
地区	景谷县	贡山县	宁洱县	鲁甸县	马龙区	江城县	麻栗坡县	芒市	姚安县	陇川县
B	49.097	49.094	48.784	48.708	48.694	48.572	48.563	48.498	48.395	48.263

续表

地区	禄劝县	镇康县	富宁县	漾濞县	建水县	绥江县	师宗县	元江县	盈江县	永善县
B	48.244	48.241	48.219	48.128	48.124	48.124	48.021	47.986	47.949	47.942
地区	南华县	龙陵县	弥渡县	洱源县	元谋县	玉龙县	凤庆县	牟定县	耿马县	武定县
B	47.873	47.786	47.766	47.730	47.700	47.600	47.569	47.528	47.502	47.424
地区	沧源县	昌宁县	云龙县	永德县	巍山县	大关县	双江县	梁河县	永平县	景东县
B	47.216	47.143	47.134	47.012	46.967	46.900	46.887	46.815	46.805	46.769
地区	永仁县	威信县	镇沅县	泸西县	南涧县	彝良县	宾川县	澜沧县	永胜县	石屏县
B	46.633	46.581	46.451	46.413	46.138	46.124	46.099	45.999	45.971	45.927
地区	孟连县	墨江县	施甸县	西畴县	双柏县	丘北县	金平县	广南县	镇雄县	西盟县
B	45.812	45.745	45.568	45.510	45.462	45.053	44.851	44.815	44.456	44.410
地区	巧家县	宁蒗县	屏边县	红河县	绿春县	元阳县				
B	44.221	44.158	43.576	42.865	42.781	42.398				

区域差距	基尼系数	泰尔指数	加权变异系数
数值	0.050	0.002	0.714

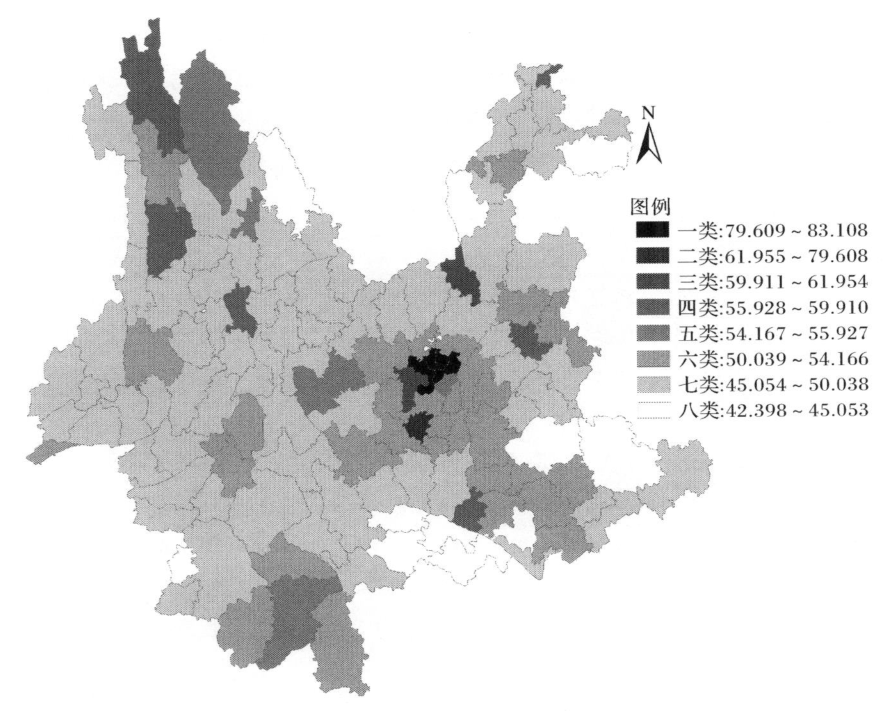

图 5-3 云南省各县(市、区)现有开发强度指数(B)区域差异

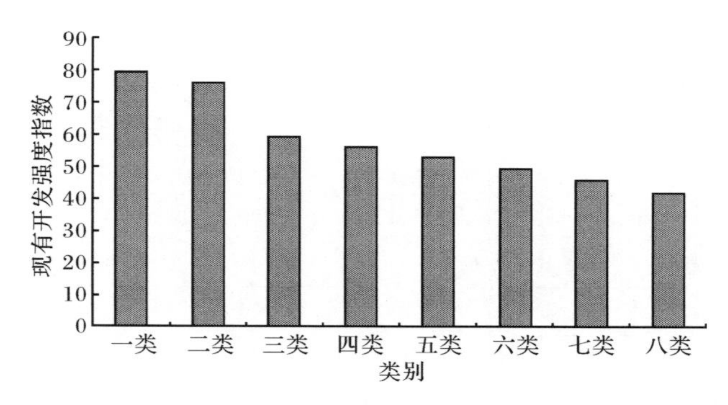

图 5-4　云南省各县(市、区)现有开发强度指数(*B*)(聚类后)柱状图

第三节　客观基础Ⅲ:发展潜力指数(*C*)的县域差距

云南省各县(市、区)发展潜力指数(*C*)见表 5-3,由表可以看出以下几点:①各县(市、区)发展潜力指数(*C*)介于 41.008～60.058,其平均值为 50.000;②高于平均水平的县(市、区)有 57 个,低于平均水平的县(市、区)有 69 个,发展潜力指数(*C*)排在前 5 位的是施甸县、昆明四区、江城县、勐腊县和景洪市,排在最后 5 位的是华坪县、红河县、梁河县、红塔区和通海县。云南省各县(市、区)发展潜力指数(*C*)可以聚类为八类,其分布情况如图 5-5 和图 5-6 所示。

表 5-3　云南省各县(市、区)发展潜力指数(*C*)

地区	施甸县	昆明四区	江城县	勐腊县	景洪市	腾冲市	澜沧县	耿马县	河口县	马关县
C	60.058	59.841	57.048	56.584	56.028	55.907	55.771	55.125	54.841	54.648
地区	盈江县	瑞丽市	洱源县	孟连县	屏边县	金平县	思茅区	香格里拉	富源县	沧源县
C	54.218	54.126	54.092	53.849	53.846	53.834	53.771	53.660	53.592	53.574
地区	麻栗坡县	墨江县	兰坪县	勐海县	龙陵县	元谋县	富宁县	姚安县	蒙自市	泸水市
C	53.491	53.403	53.088	52.780	52.620	52.523	52.473	52.229	52.194	52.193
地区	西盟县	砚山县	牟定县	贡山县	会泽县	镇康县	巍山县	罗平县	芒市	大姚县
C	52.096	52.058	52.058	52.022	52.003	51.978	51.735	51.545	51.526	51.455
地区	宾川县	永仁县	弥渡县	陇川县	建水县	景谷县	镇沅县	绿春县	临翔区	南华县
C	51.451	51.324	51.309	51.286	51.071	51.028	50.899	50.734	50.564	50.496
地区	昭阳区	云龙县	永平县	昌宁县	景东县	宁洱县	永胜县	丘北县	富民县	沾益区
C	50.415	50.406	50.325	50.314	50.264	50.177	50.048	49.951	49.945	49.930
地区	福贡县	双柏县	云县	石屏县	新平县	武定县	石林县	双江县	凤庆县	剑川县
C	49.923	49.865	49.839	49.832	49.785	49.700	49.443	49.430	49.389	49.308

续表

地区	峨山县	弥勒市	师宗县	易门县	广南县	玉龙县	永德县	个旧市	永善县	文山市
C	49.306	49.291	49.248	49.188	49.026	48.914	48.873	48.818	48.806	48.743
地区	马龙区	禄丰县	楚雄市	华宁县	南涧县	安宁市	大关县	巧家县	寻甸县	隆阳区
C	48.716	48.652	48.642	48.599	48.447	48.322	48.227	48.213	48.061	47.939
地区	盐津县	开远市	江川区	鹤庆县	宣威市	禄劝县	绥江县	晋宁区	元江县	威信县
C	47.917	47.904	47.881	47.864	47.804	47.799	47.758	47.691	47.658	47.554
地区	泸西县	元阳县	宁蒗县	澄江县	鲁甸县	彝良县	镇雄县	宜良县	陆良县	维西县
C	47.532	47.318	47.261	47.121	47.072	47.054	46.792	46.641	46.600	46.598
地区	西畴县	东川区	德钦县	呈贡区	麒麟区	祥云县	嵩明县	漾濞县	古城区	大理市
C	46.486	46.431	46.394	46.220	46.113	46.066	45.874	45.627	45.624	45.363
地区	水富县	通海县	红塔区	梁河县	红河县	华坪县				
C	45.293	44.756	43.846	42.619	42.459	41.008				

区域差距	基尼系数	泰尔指数	加权变异系数
数值	0.0368	0.0009	0.5660

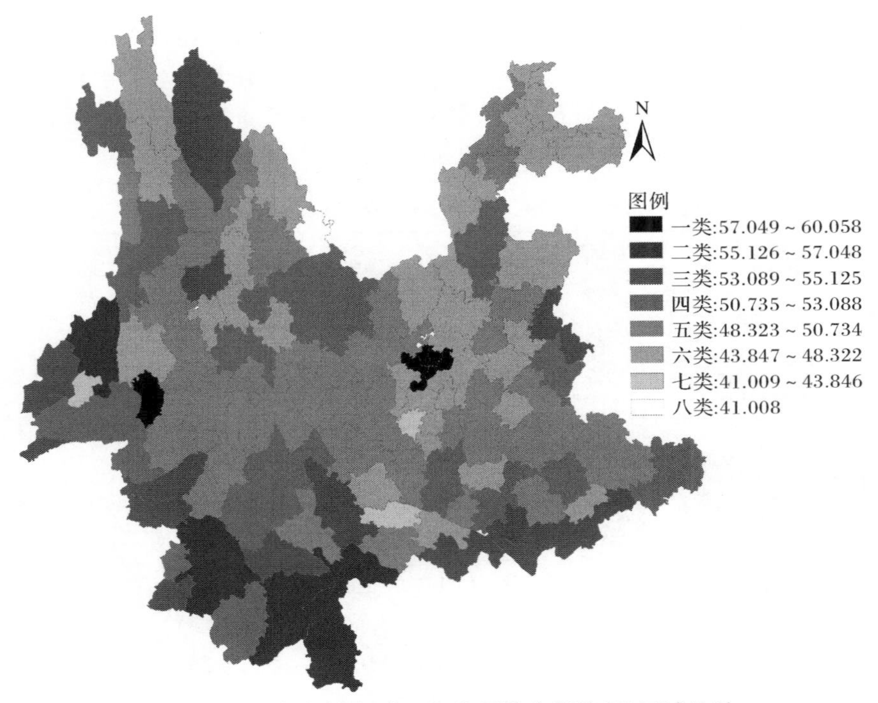

图 5-5 云南省各县(市、区)发展潜力指数(*C*)区域差异

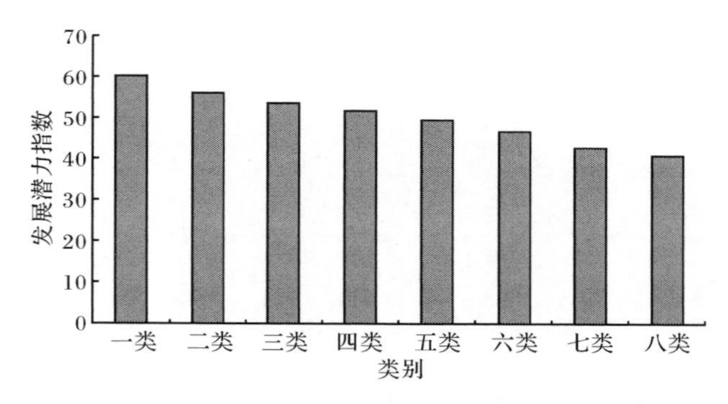

图 5-6 云南省各县(市、区)发展潜力指数(*C*)(聚类后)柱状图

第四节 客观基础Ⅳ:功能区发展能力指数(*D*)的县域差距

云南省各县(市、区)功能区发展能力指数(*D*)见表 5-4,由表可以看出以下几点:①各县(市、区)功能区发展能力指数(*D*)介于 38.428～56.374,其平均值为 42.480;②高于平均水平的县(市、区)有 52 个,低于平均水平的县(市、区)有 74 个,发展能力指数(*D*)排在前 5 位的是昆明四区、红塔区、麒麟区、昭阳区和大理市,排在最后 5 位的是有西畴县、绿春县、红河县、南涧县、双柏县。云南省各县(市、区)功能区发展能力指数(*D*)可以聚类为八类,其分布情况如图 5-7 和图 5-8 所示。

表 5-4 云南省各县(市、区)功能区发展能力指数(*D*)

地区	昆明四区	红塔区	麒麟区	昭阳区	大理市	安宁市	德钦县	香格里拉	富源县	兰坪县
D	56.374	52.612	48.610	47.626	46.877	46.413	46.294	46.274	46.029	46.010
地区	水富县	东川区	马关县	澜沧县	个旧市	蒙自市	景洪市	弥勒市	砚山县	富民县
D	45.944	45.889	45.348	45.328	45.323	45.244	44.923	44.661	44.405	44.341
地区	会泽县	文山市	思茅区	禄丰县	楚雄市	贡山县	腾冲市	宣威市	勐腊县	寻甸县
D	44.294	44.254	44.059	43.989	43.937	43.854	43.823	43.774	43.710	43.706
地区	石林县	勐海县	开远市	景谷县	瑞丽市	隆阳区	云县	临翔区	耿马县	沧源县
D	43.690	43.657	43.631	43.477	43.432	43.372	43.339	43.308	43.293	43.060
地区	镇康县	通海县	陆良县	宜良县	墨江县	芒市	沾益区	盈江县	罗平县	新平县
D	43.035	42.888	42.877	42.854	42.840	42.834	42.806	42.756	42.738	42.661
地区	景东县	晋宁区	江川区	呈贡区	古城区	镇雄县	永德县	师宗县	陇川县	嵩明县
D	42.647	42.500	42.479	42.453	42.424	42.414	42.403	42.401	42.350	42.335

续表

地区	峨山县	维西县	泸西县	盐津县	华宁县	镇沅县	富宁县	鲁甸县	丘北县	昌宁县
D	42.298	42.078	42.062	42.054	42.019	41.952	41.837	41.793	41.790	41.730
地区	西盟县	澄江县	牟定县	凤庆县	元谋县	麻栗坡县	建水县	龙陵县	江城县	泸水市
D	41.685	41.632	41.623	41.578	41.514	41.513	41.449	41.439	41.391	41.388
地区	宁洱县	玉龙县	易门县	孟连县	弥渡县	福贡县	彝良县	大姚县	双江县	巍山县
D	41.375	41.350	41.341	41.327	41.325	41.287	41.220	41.169	41.155	41.088
地区	梁河县	威信县	广南县	祥云县	姚安县	金平县	永善县	宁蒗县	南华县	马龙区
D	41.058	40.986	40.976	40.946	40.900	40.881	40.835	40.792	40.779	40.662
地区	华坪县	剑川县	元江县	鹤庆县	屏边县	施甸县	宾川县	禄劝县	大关县	永胜县
D	40.651	40.631	40.565	40.480	40.437	40.427	40.396	40.221	40.198	40.183
地区	云龙县	武定县	洱源县	河口县	元阳县	巧家县	石屏县	漾濞县	永平县	永仁县
D	40.081	40.074	40.040	39.906	39.875	39.842	39.574	39.558	39.493	39.460
地区	绥江县	双柏县	南涧县	红河县	绿春县	西畴县				
D	39.442	39.080	38.923	38.795	38.544	38.428				

区域差距	基尼系数	泰尔指数	加权变异系数
数值	0.030	0.0007	1.392

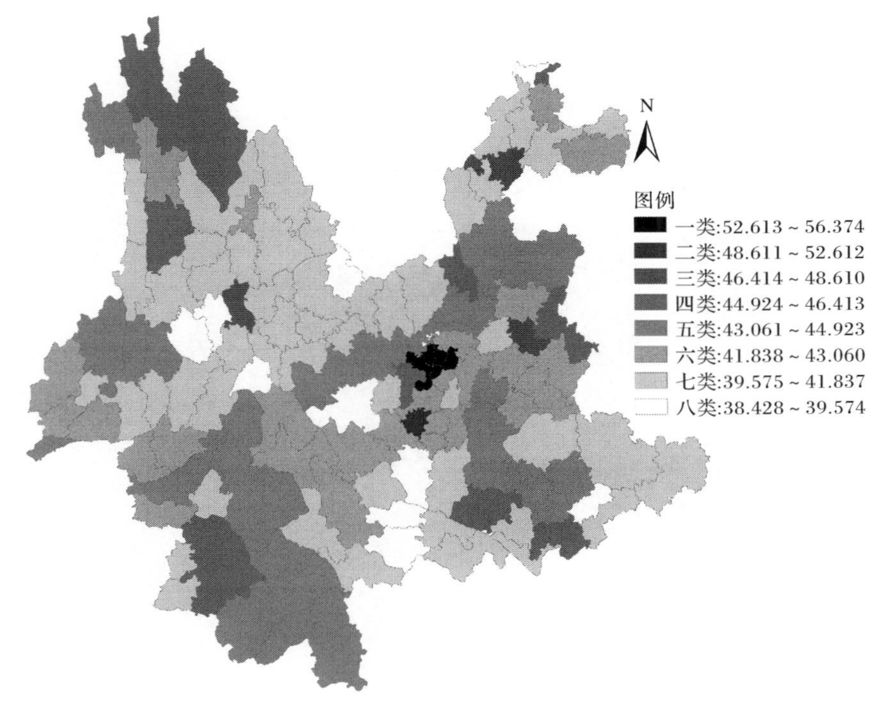

图 5-7　云南省各县(市、区)功能区发展能力指数(*D*)区域差异

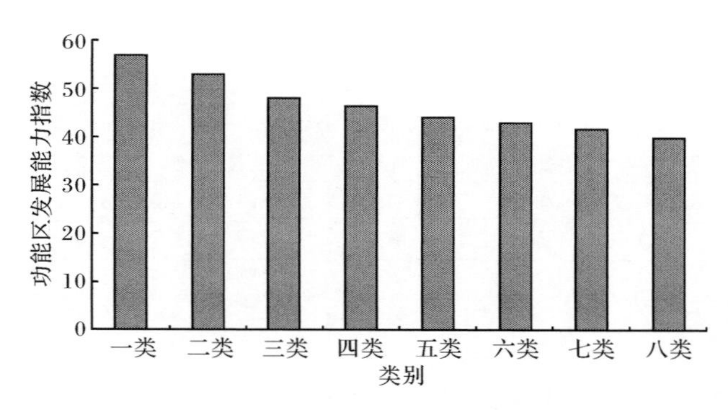

图 5-8　云南省各县(市、区)功能区发展能力指数(D)(聚类后)柱状图

第六章　云南省主体功能区区划系统

第一节　概　　述

地处我国西南边疆的云南省，主体部分位于我国三大地势阶梯的第二阶梯和第一、二阶梯过渡区域，是诸多大江大河的上游地区，自然资源十分丰富。中国社会科学院、中国科学院和云南师范大学等研究机构和高等院校的重要研究结论都表明，云南省和绝大多数市州的区域社会经济发展基本上处于区域经济发展的第一阶段，第一次现代化即工业现代化阶段，区域可持续发展的国家排序位置极低。云南省独特的区位、资源环境和社会经济发展条件，决定了其在国家主体功能区中的重要地位。云南省主要肩负着落实科学发展观，为国家可持续发展提供资源环境保障和保护国家边疆安全等方面的历史使命。这一使命是其他任何一个省区都无法替代的，是云南省对国家的最大贡献，也是国家对云南省提出的最高要求。因此，云南省在国家主体功能区规划中的主体功能类型基本属于重点开发区、限制开发区和禁止开发区三个类型。

在科学认识云南省县域差距和县域特征的基础上，根据以人为本原则、主导因素原则、区域共轭原则、综合原则和服从国家意志原则等，运用自上而下的区域划分和自下而上的区域合并的综合方法，对云南省进行主体功能区划分，得到云南省主体功能区区划方案(表 6-1～表 6-5)。

这套区划方案遵循国家发展改革委关于主体功能区区划的指导意见和地理区划基本理论，根据云南省综合地理环境复杂多样的客观实际，将云南省的主体功能区划分为三个区域等级的树型系统：主体功能区-主体功能亚区-主体功能小区。这样任何一个级别较低的主体功能区区域都只从属于一个级别较高的主体功能区区域。

第一，云南省划分为三类“国家层面”、四类“云南省层面”的 8 个主体功能区，即“开发现状较好、发展潜力较大”的昆玉主体功能区(Ⅰ)，“资源环境较好、开发现状较差”的保普主体功能区(Ⅱ)，“资源环境较好、发展潜力较差”的麒蒙主体功能区(Ⅲ)，“开发现状较好、发展潜力较差”的宣富主体功能区(Ⅳ)，“发展潜力较好、开发现状较差”的勐广主体功能区(Ⅴ)，“发展潜力较好、开发现状较差”的楚大主体功能区(Ⅵ)，“资源环境较好、开发现状较差”的昭通主体功能区(Ⅶ)，“资源环境极差、发展潜力较差”的迪怒主体功能区(Ⅷ)。

第二,在某一个主体功能区中划分为若干个主体功能亚区。其中,“开发现状较好、发展潜力较大”的昆玉主体功能区(Ⅰ)有3个亚区:昆明主体功能亚区($\mathrm{I_a}$)、玉溪主体功能亚区($\mathrm{I_b}$)、安晋主体功能亚区($\mathrm{I_c}$);“资源环境较好、开发现状较差”的保普主体功能区(Ⅱ)有5个亚区:孟西主体功能亚区($\mathrm{II_a}$)、瑞禄主体功能亚区($\mathrm{II_b}$)、思普主体功能亚区($\mathrm{II_c}$)、腾隆主体功能亚区($\mathrm{II_d}$)、楚雄主体功能亚区($\mathrm{II_e}$);“资源环境较好、发展潜力较差”的麒蒙主体功能区(Ⅲ)有4个亚区:红元主体功能亚区($\mathrm{III_a}$)、马建主体功能亚区($\mathrm{III_b}$)、个弥主体功能亚区($\mathrm{III_c}$)、麒富主体功能亚区($\mathrm{III_d}$);“开发现状较好、发展潜力较差”的宣富主体功能区(Ⅳ)有2个亚区:东会主体功能亚区($\mathrm{IV_a}$)、宣嵩主体功能亚区($\mathrm{IV_b}$);“发展潜力较好、开发现状较差”的勐广主体功能区(Ⅴ)有3个亚区:红河主体功能亚区($\mathrm{V_a}$)、文山主体功能亚区($\mathrm{V_b}$)、版纳主体功能亚区($\mathrm{V_c}$);“发展潜力较好、开发现状较差”的楚大主体功能区(Ⅵ)有3个亚区:洱川主体功能亚区($\mathrm{VI_a}$)、永禄主体功能亚区($\mathrm{VI_b}$)、大理主体功能亚区($\mathrm{VI_c}$);“资源环境较好、开发现状较差”的昭通主体功能区(Ⅶ)有4个亚区:镇彝主体功能亚区($\mathrm{VII_a}$)、鲁巧主体功能亚区($\mathrm{VII_b}$)、永水主体功能亚区($\mathrm{VII_c}$)、昭阳主体功能亚区($\mathrm{VII_d}$);“资源环境极差、发展潜力较差”的迪怒主体功能区(Ⅷ)有3个亚区:怒江主体功能亚区($\mathrm{VIII_a}$)、永华主体功能亚区($\mathrm{VIII_b}$)、古香主体功能亚区($\mathrm{VIII_c}$)。

第三,在某一个主体功能亚区中划分为若干个主体功能小区。其中,昆明主体功能亚区($\mathrm{I_a}$)有2个小区:昆明主体功能小区($\mathrm{I_{a\text{-}1}}$)、呈贡主体功能小区($\mathrm{I_{a\text{-}2}}$);思普主体功能亚区($\mathrm{II_c}$)有2个小区:思宁主体功能小区($\mathrm{II_{c\text{-}1}}$)、澜沧主体功能小区($\mathrm{II_{c\text{-}2}}$);腾隆主体功能亚区($\mathrm{II_d}$)有2个小区:隆阳主体功能小区($\mathrm{II_{d\text{-}1}}$)、腾冲主体功能小区($\mathrm{II_{d\text{-}2}}$);个弥主体功能亚区($\mathrm{III_c}$)有3个小区:个蒙主体功能小区($\mathrm{III_{c\text{-}1}}$)、弥勒主体功能小区($\mathrm{III_{c\text{-}2}}$)、开远主体功能小区($\mathrm{III_{c\text{-}3}}$);麒富主体功能亚区($\mathrm{III_d}$)有2个小区:麒麟主体功能小区($\mathrm{III_{d\text{-}1}}$)、罗富主体功能小区($\mathrm{III_{d\text{-}2}}$);古香主体功能亚区($\mathrm{VIII_c}$)有3个小区:古玉主体功能小区($\mathrm{VIII_{c\text{-}1}}$)、香格主体功能小区($\mathrm{VIII_{c\text{-}2}}$)、兰坪主体功能小区($\mathrm{VIII_{c\text{-}3}}$)。

表6-1　云南省主体功能区四种区划方案比较

主体功能区			主体功能亚区		主体功能小区		主体功能类型			
符号	名称	属性	符号	名称	符号	名称	方案Ⅰ	方案Ⅱ	方案Ⅲ	方案Ⅳ
Ⅰ	昆玉主体功能区	开发现状较好、发展潜力较大	$\mathrm{I_a}$	昆明主体功能亚区	$\mathrm{I_{a\text{-}1}}$	昆明主体功能小区	优化	优化	优化	重点
					$\mathrm{I_{a\text{-}2}}$	呈贡主体功能小区	轻度优化	重点	重点	轻度重点
			$\mathrm{I_b}$	玉溪主体功能亚区	—	—	优化	轻度优化	重点	重点
			$\mathrm{I_c}$	安晋主体功能亚区	—	—	轻度优化	重点	重点	轻度重点

续表

主体功能区			主体功能亚区		主体功能小区		主体功能类型			
符号	名称	属性	符号	名称	符号	名称	方案Ⅰ	方案Ⅱ	方案Ⅲ	方案Ⅳ
Ⅱ	保普主体功能区	资源环境较好、开发现状较差	Ⅱ$_{a}$	孟西主体功能亚区	—	—	中度限制	强度限制	强度限制	强度限制
			Ⅱ$_{b}$	瑞禄主体功能亚区	—	—	轻度限制	中度限制	中度限制	中度限制
			Ⅱ$_{c}$	思普主体功能亚区	Ⅱ$_{c-1}$	思宁主体功能小区	轻度优化	重点	重点	轻度限制
					Ⅱ$_{c-2}$	澜沧主体功能小区	重点	轻度重点	轻度限制	轻度限制
			Ⅱ$_{d}$	腾隆主体功能亚区	Ⅱ$_{d-1}$	隆阳主体功能小区	轻度优化	重点	重点	轻度限制
					Ⅱ$_{d-2}$	腾冲主体功能小区	轻度优化	重点	轻度限制	轻度限制
			Ⅱ$_{e}$	楚雄主体功能亚区	—	—	优化	轻度优化	重点	轻度限制
Ⅲ	麒蒙主体功能区	资源环境较好、发展潜力较差	Ⅲ$_{a}$	红元主体功能亚区	—	—	中度限制	强度限制	强度限制	强度限制
			Ⅲ$_{b}$	马建主体功能亚区	—	—	重点	轻度重点	轻度限制	中度限制
			Ⅲ$_{c}$	个弥主体功能亚区	Ⅲ$_{c-1}$	个蒙主体功能小区	优化	轻度优化	重点	轻度限制
					Ⅲ$_{c-2}$	弥勒主体功能小区	优化	轻度优化	重点	轻度限制
					Ⅲ$_{c-3}$	开远主体功能小区	轻度优化	重点	轻度限制	轻度限制
			Ⅲ$_{d}$	麒富主体功能亚区	Ⅲ$_{d-1}$	麒麟主体功能小区	优化	轻度优化	重点	轻度限制
					Ⅲ$_{d-2}$	罗富主体功能小区	重点	轻度重点	轻度限制	轻度限制
Ⅳ	宣富主体功能区	开发现状较好、发展潜力较差	Ⅳ$_{a}$	东会主体功能亚区	—	—	中度限制	强度限制	强度限制	强度限制
			Ⅳ$_{b}$	宣嵩主体功能亚区	—	—	重点	轻度重点	轻度限制	中度限制

续表

主体功能区			主体功能亚区		主体功能小区		主体功能类型			
符号	名称	属性	符号	名称	符号	名称	方案Ⅰ	方案Ⅱ	方案Ⅲ	方案Ⅳ
Ⅴ	勐广主体功能区	发展潜力较好、开发现状较差	$Ⅴ_a$	红河主体功能亚区	—	—	轻度限制	中度限制	强度限制	强度限制
			$Ⅴ_b$	文山主体功能亚区	—	—	轻度限制	中度限制	中度限制	中度限制
			$Ⅴ_c$	版纳主体功能亚区	—	—	重点	轻度重点	轻度限制	轻度限制
Ⅵ	楚大主体功能区	发展潜力较好、开发现状较差	$Ⅵ_a$	洱川主体功能亚区	—	—	轻度限制	中度限制	强度限制	强度限制
			$Ⅵ_b$	永禄主体功能亚区	—	—	轻度重点	轻度限制	中度限制	中度限制
			$Ⅵ_c$	大理主体功能亚区	—	—	优化	轻度优化	重点	轻度限制
Ⅶ	昭通主体功能区	资源环境较好、开发现状较差	$Ⅶ_a$	镇彝主体功能亚区	—	—	中度限制	强度限制	强度限制	强度限制
			$Ⅶ_b$	鲁巧主体功能亚区	—	—	轻度限制	中度限制	中度限制	中度限制
			$Ⅶ_c$	永水主体功能亚区	—	—	重点	轻度重点	轻度限制	中度限制
			$Ⅶ_d$	昭阳主体功能亚区	—	—	轻度优化	重点	重点	轻度限制
Ⅷ	迪怒主体功能区	资源环境极差、发展潜力较差	$Ⅷ_a$	怒江主体功能亚区	—	—	强度限制	强度禁止	强度禁止	强度禁止
			$Ⅷ_b$	永华主体功能亚区	—	—	强度限制	中度禁止	中度禁止	中度禁止
			$Ⅷ_c$	古香主体功能亚区	$Ⅷ_{c-1}$	古玉主体功能小区	中度限制	强度限制	轻度禁止	轻度禁止
					$Ⅷ_{c-2}$	香格主体功能小区	中度限制	强度限制	轻度禁止	轻度禁止
					$Ⅷ_{c-3}$	兰坪主体功能小区	中度限制	强度限制	强度限制	轻度禁止

表 6-2 云南省主体功能区区划方案Ⅰ

主体功能区			主体功能亚区		主体功能小区		主体功能类型	面积/($10^4 km^2$)	所辖县(市、区)
符号	名称	属性	符号	名称	符号	名称			
Ⅰ	昆玉主体功能区	开发现状较好、发展潜力较大	$Ⅰ_a$	昆明主体功能亚区	$Ⅰ_{a-1}$	昆明主体功能小区	优化	0.22	昆明四区
					$Ⅰ_{a-2}$	呈贡主体功能小区	轻度优化	0.05	呈贡区
			$Ⅰ_b$	玉溪主体功能亚区	—	—	优化	0.09	红塔区
			$Ⅰ_c$	安晋主体功能亚区	—	—	轻度优化	0.26	安宁市、晋宁区
Ⅱ	保普主体功能区	资源环境较好、开发现状较差	$Ⅱ_a$	孟西主体功能亚区	—	—	中度限制	0.32	孟连县、西盟县
			$Ⅱ_b$	瑞禄主体功能亚区	—	—	轻度限制	7.33	瑞丽市、芒市、梁河县、盈江县、陇川县、墨江县、景东县、景谷县、昌宁县、镇沅县、临翔区、云县、镇康县、双江县、耿马县、沧源县、双柏县、易门县、峨山县、新平县、施甸县、龙陵县、禄丰县
			$Ⅱ_c$	思普主体功能亚区	$Ⅱ_{c-1}$	思宁主体功能小区	轻度优化	0.75	思茅区、宁洱县
					$Ⅱ_{c-2}$	澜沧主体功能小区	重点	0.87	澜沧县
			$Ⅱ_d$	腾隆主体功能亚区	$Ⅱ_{d-1}$	隆阳主体功能小区	轻度优化	0.49	隆阳区
					$Ⅱ_{d-2}$	腾冲主体功能小区	轻度优化	0.57	腾冲市
			$Ⅱ_e$	楚雄主体功能亚区	—	—	优化	0.44	楚雄市
Ⅲ	麒蒙主体功能区	资源环境较好、发展潜力较差	$Ⅲ_a$	红元主体功能亚区	—	—	中度限制	0.70	红河县、元阳县、元江县
			$Ⅲ_b$	马建主体功能亚区	—	—	重点	2.20	马龙区、师宗县、陆良县、宜良县、石林县、江川区、澄江县、通海县、华宁县、石屏县、泸西县、建水县
			$Ⅲ_c$	个弥主体功能亚区	$Ⅲ_{c-1}$	个蒙主体功能小区	优化	0.38	个旧市、蒙自市
					$Ⅲ_{c-2}$	弥勒主体功能小区	优化	0.39	弥勒市
					$Ⅲ_{c-3}$	开远主体功能小区	轻度优化	0.19	开远市
			$Ⅲ_d$	麒富主体功能亚区	$Ⅲ_{d-1}$	麒麟主体功能小区	优化	0.15	麒麟区
					$Ⅲ_{d-2}$	罗富主体功能小区	重点	0.63	罗平县、富源县

续表

主体功能区			主体功能亚区		主体功能小区		主体功能类型	面积/(10^4km^2)	所辖县(市、区)
符号	名称	属性	符号	名称	符号	名称			
Ⅳ	宣富主体功能区	开发现状较好、发展潜力较差	$Ⅳ_a$	东会主体功能亚区	—	—	中度限制	0.78	东川区、会泽县
			$Ⅳ_b$	宣嵩主体功能亚区	—	—	重点	1.48	宣威市、沾益区、富民县、寻甸县、嵩明县
Ⅴ	勐广主体功能区	发展潜力较好、开发现状较差	$Ⅴ_a$	红河主体功能亚区	—	—	轻度限制	1.33	江城县、绿春县、金平县、屏边县、河口县
			$Ⅴ_b$	文山主体功能亚区	—	—	轻度限制	3.14	文山市、砚山县、西畴县、麻栗坡县、马关县、广南县、富宁县、丘北县
			$Ⅴ_c$	版纳主体功能亚区	—	—	重点	1.91	景洪市、勐海县、勐腊县
Ⅵ	楚大主体功能区	发展潜力较好、开发现状较差	$Ⅵ_a$	洱川主体功能亚区	—	—	轻度限制	1.40	洱源县、云龙县、剑川县、鹤庆县、宾川县
			$Ⅵ_b$	永禄主体功能亚区	—	—	轻度重点	3.74	永平县、漾濞县、弥渡县、南涧县、巍山县、牟定县、南华县、姚安县、大姚县、永仁县、元谋县、武定县、凤庆县、永德县、禄劝县
			$Ⅵ_c$	大理主体功能亚区	—	—	优化	0.42	大理市、祥云县
Ⅶ	昭通主体功能区	资源环境较好、开发现状较差	$Ⅶ_a$	镇彝主体功能亚区	—	—	中度限制	0.96	镇雄县、大关县、威信县、彝良县
			$Ⅶ_b$	鲁巧主体功能亚区	—	—	轻度限制	0.47	鲁甸县、巧家县
			$Ⅶ_c$	永水主体功能亚区	—	—	重点	0.60	永善县、盐津县、绥江县、水富县
			$Ⅶ_d$	昭阳主体功能亚区	—	—	轻度优化	0.22	昭阳区
Ⅷ	迪怒主体功能区	资源环境极差、发展潜力较差	$Ⅷ_a$	怒江主体功能亚区	—	—	强度限制	2.20	德钦县、维西县、泸水市、福贡县、贡山县
			$Ⅷ_b$	永华主体功能亚区	—	—	强度限制	1.31	永胜县、宁蒗县、华坪县
			$Ⅷ_c$	古香主体功能亚区	$Ⅷ_{c-1}$	古玉主体功能小区	中度限制	0.75	古城区、玉龙县
					$Ⅷ_{c-2}$	香格主体功能小区	中度限制	1.14	香格里拉市
					$Ⅷ_{c-3}$	兰坪主体功能小区	中度限制	0.44	兰坪县

续表

<table>
<tr><td rowspan="6">主体功能区区划面积比例汇总</td><td colspan="4">优化开发区</td><td colspan="4">重点开发区</td><td colspan="6">限制开发区</td><td colspan="2">禁止开发区</td></tr>
<tr><td colspan="2">优化</td><td colspan="2">轻度优化</td><td colspan="2">重点</td><td colspan="2">轻度重点</td><td colspan="2">轻度限制</td><td colspan="2">中度限制</td><td colspan="2">强度限制</td><td>面积/(10^4km^2)</td><td>比重/%</td></tr>
<tr><td>面积/(10^4km^2)</td><td>比重/%</td><td>面积/(10^4km^2)</td><td>比重/%</td><td>面积/(10^4km^2)</td><td>比重/%</td><td>面积/(10^4km^2)</td><td>比重/%</td><td>面积/(10^4km^2)</td><td>比重/%</td><td>面积/(10^4km^2)</td><td>比重/%</td><td>面积/(10^4km^2)</td><td>比重/%</td><td rowspan="4">0</td><td rowspan="4">0</td></tr>
<tr><td>2.10</td><td>5.48</td><td>2.53</td><td>6.60</td><td>7.68</td><td>20.06</td><td>3.74</td><td>9.77</td><td>13.67</td><td>35.69</td><td>5.08</td><td>13.25</td><td>3.51</td><td>9.15</td></tr>
<tr><td colspan="2">面积/(10^4km^2)</td><td colspan="2">比重/%</td><td colspan="2">面积/(10^4km^2)</td><td colspan="2">比重/%</td><td colspan="3">面积/(10^4km^2)</td><td colspan="3">比重/%</td></tr>
<tr><td colspan="2">4.63</td><td colspan="2">12.08</td><td colspan="2">11.43</td><td colspan="2">29.83</td><td colspan="3">22.25</td><td colspan="3">58.09</td></tr>
<tr><td rowspan="13">主体功能区区划情况汇总</td><td colspan="4">指标</td><td colspan="3">优化开发区</td><td colspan="3">重点开发区</td><td colspan="3">限制开发区</td><td colspan="3">禁止开发区</td></tr>
<tr><td colspan="4">国土面积/(10^4km^2)</td><td colspan="3">4.63</td><td colspan="3">11.43</td><td colspan="3">22.25</td><td colspan="3">—</td></tr>
<tr><td colspan="4">占全省国土面积比重/%</td><td colspan="3">12.08</td><td colspan="3">29.83</td><td colspan="3">58.09</td><td colspan="3">—</td></tr>
<tr><td colspan="4">GDP/亿元</td><td colspan="3">6766.94</td><td colspan="3">3238.00</td><td colspan="3">2836.88</td><td colspan="3">—</td></tr>
<tr><td colspan="4">占全省 GDP 比重/%</td><td colspan="3">48.89</td><td colspan="3">23.39</td><td colspan="3">27.72</td><td colspan="3">—</td></tr>
<tr><td colspan="4">第二产业产值/亿元</td><td colspan="3">3150.93</td><td colspan="3">1081.94</td><td colspan="3">1347.99</td><td colspan="3">—</td></tr>
<tr><td colspan="4">占本类 GDP 比重/%</td><td colspan="3">46.56</td><td colspan="3">33.41</td><td colspan="3">35.13</td><td colspan="3">—</td></tr>
<tr><td colspan="4">占全省第二产业产值比重/%</td><td colspan="3">56.46</td><td colspan="3">19.39</td><td colspan="3">24.15</td><td colspan="3">—</td></tr>
<tr><td colspan="4">总人口/万人</td><td colspan="3">1211.43</td><td colspan="3">1489.81</td><td colspan="3">2040.55</td><td colspan="3">—</td></tr>
<tr><td colspan="4">占全省总人口比重/%</td><td colspan="3">25.55</td><td colspan="3">31.42</td><td colspan="3">43.03</td><td colspan="3">—</td></tr>
<tr><td colspan="4">人口密度/(人/km^2)</td><td colspan="3">266</td><td colspan="3">130</td><td colspan="3">91</td><td colspan="3">—</td></tr>
<tr><td colspan="4">地均 GDP/(万元/km^2)</td><td colspan="3">1483.09</td><td colspan="3">282.96</td><td colspan="3">171.95</td><td colspan="3">—</td></tr>
<tr><td colspan="4">人均 GDP/元</td><td colspan="3">55859</td><td colspan="3">21734</td><td colspan="3">18803</td><td colspan="3">—</td></tr>
</table>

表 6-3 云南省主体功能区区划方案Ⅱ

主体功能区			主体功能亚区		主体功能小区		主体功能类型	面积/(10^4km^2)	所辖县(市、区)
符号	名称	属性	符号	名称	符号	名称			
Ⅰ	昆玉主体功能区	开发现状较好、发展潜力较大	$Ⅰ_a$	昆明主体功能亚区	$Ⅰ_{a-1}$	昆明主体功能小区	优化	0.22	昆明四区
					$Ⅰ_{a-2}$	呈贡主体功能小区	重点	0.05	呈贡区
			$Ⅰ_b$	玉溪主体功能亚区	—	—	轻度优化	0.09	红塔区
			$Ⅰ_c$	安晋主体功能亚区	—	—	重点	0.26	安宁市、晋宁区
Ⅱ	保普主体功能区	资源环境较好、开发现状较差	$Ⅱ_a$	孟西主体功能亚区	—	—	强度限制	0.32	孟连县、西盟县
			$Ⅱ_b$	瑞禄主体功能亚区	—	—	中度限制	7.33	瑞丽市、芒市、梁河县、盈江县、陇川县、墨江县、景东县、景谷县、昌宁县、镇沅县、临翔区、云县、镇康县、双江县、耿马县、沧源县、双柏县、易门县、峨山县、新平县、施甸县、龙陵县、禄丰县
			$Ⅱ_c$	思普主体功能亚区	$Ⅱ_{c-1}$	思宁主体功能小区	重点	0.75	思茅区、宁洱县
					$Ⅱ_{c-2}$	澜沧主体功能小区	轻度重点	0.87	澜沧县
			$Ⅱ_d$	腾隆主体功能亚区	$Ⅱ_{d-1}$	隆阳主体功能小区	重点	0.49	隆阳区
					$Ⅱ_{d-2}$	腾冲主体功能小区	重点	0.57	腾冲市
			$Ⅱ_e$	楚雄主体功能亚区	—	—	轻度优化	0.44	楚雄市
Ⅲ	麒蒙主体功能区	资源环境较好、发展潜力较差	$Ⅲ_a$	红元主体功能亚区	—	—	强度限制	0.70	红河县、元阳县、元江县
			$Ⅲ_b$	马建主体功能亚区	—	—	轻度重点	2.20	马龙区、师宗县、陆良县、宜良县、石林县、江川区、澄江县、通海县、华宁县、石屏县、泸西县、建水县
			$Ⅲ_c$	个弥主体功能亚区	$Ⅲ_{c-1}$	个蒙主体功能小区	轻度优化	0.38	个旧市、蒙自市
					$Ⅲ_{c-2}$	弥勒主体功能小区	轻度优化	0.39	弥勒市
					$Ⅲ_{c-3}$	开远主体功能小区	重点	0.19	开远市
			$Ⅲ_d$	麒富主体功能亚区	$Ⅲ_{d-1}$	麒麟主体功能小区	轻度优化	0.15	麒麟区
					$Ⅲ_{d-2}$	罗富主体功能小区	轻度重点	0.63	罗平县、富源县

续表

主体功能区			主体功能亚区		主体功能小区		主体功能类型	面积/($10^4 km^2$)	所辖县(市、区)
符号	名称	属性	符号	名称	符号	名称			
Ⅳ	宣富主体功能区	开发现状较好、发展潜力较差	Ⅳ$_a$	东会主体功能亚区	—	—	强度限制	0.78	东川区、会泽县
			Ⅳ$_b$	宣嵩主体功能亚区	—	—	轻度重点	1.48	宣威市、沾益区、富民县、寻甸县、嵩明县
Ⅴ	勐广主体功能区	发展潜力较好、开发现状较差	Ⅴ$_a$	红河主体功能亚区	—	—	中度限制	1.33	江城县、绿春县、金平县、屏边县、河口县
			Ⅴ$_b$	文山主体功能亚区	—	—	中度限制	3.14	文山市、砚山县、西畴县、麻栗坡县、马关县、广南县、富宁县、丘北县
			Ⅴ$_c$	版纳主体功能亚区	—	—	轻度重点	1.91	景洪市、勐海县、勐腊县
Ⅵ	楚大主体功能区	发展潜力较好、开发现状较差	Ⅵ$_a$	洱川主体功能亚区	—	—	中度限制	1.40	洱源县、云龙县、剑川县、鹤庆县、宾川县
			Ⅵ$_b$	永禄主体功能亚区	—	—	轻度限制	3.74	永平县、漾濞县、弥渡县、南涧县、巍山县、牟定县、南华县、姚安县、大姚县、永仁县、元谋县、武定县、凤庆县、永德县、禄劝县
			Ⅵ$_c$	大理主体功能亚区	—	—	轻度优化	0.42	大理市、祥云县
Ⅶ	昭通主体功能区	资源环境较好、开发现状较差	Ⅶ$_a$	镇彝主体功能亚区	—	—	强度限制	0.96	镇雄县、大关县、威信县、彝良县
			Ⅶ$_b$	鲁巧主体功能亚区	—	—	中度限制	0.47	鲁甸县、巧家县
			Ⅶ$_c$	永水主体功能亚区	—	—	轻度重点	0.60	永善县、盐津县、绥江县、水富县
			Ⅶ$_d$	昭阳主体功能亚区	—	—	重点	0.22	昭阳区
Ⅷ	迪怒主体功能区	资源环境极差、发展潜力较差	Ⅷ$_a$	怒江主体功能亚区	—	—	强度禁止	2.20	德钦县、维西县、泸水市、福贡县、贡山县
			Ⅷ$_b$	永华主体功能亚区	—	—	中度禁止	1.31	永胜县、宁蒗县、华坪县
			Ⅷ$_c$	古香主体功能亚区	Ⅷ$_{c-1}$	古玉主体功能小区	强度限制	0.75	古城区、玉龙县
					Ⅷ$_{c-2}$	香格主体功能小区	强度限制	1.14	香格里拉市
					Ⅷ$_{c-3}$	兰坪主体功能小区	强度限制	0.44	兰坪县

续表

	优化开发区				重点开发区				限制开发区						禁止开发区					
主体功能区区划面积比例汇总	优化		轻度优化		重点		轻度重点		轻度限制		中度限制		强度限制		轻度禁止		中度禁止		强度禁止	
	面积/($10^4 km^2$)	比重/%	面积/($10^4 km^2$)	比重/%	面积/($10^4 km^2$)	比重/%	面积/($10^4 km^2$)	比重/%	面积/($10^4 km^2$)	比重/%	面积/($10^4 km^2$)	比重/%	面积/($10^4 km^2$)	比重/%	面积/($10^4 km^2$)	比重/%	面积/($10^4 km^2$)	比重/%	面积/($10^4 km^2$)	比重/%
	0.22	0.57	1.88	4.91	2.53	6.60	7.68	20.06	3.74	9.77	13.67	35.69	5.08	13.25	0	0	1.31	3.42	2.20	5.74
	面积/($10^4 km^2$)		比重/%		面积/($10^4 km^2$)		比重/%		面积/($10^4 km^2$)			比重/%			面积/($10^4 km^2$)			比重/%		
	2.10		5.48		10.21		26.66		22.49			58.71			3.51			9.15		

	指标	优化开发区	重点开发区	限制开发区	禁止开发区
主体功能区区划情况汇总	国土面积/($10^4 km^2$)	2.10	10.21	22.49	3.51
	占全省国土面积比重/%	5.48	26.66	58.71	9.15
	GDP/亿元	5324.56	3962.10	4300.86	254.30
	占全省 GDP 比重/%	38.47	28.62	31.07	1.84
	第二产业产值/亿元	2537.02	1483.57	1461.65	98.62
	占本类 GDP 比重/%	47.65	37.44	33.99	38.78
	占全省第二产业产值比重/%	45.46	26.58	26.19	1.77
	总人口/万人	782.65	1524.37	2294.89	139.88
	占全省总人口比重/%	16.51	32.15	48.40	2.95
	人口密度/(人/km^2)	388	149	102	40
	地均 GDP/(万元/km^2)	2640.97	386.69	190.72	72.51
	人均 GDP/元	68032	25992	18741	18180

表 6-4　云南省主体功能区区划方案Ⅲ

主体功能区			主体功能亚区		主体功能小区		主体功能类型	面积/($10^4 km^2$)	所辖县(市、区)
符号	名称	属性	符号	名称	符号	名称			
Ⅰ	昆玉主体功能区	开发现状较好、发展潜力较大	$Ⅰ_a$	昆明主体功能亚区	$Ⅰ_{a-1}$	昆明主体功能小区	优化	0.22	昆明四区
					$Ⅰ_{a-2}$	呈贡主体功能小区	重点	0.05	呈贡区
			$Ⅰ_b$	玉溪主体功能亚区	—	—	重点	0.09	红塔区
			$Ⅰ_c$	安晋主体功能亚区	—	—	重点	0.26	安宁市、晋宁区
Ⅱ	保普主体功能区	资源环境较好、开发现状较差	$Ⅱ_a$	孟西主体功能亚区	—	—	强度限制	0.32	孟连县、西盟县
			$Ⅱ_b$	瑞禄主体功能亚区	—	—	中度限制	7.33	瑞丽市、芒市、梁河县、盈江县、陇川县、墨江县、景东县、景谷县、昌宁县、镇沅县、临翔区、云县、镇康县、双江县、耿马县、沧源县、双柏县、易门县、峨山县、新平县、施甸县、龙陵县、禄丰县
			$Ⅱ_c$	思普主体功能亚区	$Ⅱ_{c-1}$	思宁主体功能小区	重点	0.75	思茅区、宁洱县
					$Ⅱ_{c-2}$	澜沧主体功能小区	轻度限制	0.87	澜沧县
			$Ⅱ_d$	腾隆主体功能亚区	$Ⅱ_{d-1}$	隆阳主体功能小区	重点	0.49	隆阳区
					$Ⅱ_{d-2}$	腾冲主体功能小区	轻度限制	0.57	腾冲市
			$Ⅱ_e$	楚雄主体功能亚区	—	—	重点	0.44	楚雄市
Ⅲ	麒蒙主体功能区	资源环境较好、发展潜力较差	$Ⅲ_a$	红元主体功能亚区	—	—	强度限制	0.70	红河县、元阳县、元江县
			$Ⅲ_b$	马建主体功能亚区	—	—	轻度限制	2.20	马龙区、师宗县、陆良县、宜良县、石林县、江川区、澄江县、通海县、华宁县、石屏县、泸西县、建水县
			$Ⅲ_c$	个弥主体功能亚区	$Ⅲ_{c-1}$	个蒙主体功能小区	重点	0.38	个旧市、蒙自市
					$Ⅲ_{c-2}$	弥勒主体功能小区	重点	0.39	弥勒市
					$Ⅲ_{c-3}$	开远主体功能小区	轻度限制	0.19	开远市
			$Ⅲ_d$	麒富主体功能亚区	$Ⅲ_{d-1}$	麒麟主体功能小区	重点	0.15	麒麟区
					$Ⅲ_{d-2}$	罗富主体功能小区	轻度限制	0.63	罗平县、富源县

续表

主体功能区			主体功能亚区		主体功能小区		主体功能类型	面积/(10^4km^2)	所辖县(市、区)
符号	名称	属性	符号	名称	符号	名称			
Ⅳ	宣富主体功能区	开发现状较好、发展潜力较差	Ⅳa	东会主体功能亚区	—	—	强度限制	0.78	东川区、会泽县
			Ⅳb	宣嵩主体功能亚区	—	—	轻度限制	1.48	宣威市、沾益区、富民县、寻甸县、嵩明县
Ⅴ	勐广主体功能区	发展潜力较好、开发现状较差	Ⅴa	红河主体功能亚区	—	—	强度限制	1.33	江城县、绿春县、金平县、屏边县、河口县
			Ⅴb	文山主体功能亚区	—	—	中度限制	3.14	文山市、砚山县、西畴县、麻栗坡县、马关县、广南县、富宁县、丘北县
			Ⅴc	版纳主体功能亚区	—	—	轻度限制	1.91	景洪市、勐海县、勐腊县
Ⅵ	楚大主体功能区	发展潜力较好、开发现状较差	Ⅵa	洱川主体功能亚区	—	—	强度限制	1.40	洱源县、云龙县、剑川县、鹤庆县、宾川县
			Ⅵb	永禄主体功能亚区	—	—	中度限制	3.74	永平县、漾濞县、弥渡县、南涧县、巍山县、牟定县、南华县、姚安县、大姚县、永仁县、元谋县、武定县、凤庆县、永德县、禄劝县
			Ⅵc	大理主体功能亚区	—	—	重点	0.42	大理市、祥云县
Ⅶ	昭通主体功能区	资源环境较好、开发现状较差	Ⅶa	镇彝主体功能亚区	—	—	强度限制	0.96	镇雄县、大关县、威信县、彝良县
			Ⅶb	鲁巧主体功能亚区	—	—	中度限制	0.47	鲁甸县、巧家县
			Ⅶc	永水主体功能亚区	—	—	轻度限制	0.60	永善县、盐津县、绥江县、水富县
			Ⅶd	昭阳主体功能亚区	—	—	重点	0.22	昭阳区
Ⅷ	迪怒主体功能区	资源环境极差、发展潜力较差	Ⅷa	怒江主体功能亚区	—	—	强度禁止	2.20	德钦县、维西县、泸水市、福贡县、贡山县
			Ⅷb	永华主体功能亚区	—	—	中度禁止	1.31	永胜县、宁蒗县、华坪县
			Ⅷc	古香主体功能亚区	Ⅷc-1	古玉主体功能小区	轻度禁止	0.75	古城区、玉龙县
					Ⅷc-2	香格主体功能小区	轻度禁止	1.14	香格里拉市
					Ⅷc-3	兰坪主体功能小区	强度限制	0.44	兰坪县

续表

主体功能区区划面积比例汇总	优化开发区		重点开发区				限制开发区						禁止开发区					
	面积/($10^4 km^2$)	比重/%	重点		轻度重点		轻度限制		中度限制		强度限制		轻度禁止		中度禁止		强度禁止	
			面积/($10^4 km^2$)	比重/%	面积/($10^4 km^2$)	比重/%	面积/($10^4 km^2$)	比重/%	面积/($10^4 km^2$)	比重/%	面积/($10^4 km^2$)	比重/%	面积/($10^4 km^2$)	比重/%	面积/($10^4 km^2$)	比重/%	面积/($10^4 km^2$)	比重/%
	0.22	0.57	3.65	9.52	0	0	8.44	22.04	14.69	38.33	5.92	15.45	1.89	4.93	1.31	3.42	2.20	5.74
			面积/($10^4 km^2$)		比重/%		面积/($10^4 km^2$)			比重/%			面积/($10^4 km^2$)			比重/%		
			3.65		9.52		29.05			75.82			5.40			14.08		

主体功能区区划情况汇总	指标	优化开发区	重点开发区	限制开发区	禁止开发区
	国土面积/($10^4 km^2$)	0.22	3.65	29.05	5.40
	占全省国土面积比重/%	0.57	9.52	75.82	14.08
	GDP/亿元	2814.77	3652.18	6862.25	512.62
	占全省 GDP 比重/%	20.34	26.39	49.58	3.70
	第二产业产值/亿元	1110.09	1933.17	2343.59	188.61
	占本类 GDP 比重/%	39.44	52.93	34.15	36.79
	占全省第二产业产值比重/%	19.91	34.67	42.03	3.38
	总人口/万	336.10	775.72	3428.58	201.40
	占全省总人口比重/%	7.09	16.36	72.31	4.25
	人口密度/(人/km^2)	1528	213	118	37
	地均 GDP/(万元/km^2)	12794.41	1000.87	236.24	95.01
	人均 GDP/元	83748	47081	20015	25453

表 6-5　云南省主体功能区区划方案Ⅳ

主体功能区			主体功能亚区		主体功能小区		主体功能类型	面积/($10^4 km^2$)	所辖县(市、区)
符号	名称	属性	符号	名称	符号	名称			
Ⅰ	昆玉主体功能区	开发现状较好、发展潜力较大	Ⅰ$_a$	昆明主体功能亚区	Ⅰ$_{a-1}$	昆明主体功能小区	重点	0.22	昆明四区
					Ⅰ$_{a-2}$	呈贡主体功能小区	轻度重点	0.05	呈贡区
			Ⅰ$_b$	玉溪主体功能亚区	—	—	重点	0.09	红塔区
			Ⅰ$_c$	安晋主体功能亚区	—	—	轻度重点	0.26	安宁市、晋宁区
Ⅱ	保普主体功能区	资源环境较好、开发现状较差	Ⅱ$_a$	孟西主体功能亚区	—	—	强度限制	0.32	孟连县、西盟县
			Ⅱ$_b$	瑞禄主体功能亚区	—	—	中度限制	7.33	瑞丽市、芒市、梁河县、盈江县、陇川县、墨江县、景东县、景谷县、昌宁县、镇沅县、临翔区、云县、镇康县、双江县、耿马县、沧源县、双柏县、易门县、峨山县、新平县、施甸县、龙陵县、禄丰县
			Ⅱ$_c$	思普主体功能亚区	Ⅱ$_{c-1}$	思宁主体功能小区	轻度限制	0.75	思茅区、宁洱县
					Ⅱ$_{c-2}$	澜沧主体功能小区	轻度限制	0.87	澜沧县
			Ⅱ$_d$	腾隆主体功能亚区	Ⅱ$_{d-1}$	隆阳主体功能小区	轻度限制	0.49	隆阳区
					Ⅱ$_{d-2}$	腾冲主体功能小区	轻度限制	0.57	腾冲市
			Ⅱ$_e$	楚雄主体功能亚区	—	—	轻度限制	0.44	楚雄市
Ⅲ	麒蒙主体功能区	资源环境较好、发展潜力较差	Ⅲ$_a$	红元主体功能亚区	—	—	强度限制	0.70	红河县、元阳县、元江县
			Ⅲ$_b$	马建主体功能亚区	—	—	中度限制	2.20	马龙区、师宗县、陆良县、宜良县、石林县、江川区、澄江县、通海县、华宁县、石屏县、泸西县、建水县
			Ⅲ$_c$	个弥主体功能亚区	Ⅲ$_{c-1}$	个蒙主体功能小区	轻度限制	0.38	个旧市、蒙自市
					Ⅲ$_{c-2}$	弥勒主体功能小区	轻度限制	0.39	弥勒市
					Ⅲ$_{c-3}$	开远主体功能小区	轻度限制	0.19	开远市
			Ⅲ$_d$	麒富主体功能亚区	Ⅲ$_{d-1}$	麒麟主体功能小区	轻度限制	0.15	麒麟区
					Ⅲ$_{d-2}$	罗富主体功能小区	轻度限制	0.63	罗平县、富源县

续表

主体功能区			主体功能亚区		主体功能小区		主体功能类型	面积/(10^4km^2)	所辖县(市、区)
符号	名称	属性	符号	名称	符号	名称			
Ⅳ	宣富主体功能区	开发现状较好、发展潜力较差	$Ⅳ_a$	东会主体功能亚区	—	—	强度限制	0.78	东川区、会泽县
			$Ⅳ_b$	宣嵩主体功能亚区	—	—	中度限制	1.48	宣威市、沾益区、富民县、寻甸县、嵩明县
Ⅴ	勐广主体功能区	发展潜力较好、开发现状较差	$Ⅴ_a$	红河主体功能亚区	—	—	强度限制	1.33	江城县、绿春县、金平县、屏边县、河口县
			$Ⅴ_b$	文山主体功能亚区	—	—	中度限制	3.14	文山市、砚山县、西畴县、麻栗坡县、马关县、广南县、富宁县、丘北县
			$Ⅴ_c$	版纳主体功能亚区	—	—	轻度限制	1.91	景洪市、勐海县、勐腊县
Ⅵ	楚大主体功能区	发展潜力较好、开发现状较差	$Ⅵ_a$	洱川主体功能亚区	—	—	强度限制	1.40	洱源县、云龙县、剑川县、鹤庆县、宾川县
			$Ⅵ_b$	永禄主体功能亚区	—	—	中度限制	3.74	永平县、漾濞县、弥渡县、南涧县、巍山县、牟定县、南华县、姚安县、大姚县、永仁县、元谋县、武定县、凤庆县、永德县、禄劝县
			$Ⅵ_c$	大理主体功能亚区	—	—	轻度限制	0.42	大理市、祥云县
Ⅶ	昭通主体功能区	资源环境较好、开发现状较差	$Ⅶ_a$	镇彝主体功能亚区	—	—	强度限制	0.96	镇雄县、大关县、威信县、彝良县
			$Ⅶ_b$	鲁巧主体功能亚区	—	—	中度限制	0.47	鲁甸县、巧家县
			$Ⅶ_c$	永水主体功能亚区	—	—	中度限制	0.60	永善县、盐津县、绥江县、水富县
			$Ⅶ_d$	昭阳主体功能亚区	—	—	轻度限制	0.22	昭阳区
Ⅷ	迪怒主体功能区	资源环境极差、发展潜力较差	$Ⅷ_a$	怒江主体功能亚区	—	—	强度禁止	2.20	德钦县、维西县、泸水市、福贡县、贡山县
			$Ⅷ_b$	永华主体功能亚区	—	—	中度禁止	1.31	永胜县、宁蒗县、华坪县
			$Ⅷ_c$	古香主体功能亚区	$Ⅷ_{c\text{-}1}$	古玉主体功能小区	轻度禁止	0.75	古城区、玉龙县
					$Ⅷ_{c\text{-}2}$	香格主体功能小区	轻度禁止	1.14	香格里拉市
					$Ⅷ_{c\text{-}3}$	兰坪主体功能小区	轻度禁止	0.44	兰坪县

续表

主体功能区区划面积比例汇总	优化开发区		重点开发区				限制开发区						禁止开发区					
	面积/($10^4 km^2$)	比重/%	重点		轻度重点		轻度限制		中度限制		强度限制		轻度禁止		中度禁止		强度禁止	
			面积/($10^4 km^2$)	比重/%	面积/($10^4 km^2$)	比重/%	面积/($10^4 km^2$)	比重/%	面积/($10^4 km^2$)	比重/%	面积/($10^4 km^2$)	比重/%	面积/($10^4 km^2$)	比重/%	面积/($10^4 km^2$)	比重/%	面积/($10^4 km^2$)	比重/%
	0	0	0.31	0.82	0.31	0.82	7.41	19.34	18.96	49.49	5.48	14.31	2.77	7.24	1.31	3.42	1.75	4.57
			面积/($10^4 km^2$)		比重/%		面积/($10^4 km^2$)			比重/%			面积/($10^4 km^2$)			比重/%		
			0.63		1.64		31.85			83.14			5.83			15.22		

主体功能区区划情况汇总	指标	优化开发区	重点开发区	限制开发区	禁止开发区
	国土面积/($10^4 km^2$)	—	0.63	31.85	5.83
	占全省国土面积比重/%	—	1.64	83.14	15.22
	GDP/亿元	—	3984.03	9298.83	558.97
	占全省 GDP 比重/%	—	28.78	67.18	4.04
	第二产业产值/亿元	—	1821.04	3548.41	206.01
	占本类 GDP 比重/%	—	45.71	38.16	36.86
	占全省第二产业产值比重/%	—	32.66	63.64	3.69
	总人口/万	—	486.77	4032.03	223.00
	占全省总人口比重/%	—	10.27	85.03	4.70
	人口密度/(人/km^2)	—	774	127	38
	地均 GDP/(万元/km^2)	—	6337.74	291.95	95.84
	人均 GDP/元	—	81846	23062	25066

第二节 功能区发展能力指数(*D*)的区域差距

云南省8个一级主体功能区的功能区发展能力指数(*D*)情况(图6-1)如下:①昆玉主体功能区为54.484,保普主体功能区为52.971,麒蒙主体功能区为51.053,宣富主体功能区为49.086,勐广主体功能区为48.835,楚大主体功能区为48.401,昭通主体功能区为48.291,迪怒主体功能区为46.882;②现有功能区发展能力指数(*D*)最高的昆玉主体功能区是最低的迪怒禁止开发区的1.162倍,其他6个一级主体功能区的功能区发展能力指数(*D*)相差不大。

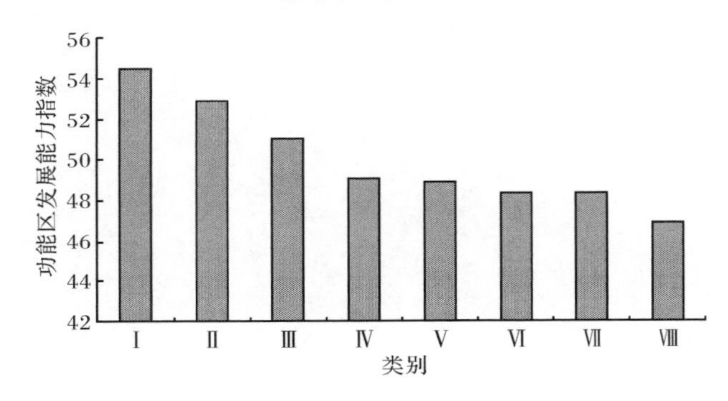

图6-1 各一级主体功能区*D*的柱状图

云南省8个一级主体功能区的功能区发展能力指数(*D*)的分布情况如图6-2所示。现有功能区发展能力指数(*D*)较高的主要分布在滇中地区,功能区发展能力指数(*D*)较低的主要分布在滇西北地区。总体来看,云南省功能区发展能力指数(*D*)的区域差距较小,功能区发展能力有待进一步开发。

第三节 资源环境承载能力指数(*A*)的区域差距

云南省8个一级主体功能区的资源环境承载能力指数(*A*)情况(图6-3)如下:①昆玉主体功能区为47.561,保普主体功能区为56.399,麒蒙主体功能区为55.440,宣富主体功能区为49.640,勐广主体功能区为48.645,楚大主体功能区为47.794,昭通主体功能区为51.286,迪怒主体功能区为43.236;②现有资源环境承载能力指数(*A*)最高的保普主体功能区是最低的迪怒主体功能区的1.304倍,其他6个一级主体功能区的资源环境承载能力指数(*A*)相差不大。

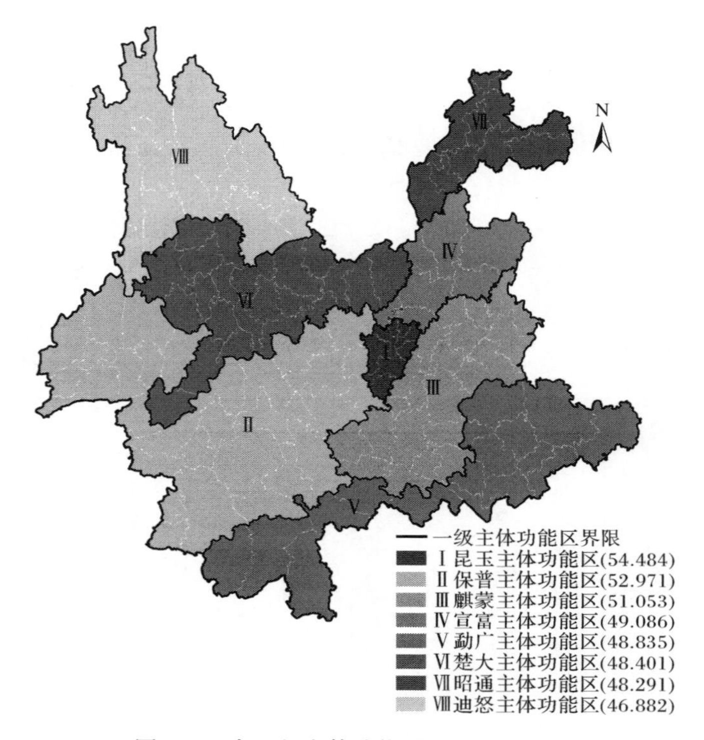

图 6-2　各一级主体功能区 D 的区域差距

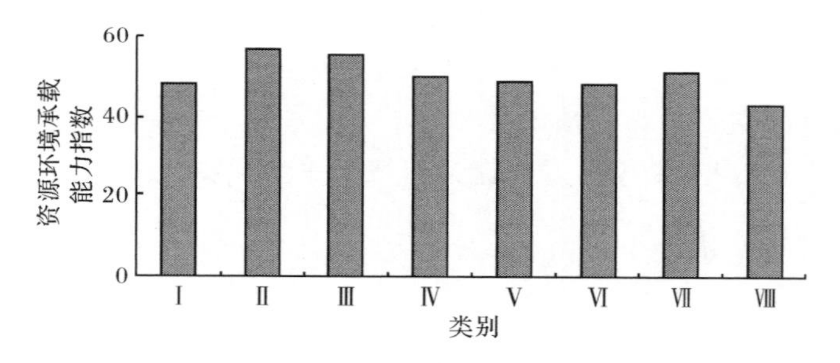

图 6-3　各一级主体功能区 A 的柱状图

云南省 8 个一级主体功能区的资源环境承载能力指数(A)的分布情况如图 6-4 所示。现有资源环境承载能力指数(A)较高的主要分布滇西南地区，资源环境承载能力指数(A)较低的主要分布在滇西北地区。总体来看，云南省资源环境承载能力指数(A)的区域差距较小，资源环境承载能力有待进一步开发。

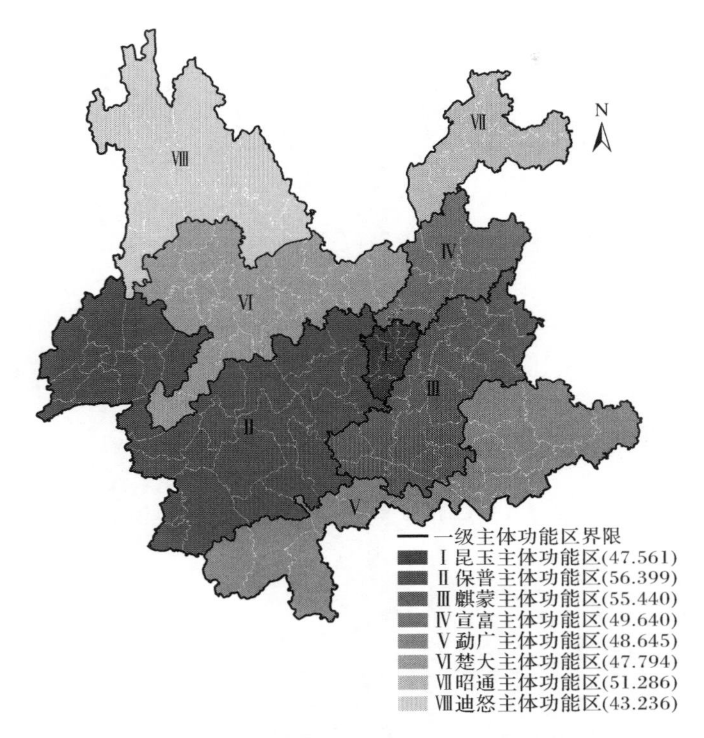

图 6-4　各一级主体功能区 A 的区域差距

第四节　现有开发强度指数(B)的区域差距

云南省 8 个一级主体功能区的现有开发强度指数(B)情况(图 6-5)如下:①昆玉主体功能区为 63.408,保普主体功能区为 48.424,麒蒙主体功能区为 48.771,宣富主体功能区为 49.919,勐广主体功能区为 46.548,楚大主体功能区为47.694,昭通主体功能区为 45.794,迪怒主体功能区为 49.445;②现有开发强度指数(B)最高的昆玉主体功能区是最低的昭通主体功能区的 1.385 倍,其他 6 个一级主体功能区的现有开发强度指数(B)相差不大。

云南省 8 个一级主体功能区的现有开发强度指数(B)的分布情况如图 6-6 所示。现有开发强度指数较高的主要分布在滇中昆明、玉溪等地区,现有开发强度指数较低的主要分布在滇东北的昭通地区。总体来看,云南省现有开发强度指数的区域差距较小,发展水平不高。

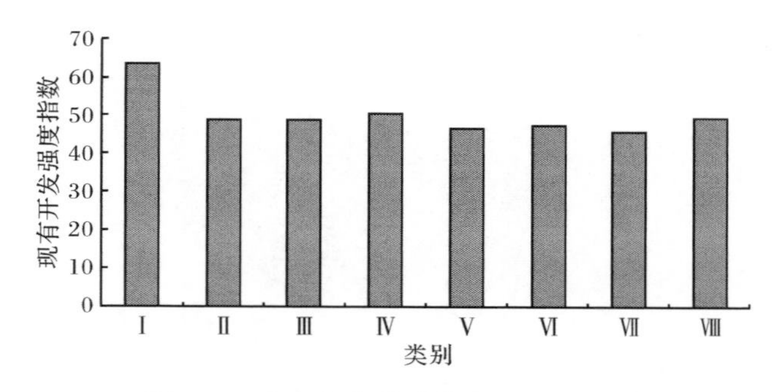

图 6-5 各一级主体功能区 B 的柱状图

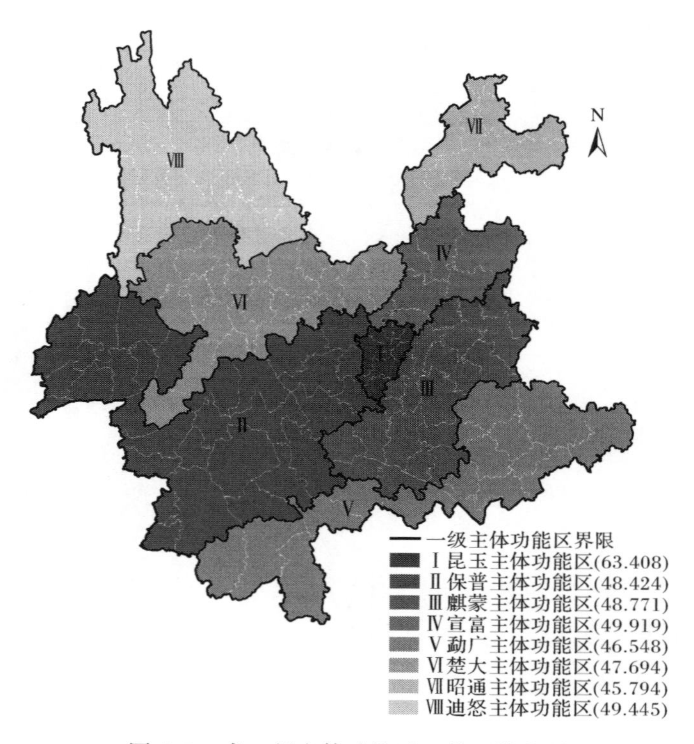

图 6-6 各一级主体功能区 B 的区域差距

第五节 发展潜力指数(C)的区域差距

云南省 8 个一级主体功能区的发展潜力指数(C)情况(图 6-7)如下:①昆玉主体功能区为 50.483,保普主体功能区为 55.205,麒蒙主体功能区为 46.844,宣富主体功能区为 46.314,勐广主体功能区为 53.787,楚大主体功能区为 51.028,昭通主体功能区为 47.293,迪怒主体功能区为 49.051;②发展潜力指数(C)最高的保普主体功能区是最低的宣富主体功能区的 1.192 倍,其他 6 个一级主体功能区的指数(C)相差不大。

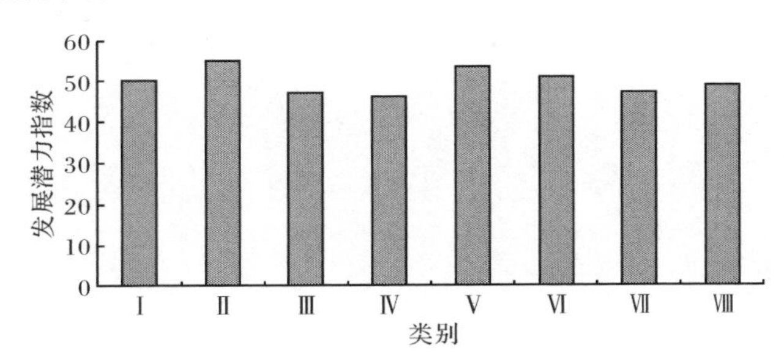

图 6-7 各一级主体功能区 C 的柱状图

云南省 8 个一级主体功能区的发展潜力指数(C)的分布情况如图 6-8 所示。发展潜力指数(C)较高的主要分布在滇西南地区,发展潜力指数较低的主要分布在滇东地区。总体来看,云南省发展潜力指数的区域差距较小,发展水平不高。

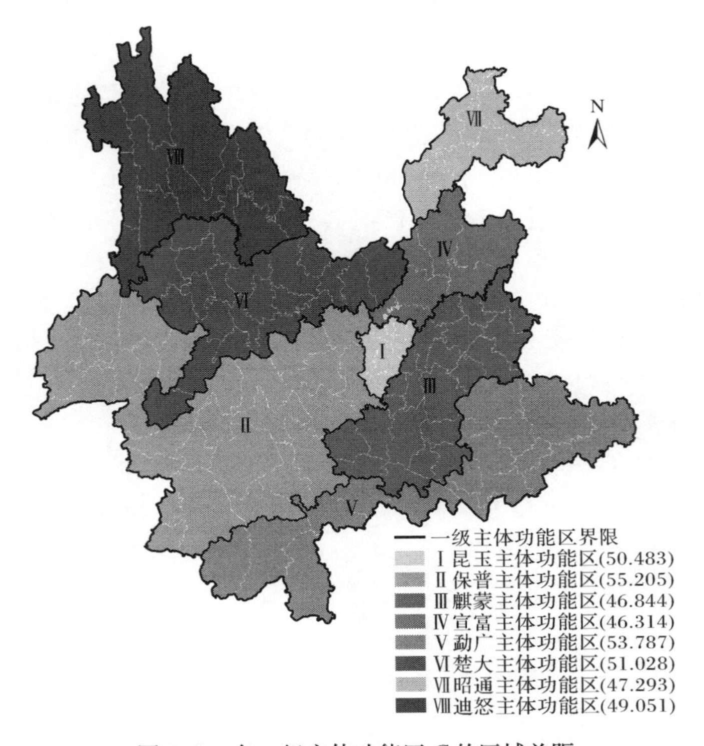

图 6-8 各一级主体功能区 C 的区域差距

第七章　昆玉主体功能区基本特征

第一节　昆玉主体功能区的概况

一、区域的位置与范围

“开发现状较好、发展潜力较大”的昆玉主体功能区，位于云南省中部，包括昆明四区（五华区、盘龙区、西山区、官渡区）、呈贡区、安宁市、晋宁区和红塔区。本区域位于东经 102°10′～103°41′、北纬 24°08′～26°33′，属于昆明、玉溪湖盆高原区。国土面积为 0.62 万 km^2，占云南省国土面积的 1.62%。其中，半山半坝区土地面积为 0.38 万 km^2；坝区土地面积为 0.39 万 km^2；坡度≤8°的土地面积为 0.23 万 km^2，坡度≤15°的土地面积为 0.43 万 km^2，坡度≤25°的土地面积为 0.61 万 km^2，坡度≤35°的土地面积为 0.70 万 km^2，坡度＞35°的土地面积为 0.07 万 km^2。2015 年本区域总量 GDP 为 3984.03 亿元，占云南省总量 GDP 的 29.25%，2006～2010 年总量 GDP 的年平均增幅为 65.08%，2010～2015 年的年平均增幅为 66.97%；人均 GDP 为 81846 元，地均 GDP 为 5167.456 万元/km^2。第一产业产值为 70.24 亿元，占云南省第一产业产值的 3.42%；第二产业产值为 1821.04 亿元，占云南省第二产业产值的 33.62%；第三产业产值为 2092.75 亿元，占云南省第三产业产值的 34.04%。2015 年昆玉主体功能区的年末人口总数为 486.77 万人，人口密度为 631 人/km^2。本区城镇化“现有”国土面积为 474.830km^2，城镇化“最大”国土面积为 1442.680km^2，城镇化“有效”国土面积为 226.408km^2。

从义务教育情况来看，在教育机会指标层面上，昆玉主体功能区的小学毛入学率为 106.57%，比云南省的小学毛入学率低 0.31%；初中毛入学率为114.90%，比云南省的初中毛入学率高 11.78%。本区小学净入学率为99.99%，比云南省小学净入学率高 1.70%；初中净入学率为 98.01%，比云南省初中净入学率高 10.41%。在教育质量指标层面上，昆玉主体功能区的小学巩固率为 99.06%，比云南省小学巩固率低 0.26%；初中巩固率为 97.80%，比云南省初中巩固率低 0.29%。本区小学辍学率为 1.56%，比云南省小学辍学率高 0.80%；初中辍学率为 2.03%，比云南省初中辍学率高 0.06%。本区小学升学率为 92.68%，比云南省小学升学率低 2.76%；初中升学率为 80.74%，比云南省初中升学率高 8.00%。在办学条件指标层面上，昆玉主体功能区的学校藏书为 4304533 册，占云南省学校藏书的 10.00%；学校占地面积为 3545889m²，占云南省学校占地面积的 3.87%；校舍建筑面积为 1633153m²，占云南省校舍建筑面积的 6.39%；危房面积为 1134068m²，占云南省危房面积的 6.06%。在教育师资指标层面上，昆玉主体功能区的小学任课教师数为 15408 人，占云南省小学任课教师数的 6.59%；初中任课教师数为 8489 人，占云南省初中任课教师数的 7.35%。小学学历达标率为 99.55%，比云南省小学学历达标率高1.48%；初中学历达标率为 99.45%，比云南省初中学历达标率高 1.20%。在教育多样性指标层面上，昆玉主体功能区的民族学校数为 4 个，占云南省民族学校数的 4.04%；特殊教育学校数为 4 个，占云南省特殊教育学校数的16.00%。从民族构成情况来看，昆玉主体功能区少数民族人口总数为 558676 人，占云南省年末人口总数的 1.18%；主要少数民族人口数为 529854 人，占云南省年末人口总数的 1.12%。

二、区域的总体特征

（一）功能区发展能力指数及其结构

昆玉主体功能区的区域特征及其构成如表 7-1、图 7-1(a)、图 7-1(b)所示。昆玉主体功能区的功能区发展能力指数(D)为 54.484，在 8 个一级主体功能区中居第一位，表明其区域发展能力最强。在 3 个一级指数中，资源环境承载能力指数(A)为 47.561，在 8 个一级主体功能区中居第七位；现有开发强度指数(B)为 63.408，在 8 个一级主体功能区中居第一位；发展潜力指数(C)为 50.483，在 8 个一级主体功能区中排第四位。这表明该区目前的发展水平和基础较好，发展潜力不错，但资源环境承载压力较大。

二级指数对功能区发展能力指数(D)的贡献度如图 7-1(c)所示。资源承载能力指数(A_1)、环境承载能力指数(A_2)、战略区位指数(C_2)对功能区发展能力指数(D)的贡献度较高，而经济变化指数(B_2)、产值能耗指数(B_5)对功能区发展能力指数(D)的贡献度较低。

（二）资源环境承载能力指数及其结构

在资源环境承载能力指数(A)的 2 个二级指数中，资源承载能力指数(A_1)为 52.271，环境承载能力指数(A_2)为 42.850。A_1 的值远高于 A_2 的值，表明本区资源承载能力较强，存在的主要问题是环境承载能力较低。在资源承载能力指数(A_1)的三级指数中，旅游资源承载能力指数(A_{17})和矿产资源承载能力指数(A_{15})较高，而草地资源承载能力指数(A_{16})和淡水资源承载能力指数(A_{13})较低。在环境承载能力指数(A_2)的三级指数中，地均环境承载能力指数(A_{23})较高，而总体环境承载能力指数(A_{21})较低。

在资源环境承载能力指数(A)中,各三级指数对其贡献度如图 7-1(d)所示。地均环境承载能力指数(A_{23})、人均环境承载能力指数(A_{22})、总体环境承载能力指数(A_{21})对资源环境承载能力指数(A)的贡献度较大,淡水资源承载能力指数(A_{13})、草地资源承载能力指数(A_{16})对资源环境承载能力指数(A)的贡献度较小。

(三) 现有开发强度指数及其结构

在现有开发强度指数(B)的 8 个二级指数中,经济水平指数(B_1)为72.953,经济变化指数(B_2)为 39.605,城镇化指数(B_3)为 73.417,工业化指数(B_4)为 66.780,产值能耗指数(B_5)为 52.530,人类发展指数(B_6)为 71.210,产业结构演进指数(B_7)为 74.750,交通指数(B_8)为 56.020。其中,B_7 的值最高,B_2 的值最低,表明本区产业结构演进状况较好,存在的主要问题是经济发展变化小。在经济水平指数(B_1)的下一级指数中,3 个末级指数的值相差不大。在经济变化指数(B_2)的下一级指数中,2 个末级指数的值相差较小,差值为 3.910。在城镇化指数(B_3)的下一级指数中,3 个末级指数的值相差不大。在工业化指数(B_4)中,2 个末级指数的值相差较大,差值为8.980。在产业能耗指数(B_5)中,2 个末级指数的值相差较小,差值为 4.820。在交通指数(B_8)的下一级指数中,公路指数(B_{81})远高于铁路指数(B_{82})和民航指数(B_{83})。

在现有开发强度指数(B)中,各末级指数对其贡献度如图 7-1(e)所示。非农产值指数(B_{41})、工业产值指数(B_{42})、公路指数(B_{81})对现有开发强度指数(B)的贡献度较大,铁路指数(B_{82})、民航指数(B_{83})对现有开发强度指数(B)的贡献度较小。

(四) 发展潜力指数及其结构

在发展潜力指数(C)的 2 个二级指数中,人地协调指数(C_1)为 45.725,战略区位指数(C_2)为 52.862。C_1 的值低于 C_2 的值,表明本区战略区位比较重要,人地关系较为紧张。在人地协调指数(C_1)的二级指数中,人环协调指数(C_{12})较高,其末级指数中,总量生态盈亏变化指数(C_{121})、人均生态盈亏变化指数(C_{122})、地均生态盈亏变化指数(C_{123})三者数值相差不大。在战略区位指数(C_2)的三级指数中,战略区位数值指数(C_{21})和战略区位赋值指数(C_{22})的值相差较大,差值为 10.78。其末级指数中,社会经济战略区位赋值指数(C_{211})的值最大。

在发展潜力指数(C)中,各三级指数对其贡献度如图 7-1(f)所示。战略区位数值指数(C_{21})、战略区位赋值指数(C_{22})对发展潜力指数(C)的贡献度较大,人资协调指数(C_{11})、人环协调指数(C_{12})对发展潜力指数(C)的贡献度较小。

表 7-1 昆玉主体功能区指数值

总指数		一级指数		二级指数		三级/四级指数				昆玉主体功能区总体情况
D	54.484	A	47.561	A_1	52.271	A_{11}	51.240			≤8°面积:0.23 万 km² ≤15°面积:0.43 万 km² ≤25°面积:0.61 万 km² ≤35°面积:0.70 万 km² >35°面积:0.07 万 km² 国土面积:0.62 万 km² 总量 GDP:3984.03 亿元 地均 GDP: 5167.456 万元/km² 人均 GDP:81846 元 人口总数:486.77 万人 人口密度:631 人/km² 第一产业产值为 70.24 亿元,占云南省第一产业产值的 3.42% 第二产业产值为 1821.04 亿元,占云南省第二产业产值的 33.62% 第三产业产值为 2092.75 亿元,占云南省第三产业产值的 34.04% 城镇化"现有"国土面积:474.830km² 城镇化"最大"国土面积:1442.680km² 城镇化"有效"国土面积:226.408km²
						A_{12}	46.220			
						A_{13}	35.590			
						A_{14}	44.610			
						A_{15}	71.830			
						A_{16}	31.260			
						A_{17}	74.290			
						A_{18}	63.130			
				A_2	42.850	A_{21}	36.900			
						A_{22}	42.300			
						A_{23}	49.350			
		B	63.408	B_1	72.953	B_{11}	69.890			
						B_{12}	74.280			
						B_{13}	74.690			
				B_2	39.605	B_{21}	41.560			
						B_{22}	37.650			
				B_3	73.417	B_{31}	74.450			
						B_{32}	74.530			
						B_{33}	71.270			
				B_4	66.780	B_{41}	71.270			
						B_{42}	62.290			
				B_5	52.530	B_{51}	50.120			
						B_{52}	54.940			
				B_6	71.210					
				B_7	74.750					
				B_8	56.020	B_{81}	64.170			
						B_{82}	46.450			
						B_{83}	41.140			
		C	50.483	C_1	45.725	C_{11}	40.000			
						C_{12}	51.45	C_{121}	49.990	
								C_{122}	52.910	
								C_{123}	51.450	
				C_2	52.862	C_{21}	58.25	C_{211}	67.200	
								C_{212}	49.302	
						C_{22}	47.47	C_{221}	54.015	
								C_{222}	40.930	

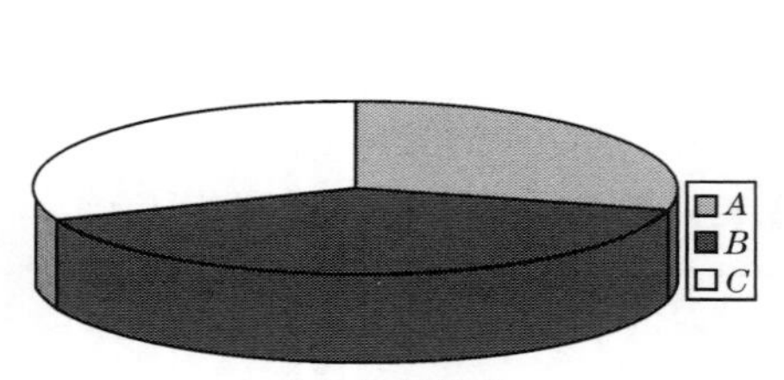

(a) D 的构成

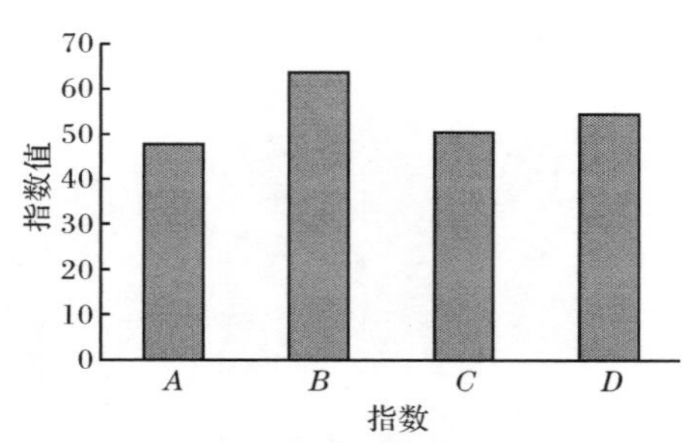

(b) 主体功能区各指数的指数值

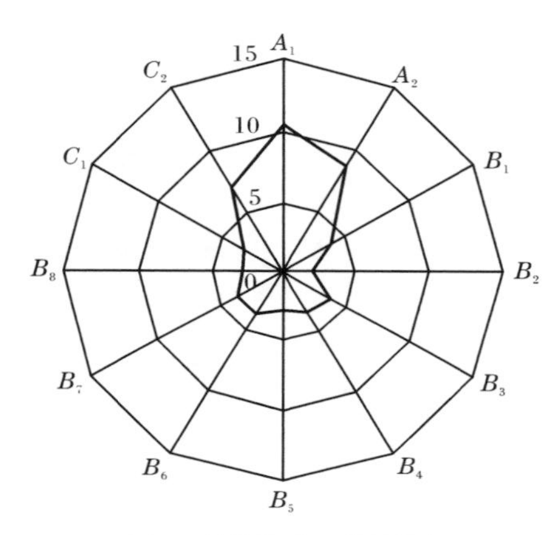

(c) 二级指数对 D 的贡献度

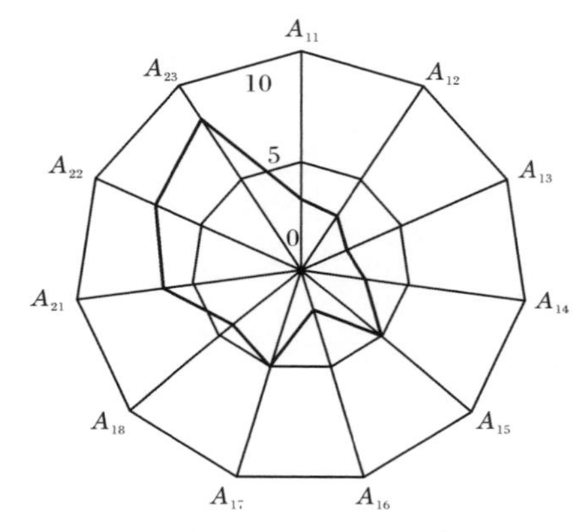

(d) A 的三级指数对 A 的贡献度

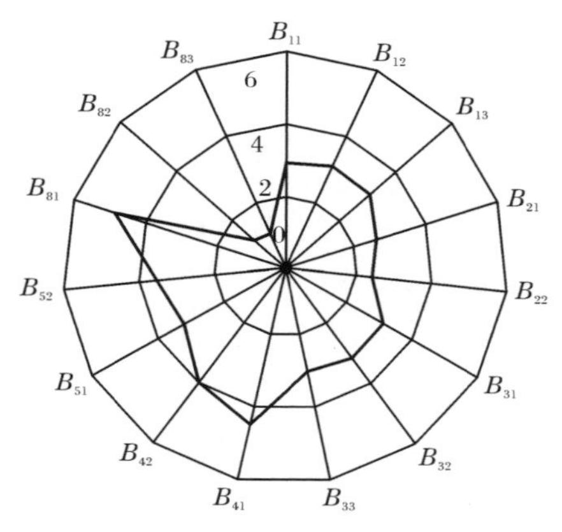

(e) B 的三级指数对 B 的贡献度

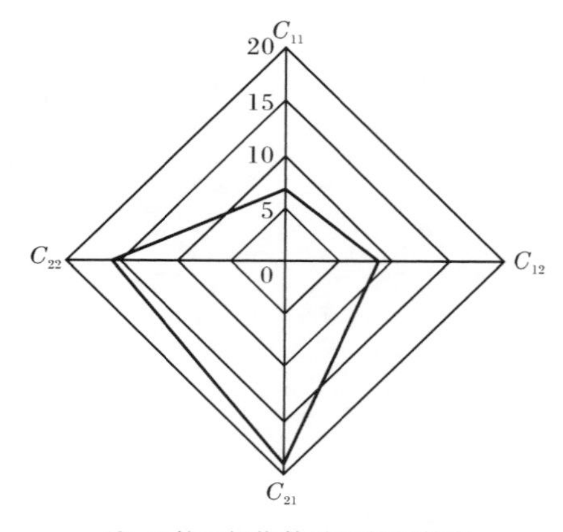

(f) C 的三级指数对 C 的贡献度

图 7-1　昆玉主体功能区指数示意图

第二节　昆玉主体功能区的区域差异

昆玉主体功能区(Ⅰ)划分为3个主体功能亚区：昆明主体功能亚区($Ⅰ_a$)、玉溪主体功能亚区($Ⅰ_b$)、安晋主体功能亚区($Ⅰ_c$)，其区域差异如表7-2、图7-2所示。

一、昆明主体功能亚区($Ⅰ_a$)

本亚区包括的县(市、区)有昆明四区和呈贡区，面积为0.41万km^2。2015年，昆明主体功能亚区的年末人口总数为369.30万人，总量GDP为2995.19亿元，占云南省总量GDP的21.99%，2006～2010年总量GDP的年平均增幅为62.90%，2010～2015年的年平均增幅为73.23%；人均GDP为81105元，地均GDP为7263.477万元/km^2。第一产业产值为23.6亿元，占云南省第一产业产值的1.15%；第二产业产值为1209亿元，占云南省第二产业产值的22.32%；第三产业产值为1762.59亿元，占云南省第三产业产值的28.67%。昆明主体功能亚区划分为2个主体功能小区：昆明主体功能小区($Ⅰ_{a\text{-}1}$)、呈贡主体功能小区($Ⅰ_{a\text{-}2}$)。该亚区的功能区发展能力指数(D)为62.24208，在这3个亚区中最高。其中，资源环境承载能力指数(A)为49.20224；现有开发强度指数(B)为77.80826；发展潜力指数(C)为57.18938。

二、玉溪主体功能亚区($Ⅰ_b$)

本亚区包括的县(市、区)有红塔区，面积为0.99万km^2。2015年，玉溪主体功能亚区的年末人口总数为50.77万人，总量GDP为615.77亿元，占云南省总量GDP的4.52%，2006～2010年总量GDP的年平均增幅为73.65%，2010～2015年的年平均增幅为47.59%；人均GDP为121286元，地均GDP为6497.383万元/km^2。第一产业产值为14.17亿元，占云南省第一产业产值的0.69%；第二产业产值为448.45亿元，占云南省第二产业产值的8.28%；第三产业产值为153.15亿元，占云南省第三产业产值的2.49%。该亚区的功能区发展能力指数(D)为59.18908，在这3个亚区中居第二位。其中，资源环境承载能力指数(A)为46.44146；现有开发强度指数(B)为79.60604；发展潜力指数(C)为43.84639。

三、安晋主体功能亚区($Ⅰ_c$)

本亚区包括的县(市、区)有安宁市和晋宁区，面积为0.26万km^2。2015年，安晋主体功能亚区的年末人口总数为66.70万人，总量GDP为373.07亿元，占云南省总量GDP的2.74%，2006～2010年总量GDP的年平均增幅为64.47%，2010～2015年的年平均增幅为60.30%；人均GDP为55933元，地均GDP为

1413.959 万元/km²。第一产业产值为 32.47 亿元，占云南省第一产业产值的 1.58%；第二产业产值为 163.59 亿元，占云南省第二产业产值的 3.02%；第三产业产值为 177.01 亿元，占云南省第三产业产值的 2.88%。该亚区的功能区发展能力指数(*D*)为 51.59945，在这 3 个亚区中居第三位。其中，资源环境承载能力指数(*A*)为 47.39028；现有开发强度指数(*B*)为 57.61070；发展潜力指数(*C*)为 47.99729。

表 7-2　昆玉主体功能区各亚区指数值

主体功能亚区	*A*	*B*	*C*	*D*
昆明主体功能亚区($\mathrm{I_a}$)	49.202	77.808	57.189	62.242
玉溪主体功能亚区($\mathrm{I_b}$)	46.441	79.606	43.846	59.189
安晋主体功能亚区($\mathrm{I_c}$)	47.390	57.610	47.997	51.599

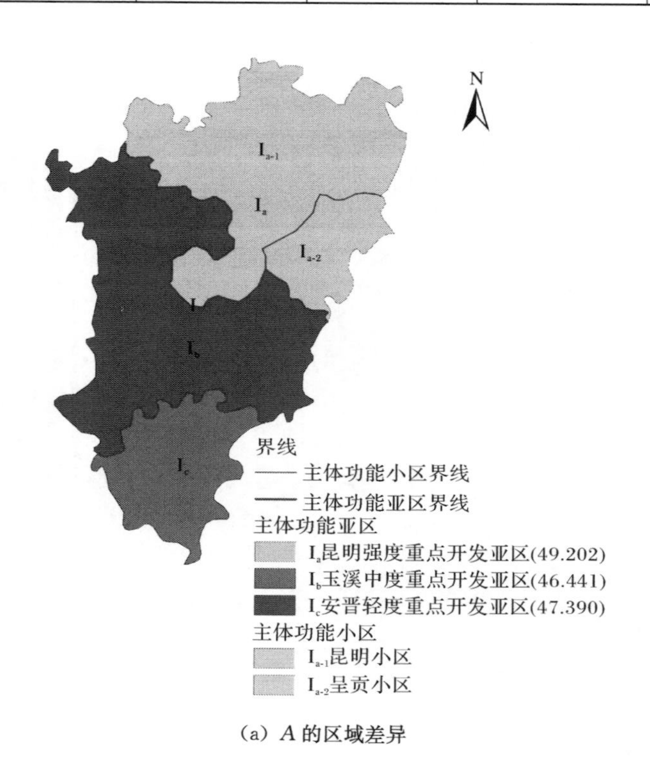

(a) *A* 的区域差异

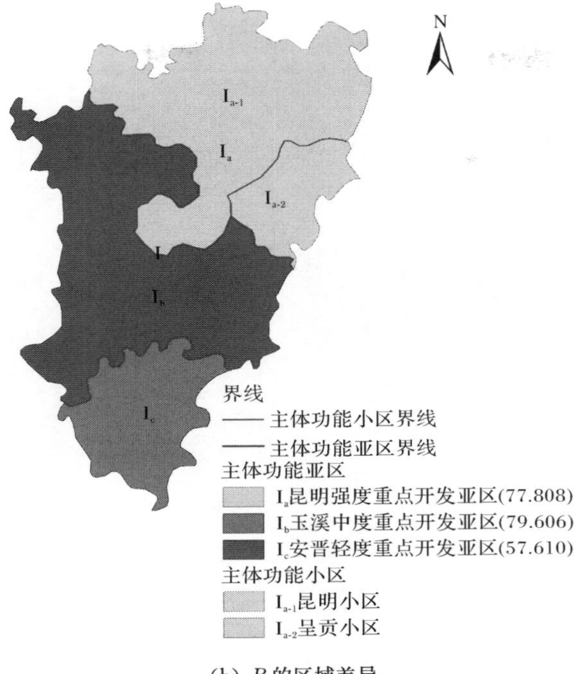

(b) *B* 的区域差异

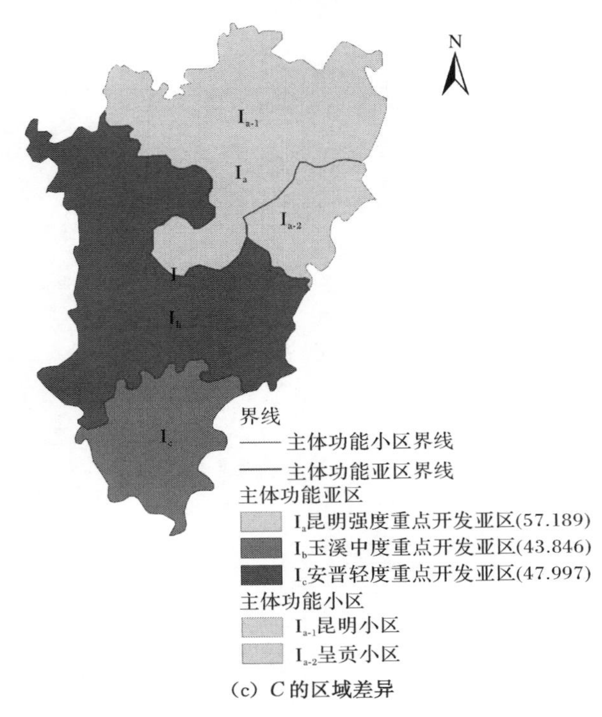

(c) *C* 的区域差异

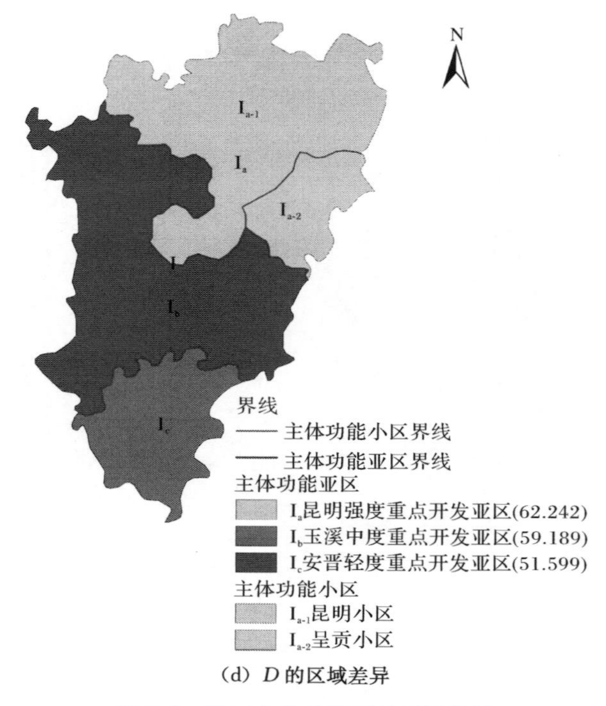

(d) D的区域差异

图 7-2　昆玉主体功能区的区域差异

第八章　保普主体功能区基本特征

第一节　保普主体功能区的概况

一、区域的位置与范围

“资源环境较好、开发现状较差”的保普主体功能区，位于云南省西南部，包括西盟县、孟连县、墨江县、景东县、景谷县、昌宁县、镇沅县、临翔区、云县、镇康县、双江县、耿马县、沧源县、双柏县、瑞丽市、芒市、梁河县、盈江县、陇川县、禄丰县、易门县、峨山县、新平县、施甸县、龙陵县、思茅区、宁洱县、澜沧县、隆阳区、腾冲市、楚雄市。本区域位于东经97°31′～102°37′、北纬22°01′～25°52′，属于西双版纳低中山盆谷区，临沧中山山原区、德宏，孟定中山宽谷区，梁河、龙陵中山山原区，思茅中山山原盆谷区，楚雄红岩高原区，腾冲中山盆谷区。国土面积为10.77万km^2，占云南省国土面积的28.12%。其中，坝区土地面积为0.70万km^2；半山半坝区土地面积为2.26万km^2；山区土地面积为7.82万km^2；坡度≤8°的土地面积为0.60万km^2，坡度≤15°的土地面积为1.65万km^2，坡度≤25°的土地面积为6.52万km^2，坡度≤35°的土地面积为9.62万km^2，坡度>35°的土地面积为1.15万km^2。2015年本区域总量GDP为2388.91亿元，占云南省总量GDP的17.54%，2006～2010年总量GDP的年平均增幅为127.62%，2010～2015年的年平均增幅为79.66%；人均GDP为24320元，地均GDP为221.727万元/km^2。第一产业产值为544.63亿元，占云南省第一产业产值的26.49%；第二产业产值为870.64亿元，占云南省第二产业产值的16.07%；第三产业产值为973.64亿元，占云南省第三产业产值的15.84%。2015年保普主体功能区的年末人口总数为982.27万人，人口密度为91人/km^2。本区城镇化“现有”国土面积为377.03km^2，城镇化“最大”国土面积为4194.050km^2，城镇化“有效”国土面积为320.110km^2。

从义务教育情况来看，在教育机会指标层面上，保普主体功能区的小学毛入学率为107.54%，比云南省的小学毛入学率高0.66%；初中毛入学率为104.40%，比云南省的初中毛入学率高1.28%。本区小学净入学率为96.68%，比云南省小学净入学率低1.61%；初中净入学率为84.99%，比云南省初中净入学率低2.61%。在教育质量指标层面上，保普主体功能区的小学巩固率为99.22%，比云南省小学巩固率低0.10%；初中巩固率为97.85%，比云南省初中巩固率低

0.24%。本区小学辍学率为0.77%，比云南省小学辍学率高0.01%；初中辍学率为2.01%，比云南省初中辍学率高0.04%。本区小学升学率为98.05%，比云南省小学升学率高2.61%；初中升学率为63.26%，比云南省初中升学率低9.48%。在办学条件指标层面上，保普主体功能区的学校藏书为8893815册，占云南省学校藏书的20.65%；学校占地面积为24265313m^2，占云南省学校占地面积的26.48%；校舍建筑面积为5618489m^2，占云南省校舍建筑面积的21.97%；危房面积为3940717m^2，占云南省危房面积的21.05%。在教育师资指标层面上，保普主体功能区的小学任课教师数为48733人，占云南省小学任课教师数的20.84%；初中任课教师数为23556人，占云南省初中任课教师数的20.40%。小学学历达标率为98.40%，比云南省小学学历达标率高0.33%；初中学历达标率为98.65%，比云南省初中学历达标率高0.40%。在教育多样性指标层面上，保普主体功能区的民族学校数为47个，占云南省民族学校数的47.44%；特殊教育学校数为11个，占云南省特殊教育学校数的44%。从民族构成情况来看，保普主体功能区少数民族人口总数为3659234人，占云南省年末人口总数的7.72%；主要少数民族人口数为3587448人，占云南省年末人口总数的7.57%。

二、区域的总体特征

（一）功能区发展能力指数及其结构

保普主体功能区的区域特征及其构成如表8-1、图8-1(a)、图8-1(b)所示。保普主体功能区的功能区发展能力指数(D)为52.971，在8个一级主体功能区中排名第二，表明其区域发展能力较强。在3个一级指数中，资源环境承载能力指数(A)为56.399，在8个一级主体功能区中居第一位；现有开发强度指数(B)为48.424，在8个一级主体功能区中居第五位；发展潜力指数(C)为55.205，在8个一级主体功能区中居第一位。这表明该区目前的资源环境承载能力较好，具有很好的发展潜力，但目前该区的发展水平和基础较差。

二级指数对功能区发展能力指数(D)的贡献度如图8-1(c)所示。环境承载能力指数(A_2)、资源承载能力指数(A_1)、战略区位指数(C_2)对功能区发展能力指数(D)的贡献度较高，而经济水平指数(B_1)、产值能耗指数(B_5)对功能区发展能力指数(D)的贡献度较低。

（二）资源环境承载能力指数及其结构

在资源环境承载能力指数(A)的2个二级指数中，资源承载能力指数(A_1)为50.419，环境承载能力指数(A_2)为62.380。A_2的值远高于A_1的值，表明本区环境承载能力较强，存在的主要问题是资源承载能力较低。在资源承载能力指数

(A_1)的三级指数中,森林资源承载能力指数(A_{12})和淡水资源承载能力指数(A_{13})较高,而矿产资源承载能力指数(A_{15})和能源资源承载能力指数(A_{14})较低。在环境承载能力指数(A_2)的三级指数中,总体环境承载能力指数(A_{21})较高,而地均环境承载能力指数(A_{23})较低。

在资源环境承载能力指数(A)中,各三级指数对其贡献度如图 8-1(d)所示。总体环境承载能力指数(A_{21})、人均环境承载能力指数(A_{22})、地均环境承载能力指数(A_{23})对资源环境承载能力指数(A)的贡献度较大,能源资源承载能力指数(A_{14})、旅游资源承载能力指数(A_{17})对资源环境承载能力指数(A)的贡献度较小。

(三) 现有开发强度指数及其结构

在现有开发强度指数(B)的 8 个二级指数中,经济水平指数(B_1)为 48.487,经济变化指数(B_2)为 42.235。城镇化指数(B_3)为 45.977,工业化指数(B_4)为 43.300,产值能耗指数(B_5)为 52.165,人类发展指数(B_6)为 48.600,产业结构演进指数(B_7)为 46.430,交通指数(B_8)为 60.202. 其中,B_8 的值较高,B_2 的值相对较低,表明本区交通比较发达,存在的主要问题是经济发展变化(有好有坏)不快。在经济水平指数(B_1)的三级指数中,总量 GDP 指数(B_{11})较高,而人均 GDP 指数(B_{12})和地均 GDP 指数(B_{13})较低。在经济变化指数(B_2)的三级指数中,工业 GDP 变化指数(B_{22})较高,而总量 GDP 变化指数(B_{21})较低。在城镇化指数(B_3)的三级指数中,人口城镇化指数(B_{31})和城区城镇化指数(B_{32})较高,而经济城镇化指数(B_{33})较低。在工业化指数(B_4)的三级指数中,非农产值指数(B_{41})较高,而工业产值指数(B_{42})较低。在产值能耗指数(B_5)的三级指数中,万元 GDP 能耗指数(B_{51})远高于万元工业 GDP 能耗指数(B_{52})。在交通指数(B_8)的三级指数中,民航指数(B_{83})和公路指数(B_{81})较高,而铁路指数(B_{82})较低。

在现有开发强度指数(B)中,各三级指数对其贡献度如图 8-1(e)所示。万元 GDP 能耗指数(B_{51})、万元工业 GDP 能耗指数(B_{52})、非农产值指数(B_{41})和工业产值指数(B_{42})对现有开发强度指数(B)的贡献度相对较大,公路指数(B_{81})、铁路指数(B_{82})对现有开发强度指数(B)的贡献度相对较小。

(四) 发展潜力指数及其结构

在发展潜力指数(C)的 2 个二级指数中,人地协调指数(C_1)为 53.995,战略区位指数(C_2)为 55.810。C_1 的值低于 C_2 的值,表明本区战略区位相对重要,存在的主要问题是人地关系较紧张。在人地协调指数(C_1)的三级指数中,人资协调指数(C_{11})较高,而人环协调指数(C_{12})较低。在战略区位指数(C_2)的三级指数中,战略区位赋值指数(C_{22})较高,而战略区位数值指数(C_{21})相对较低。

在发展潜力指数(C)中,各三级指数对其贡献度如图 8-1(f)所示。战略区位赋值指数(C_{22})、战略区位数值指数(C_{21})对发展潜力指数(C)的贡献度较大,人资协调指数(C_{11})、人环协调指数(C_{12})对发展潜力指数(C)的贡献度较小。

表 8-1　保普主体功能区指数值

总指数		一级指数		二级指数		三级/四级指数		保普主体功能区总体情况
D	52.971	A	56.399	A_1	50.419	A_{11}	48.020	≤8°面积:0.60 万 km² ≤15°面积:1.65 万 km² ≤25°面积:6.52 万 km² ≤35°面积:9.62 万 km² >35°面积:1.15 万 km² 国土面积:10.77 万 km² 总量 GDP:2388.91 元 地均 GDP:221.727 万元/km² 人均 GDP:24320 元 人口总数:982.27 万人 人口密度:91 人/km² 第一产业产值为 544.63 亿元,占云南省第一产业产值的 26.49% 第二产业产值为 870.64 亿元,占云南省第二产业产值的 16.07% 第三产业产值为 973.64 亿元,占云南省第三产业产值的 15.84% 城镇化“现有”国土面积:377.03km² 城镇化“最大”国土面积:4194.050km² 城镇化“有效”国土面积:320.110km²
						A_{12}	59.700	
						A_{13}	59.500	
						A_{14}	44.820	
						A_{15}	43.870	
						A_{16}	51.160	
						A_{17}	46.880	
						A_{18}	49.400	
				A_2	62.380	A_{21}	70.550	
						A_{22}	67.410	
						A_{23}	49.180	
		B	48.424	B_1	48.487	B_{11}	52.790	
						B_{12}	46.580	
						B_{13}	46.090	
				B_2	42.235	B_{21}	41.920	
						B_{22}	42.550	
				B_3	45.977	B_{31}	47.540	
						B_{32}	46.530	
						B_{33}	43.860	
				B_4	43.300	B_{41}	43.860	
						B_{42}	42.740	
				B_5	52.165	B_{51}	57.230	
						B_{52}	47.100	
				B_6	48.600			
				B_7	46.430			
				B_8	60.202	B_{81}	61.630	
						B_{82}	44.610	
						B_{83}	71.510	

续表

<table>
<tr><th colspan="2">总指数</th><th colspan="2">一级指数</th><th colspan="2">二级指数</th><th colspan="4">三级/四级指数</th><th>保普主体功能区总体情况</th></tr>
<tr><td rowspan="8">D</td><td rowspan="8">52.971</td><td rowspan="8">C</td><td rowspan="8">55.205</td><td rowspan="4">C_1</td><td rowspan="4">53.995</td><td>C_{11}</td><td colspan="3">55.390</td><td rowspan="8"></td></tr>
<tr><td rowspan="3">C_{12}</td><td rowspan="3">52.600</td><td>C_{121}</td><td>51.920</td></tr>
<tr><td>C_{122}</td><td>53.270</td></tr>
<tr><td>C_{123}</td><td>52.610</td></tr>
<tr><td rowspan="4">C_2</td><td rowspan="4">55.810</td><td rowspan="2">C_{21}</td><td rowspan="2">55.078</td><td>C_{211}</td><td>51.170</td></tr>
<tr><td>C_{212}</td><td>58.986</td></tr>
<tr><td rowspan="2">C_{22}</td><td rowspan="2">56.543</td><td>C_{221}</td><td>49.960</td></tr>
<tr><td>C_{222}</td><td>63.125</td></tr>
</table>

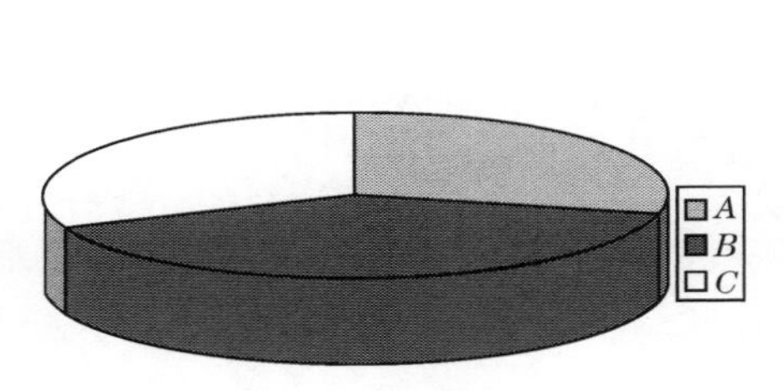

(a) D 的构成

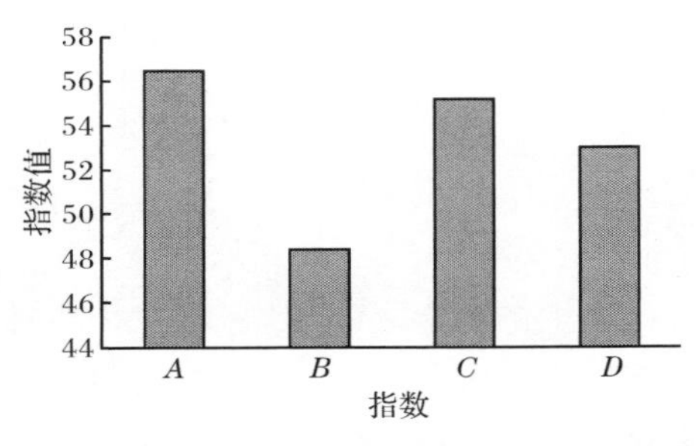

(b) 主体功能区各指数的指数值

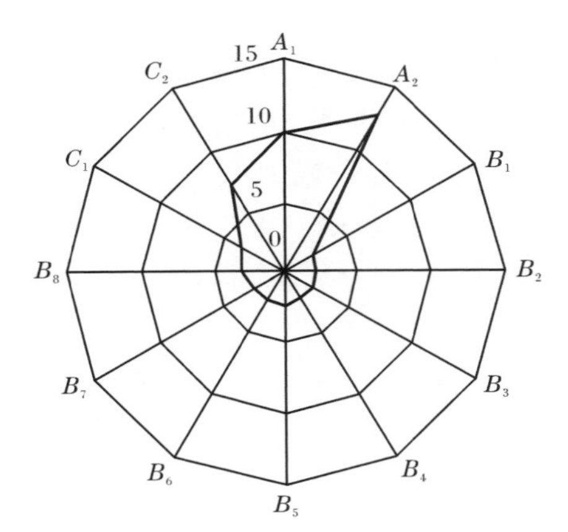

(c) 二级指数对 D 的贡献度

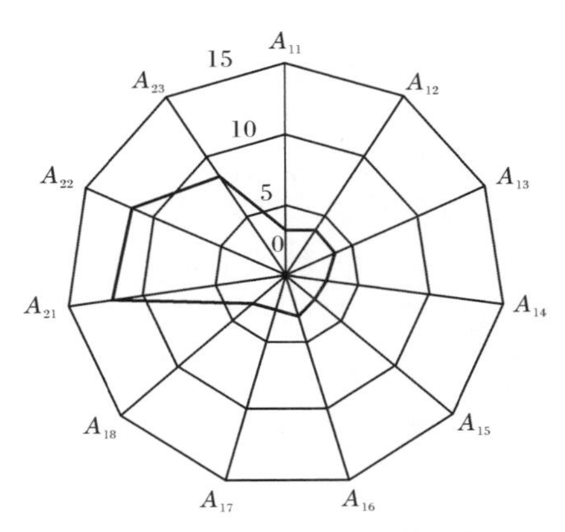

(d) A 的三级指数对 A 的贡献度

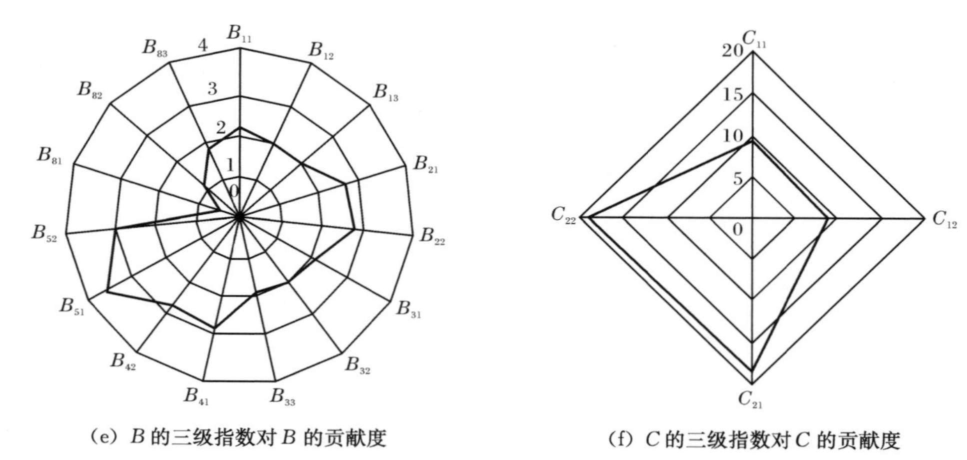

(e) B 的三级指数对 B 的贡献度　　(f) C 的三级指数对 C 的贡献度

图 8-1　保普主体功能区指数示意图

第二节　保普主体功能区的区域差异

保普主体功能区(Ⅱ)划分为 5 个主体功能亚区:孟西主体功能亚区($Ⅱ_a$)、瑞禄主体功能亚区($Ⅱ_b$)、思普主体功能亚区($Ⅱ_c$)、腾隆主体功能亚区($Ⅱ_d$)、楚雄主体功能亚区($Ⅱ_e$),其区域差异如表 8-2、图 8-2 所示。

一、孟西主体功能亚区($Ⅱ_a$)

本亚区包括的县(市、区)有西盟县、孟连县,面积为 0.32 万 km^2。2015 年,孟西主体功能亚区的年末人口总数为 23.37 万人,总量 GDP 为 34.37 亿元,占云南省总量 GDP 的 0.25%,2006～2010 年总量 GDP 的年平均增幅为 55.46%,2010～2015 年的年平均增幅为 76.97%;人均 GDP 为 14707 元,地均 GDP 为 109.033 万元/km^2。第一产业产值为 12.01 亿元,占云南省第一产业产值的 0.09%;第二产业产值为 7.09 亿元,占云南省第二产业产值的 0.05%;第三产业产值为 15.27 亿元,占云南省第三产业产值的 0.11%。该亚区的功能区发展能力指数(D)为 49.444,在 5 个亚区中最低。其中,资源环境承载能力指数(A)为 51.819;现有开发强度指数(B)为 45.230;发展潜力指数(C)为 53.121。

二、瑞禄主体功能亚区($Ⅱ_b$)

本亚区包括的县(市、区)有墨江县、景东县、景谷县、昌宁县、镇沅县、临翔区、云县、镇康县、双江县、耿马县、沧源县、双柏县、瑞丽市、芒市、梁河县、盈江县、陇川县、禄丰县、易门县、峨山县、新平县、施甸县、龙陵县,面积为 7.33 万 km^2。2006

年瑞禄主体功能亚区的年末人口总数为636.07万人，总量GDP为1480.34亿元，占云南省总量GDP的10.87%，2006～2010年总量GDP的年平均增幅为163.94%，2010～2015年的年平均增幅为80.76%；人均GDP为23273元，地均GDP为201.874万元/km²。第一产业产值为391.39亿元，占云南省第一产业产值的2.87%；第二产业产值为496.03亿元，占云南省第二产业产值的3.64%；第三产业产值为592.92亿元，占云南省第三产业产值的4.35%。该亚区的区域发展能力指数(*D*)为50.170，在这5个亚区中较低。其中，资源环境承载能力指数(*A*)为51.328；现有开发强度指数(*B*)为48.390；发展潜力指数(*C*)为51.411。

三、思普主体功能亚区(Ⅱc)

本亚区包括的县(市、区)有思茅区、宁洱县、澜沧县，面积为1.63万km²。2015年，思普主体功能亚区的年末人口总数为100.35万人，总量GDP为219.02亿元，占云南省总量GDP的1.61%，2006～2010年总量GDP的年平均增幅为63.67%，2010～2015年的年平均增幅为75.63%；人均GDP为21826元，地均GDP为134.573万元/km²。第一产业产值为39.57亿元，占云南省第一产业产值的0.29%；第二产业产值为83.96亿元，占云南省第二产业产值的0.62%；第三产业产值为95.49亿元，占云南省第三产业产值的0.70%。思普主体功能亚区划分为2个主体功能小区：思宁主体功能小区(Ⅱc-1)、澜沧主体功能小区(Ⅱc-2)。该亚区的功能区发展能力指数(*D*)为52.245，在这5个亚区中最高。其中，资源环境承载能力指数(*A*)为54.979；现有开发强度指数(*B*)为48.614；发展潜力指数(*C*)为54.038。

四、腾隆主体功能亚区(Ⅱd)

本亚区包括的县(市、区)有隆阳区、腾冲市，面积为1.06万km²。2015年，腾隆主体功能亚区的年末人口总数为162.73万人，总量GDP为356.09亿元，占云南省总量GDP的2.61%，2006～2010年总量GDP的年平均增幅为67.08%，2010～2015年的年平均增幅为83.66%；人均GDP为21882元，地均GDP为337.505万元/km²。第一产业产值为78.09亿元，占云南省第一产业产值的0.57%；第二产业产值为123.15亿元，占云南省第二产业产值的0.90%；第三产业产值为154.85亿元，占云南省第三产业产值的1.14%。腾隆主体功能亚区划分为2个主体功能小区：隆阳主体功能小区(Ⅱd-1)、腾冲主体功能小区(Ⅱd-2)。该亚区的功能区发展能力指数(*D*)为51.449，在5个亚区中较高。其中，资源环境承载能力指数(*A*)为52.538；现有开发强度指数(*B*)为49.970；发展潜力指数(*C*)为52.229。

五、楚雄主体功能亚区(II_e)

本亚区包括的县(市、区)有楚雄市,面积为 0.44 万 km^2。2015 年,楚雄主体功能亚区的年末人口总数为 59.75 万人,总量 GDP 为 299.09 亿元,占云南省总量 GDP 的 2.20%,2006~2010 年总量 GDP 的年平均增幅为 65.35%,2010~2015 年的年平均增幅为 70.90%;人均 GDP 为 50057 元,地均 GDP 为 674.637 万元/km^2。第一产业产值为 23.57 亿元,占云南省第一产业产值的 0.17%;第二产业产值为 160.41 亿元,占云南省第二产业产值的 1.18%;第三产业产值为 115.11 亿元,占云南省第三产业产值的 0.85%。该亚区的功能区发展能力指数(D)为 51.233,在这 5 个亚区中较高。其中,资源环境承载能力指数(A)为 47.834;现有开发密度指数(B)为 55.927;发展潜力指数(C)为 48.642。

表 8-2　保普主体功能区各亚区指数值

主体功能亚区	A	B	C	D
孟西主体功能亚区(II_a)	51.819	45.230	53.121	49.444
瑞禄主体功能亚区(II_b)	51.328	48.390	51.411	50.170
思普主体功能亚区(II_c)	54.979	48.614	54.038	52.245
腾隆主体功能亚区(II_d)	52.538	49.970	52.229	51.449
楚雄主体功能亚区(II_e)	47.834	55.927	48.642	51.233

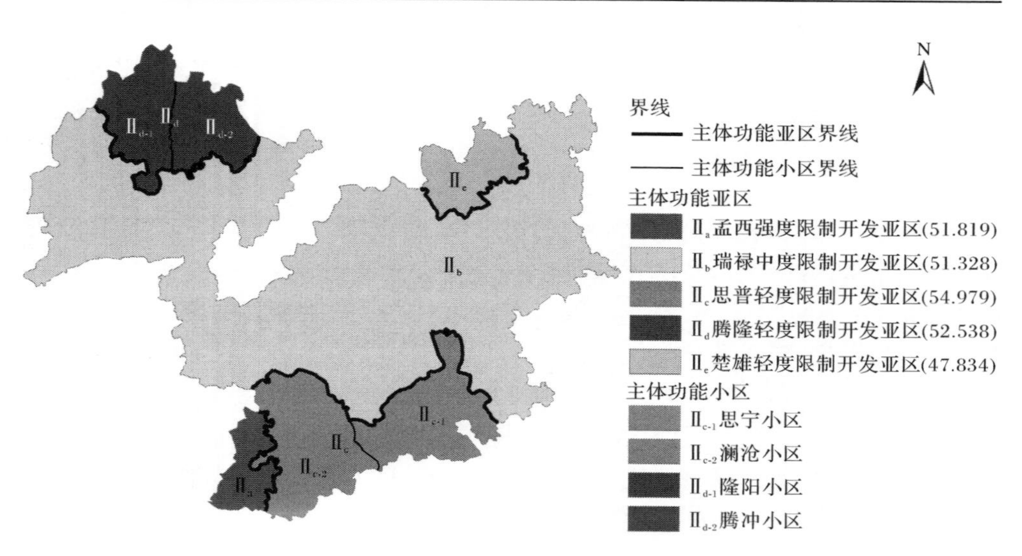

(a) A 的区域差异

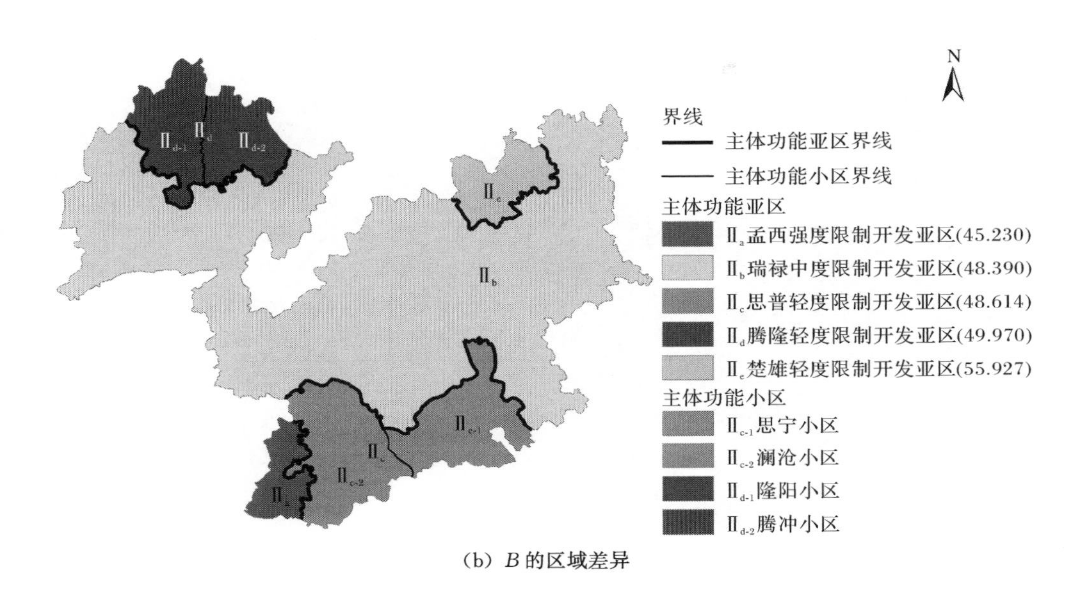

(b) *B* 的区域差异

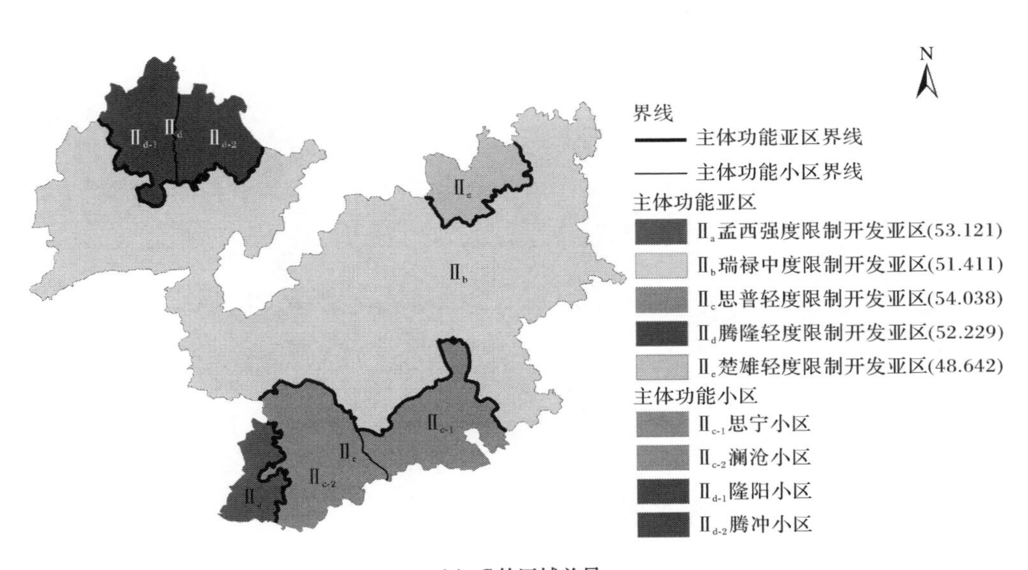

(c) *C* 的区域差异

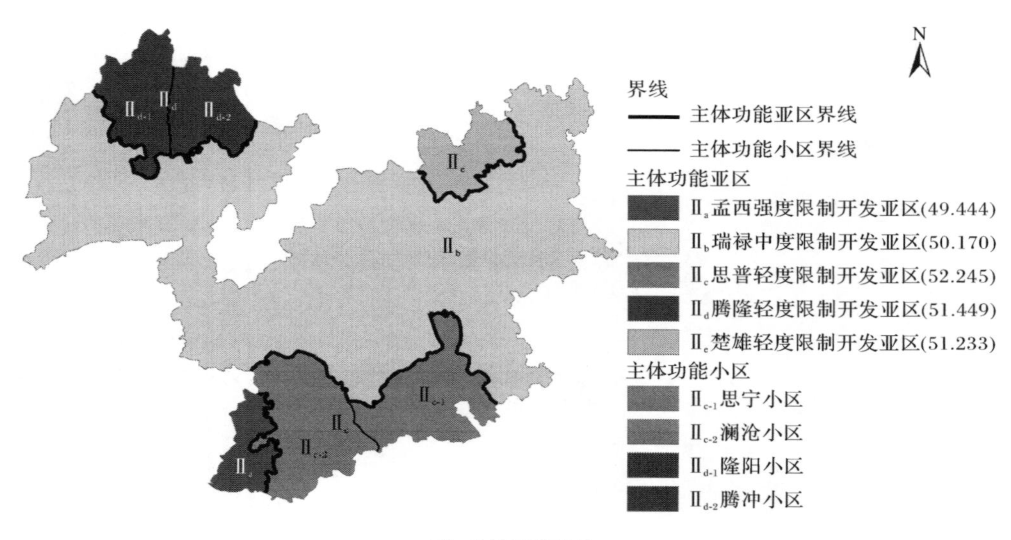

(d) D 的区域差异

图 8-2　保普主体功能区的区域差异

第九章 麒蒙主体功能区基本特征

第一节 麒蒙主体功能区的概况

一、区域的位置与范围

“资源环境较好、发展潜力较差”的麒蒙主体功能区，位于云南省东部，包括元阳县、红河县、元江县、师宗县、马龙区、陆良县、宜良县、石林县、江川区、澄江县、通海县、华宁县、建水县、石屏县、泸西县、个旧市、蒙自市、弥勒市、开远市、麒麟区、罗平县、富源县。本区位于东经 101°39′～104°49′、北纬 22°49′～25°58′，属于蒙自、元江高原盆地峡谷区；曲靖岩溶高原区，丘北、广南岩溶山原区。国土面积为 4.64 万 km^2，占云南省国土面积的 12.11%。其中，半山半坝区土地面积为 1.96 万 km^2；坝区土地面积为 0.39 万 km^2；坡度≤8°的土地面积为 0.85 万 km^2，坡度≤15°的土地面积为 1.87 万 km^2，坡度≤25°的土地面积为 3.21 万 km^2，坡度≤35°的土地面积为 4.00 万 km^2，坡度＞35°的土地面积为 0.44 万 km^2。2015 年本区总量 GDP 为 2764.21 亿元，占云南省总量 GDP 的 20.30%，2006～2010 年总量 GDP 的年平均增幅为58.06%，2010～2015 年的年平均增幅为 65.20%；人均 GDP 为 30702 元，地均 GDP 为 622.602 万元/km^2。第一产业产值为 496.48 亿元，占云南省第一产业产值的 24.15%；第二产业产值为 1129.78 亿元，占云南省第二产业产值的 20.86%；第三产业产值为 1137.95 亿元，占云南省第三产业产值的 18.51%。2015 年麒蒙主体功能区的年末人口总数为 900.34 万人，人口密度为 203 人/km^2。本区城镇化“现有”国土面积为 365.54km^2，城镇化“最大”国土面积为 4772.42km^2，城镇化“有效”国土面积为 364.254km^2。

从义务教育情况来看，在教育机会指标层面上，麒蒙主体功能区的小学毛入学率为 103.97%，比云南省的小学毛入学率低 2.91%；初中毛入学率为 101.80%，比云南省的初中毛入学率低 1.32%。本区小学净入学率为 98.79%，比云南省小学净入学率高 0.50%；初中净入学率为 91.41%，比云南省初中净入学率高 3.81%。在教育质量指标层面上，麒蒙主体功能区的小学巩固率为 99.57%，比云南省小学巩固率高 0.25%；初中巩固率为 98.56%，比云南省初中巩固率高 0.47%。本区小学辍学率为 0.59%，比云南省小学辍学率低 0.17%；初中辍学率为 1.52%，比云南省初中辍学率低 0.45%。本区小学升学率为 94.65%，比云南省小学升学率低

0.79%；初中升学率为65.82%，比云南省初中升学率低6.92%。在办学条件指标层面上，麒蒙主体功能区的学校藏书为8714329册，占云南省学校藏书的20.24%；学校占地面积为16474746m^2，占云南省学校占地面积的17.98%；校舍建筑面积为5543382m^2，占云南省校舍建筑面积的21.68%；危房面积为4104814m^2，占云南省危房面积的21.93%。在教育师资指标层面上，麒蒙主体功能区的小学任课教师数为46084人，占云南省小学任课教师数的19.71%；初中任课教师数为22867人，占云南省初中任课教师数的19.80%。小学学历达标率为98.26%，比云南省小学学历达标率高0.19%；初中学历达标率为98.39%，比云南省初中学历达标率高0.14%。在教育多样性指标层面上，麒蒙主体功能区的民族学校数为12个，占云南省民族学校数的12.12%；特殊教育学校数为3个，占云南省特殊教育学校数的12.00%。从民族构成情况来看，麒蒙主体功能区少数民族人口总数为2576875人，占云南省年末人口总数的5.43%；主要少数民族人口数为2539672人，占云南省年末人口总数的5.36%。

二、区域的总体特征

（一）功能区发展能力指数及其结构

麒蒙主体功能区的区域特征及其构成如表9-1、图9-1(a)、图9-1(b)所示。麒蒙主体功能区的功能区发展能力指数(D)为51.053，在8个一级主体功能区中居第三位，表明其区域发展能力较强。在3个一级指数中，资源环境承载能力指数(A)为55.440，在8个一级主体功能区中居第二位；现有开发强度指数(B)为48.771，在8个一级主体功能区中居第四位；发展潜力指数(C)为46.844，在8个一级主体功能区中居第七位。这表明该区目前的发展水平和基础较好，资源环境承载能力不错，但发展潜力不佳。

二级指数对功能区发展能力指数(D)的贡献度如图9-1(c)所示，资源承载能力指数(A_1)、环境承载能力指数(A_2)、战略区位指数(C_2)对功能区发展能力指数(D)的贡献度相对较高，产值能耗指数(B_5)对功能区发展能力指数(D)的贡献度最低，其他几个指数对功能区发展能力指数(D)的贡献度相差不大。

（二）资源环境承载能力指数及其结构

在资源环境承载能力指数(A)的2个二级指数中，资源承载能力指数(A_1)为52.200，环境承载能力指数(A_2)为58.680。A_2的值高于A_1的值，表明本区环境承载能力较强，存在的主要问题是资源承载能力较低。在环境承载能力指数(A_2)的三级指数中，人均环境承载能力指数(A_{22})较高。在资源承载能力指数(A_1)的三级指数中，耕地资源承载能力指数(A_{11})和能源资源承载能力指数

(A_{14})较高，而森林资源承载能力指数(A_{12})和淡水资源承载能力指数(A_{13})较低。

在资源环境承载能力指数(A)中，各三级指数对其贡献度如图 9-1(d)所示。总体环境承载能力指数(A_{21})、人均环境承载能力指数(A_{22})、地均环境承载能力指数(A_{23})对资源环境承载能力指数(A)的贡献度较大，旅游资源承载能力指数(A_{17})对资源环境承载能力指数(A)的贡献程度最小，其他几个指数对资源环境承载能力的贡献度相差不大。

(三) 现有开发强度指数及其结构

在现有开发强度指数(B)的 8 个二级指数中，工业化指数(B_4)和交通指数(B_8)较高。其中，交通指数(B_8)的值最高，为 58.350。产业能耗指数(B_5)的值为 30.070，在现有开发强度指数(B)的 8 个二级指数中值最低。交通指数(B_8)的值远高于产业能耗指数(B_5)的值，这表明该区交通较发达，能耗较大。在经济水平指数(B_1)的三级指数中，总量 GDP 指数(B_{11})最高，地均 GDP 指数(B_{13})最低。在工业化指数(B_4)的三级指数中，非农产值指数(B_{41})的值为 53.800，工业产值指数(B_{42})的值为 60.300。在交通指数(B_8)的三级指数中，民航指数(B_{83})最低，铁路指数(B_{82})最高，这表明本区铁路较发达。

在现有开发强度指数(B)中，各三级指数对其贡献度如图 9-1(e)所示。非农产值指数(B_{41})和工业产值指数(B_{42})对现有开发强度指数(B)的贡献度较大，而万元 GDP 能耗指数(B_{51})和民航指数(B_{83})对现有开发强度指数(B)的贡献度相对较小。

(四) 发展潜力指数及其结构

在发展潜力指数(C)的 2 个二级指数中，人地协调指数(C_1)为 38.260，战略区位指数(C_2)为 51.140。C_2 的值高于 C_1 的值，表明本区战略选择区位较好，存在的主要问题是人地关系协调能力较差。在人地协调指数(C_1)的三级指数中，人资协调指数(C_{11})明显高于人环协调指数(C_{12})。在战略区位数值指数(C_{21})的四级指数中，社会经济战略区位数值指数(C_{211})较高，而资源环境战略区位数值指数(C_{212})较低。

在发展潜力指数(C)中，各三级指数对其贡献度如图 9-1(f)所示。战略区位数值指数(C_{21})和战略区位赋值指数(C_{22})对发展潜力指数(C)的贡献度较大，人资协调指数(C_{11})和人环协调指数(C_{12})对发展潜力指数(C)的贡献度较小。

表 9-1　麒蒙主体功能区指数值

<table>
<tr><th colspan="2">总指数</th><th colspan="2">一级指数</th><th colspan="2">二级指数</th><th colspan="2">三级/四级指数</th><th>麒蒙主体功能区总体情况</th></tr>
<tr><td rowspan="28">D</td><td rowspan="28">51.053</td><td rowspan="11">A</td><td rowspan="11">55.440</td><td rowspan="8">A_1</td><td rowspan="8">52.200</td><td>A_{11}</td><td>58.980</td><td rowspan="28">≤8°面积：0.85 万 km^2
≤15°面积：1.87 万 km^2
≤25°面积：3.21 万 km^2
≤35°面积：4.00 万 km^2
>35°面积：0.44 万 km^2
国土面积：4.64 万 km^2
总量 GDP：2764.21 亿元
地均 GDP：
622.602 万元/km^2
人均 GDP：30702 元
人口总数：900.34 万人
人口密度：203 人/km^2
第一产业产值为 496.48 亿元，占云南省第一产业产值的 24.15%
第二产业产值为 1129.78 亿元，占云南省第二产业产值的 20.86%
第三产业产值为 1137.95 亿元，占云南省第三产业产值的 18.51%
城镇化“现有”国土面积：
365.54km^2
城镇化“最大”国土面积：
4772.42km^2
城镇化“有效”国土面积：
364.254km^2</td></tr>
<tr><td>A_{12}</td><td>43.410</td></tr>
<tr><td>A_{13}</td><td>44.800</td></tr>
<tr><td>A_{14}</td><td>58.730</td></tr>
<tr><td>A_{15}</td><td>50.060</td></tr>
<tr><td>A_{16}</td><td>55.980</td></tr>
<tr><td>A_{17}</td><td>47.420</td></tr>
<tr><td>A_{18}</td><td>58.240</td></tr>
<tr><td rowspan="3">A_2</td><td rowspan="3">58.680</td><td>A_{21}</td><td>53.840</td></tr>
<tr><td>A_{22}</td><td>63.570</td></tr>
<tr><td>A_{23}</td><td>58.620</td></tr>
<tr><td rowspan="17">B</td><td rowspan="17">48.771</td><td rowspan="3">B_1</td><td rowspan="3">52.390</td><td>B_{11}</td><td>58.700</td></tr>
<tr><td>B_{12}</td><td>50.540</td></tr>
<tr><td>B_{13}</td><td>47.930</td></tr>
<tr><td rowspan="2">B_2</td><td rowspan="2">43.410</td><td>B_{21}</td><td>43.640</td></tr>
<tr><td>B_{22}</td><td>43.180</td></tr>
<tr><td rowspan="3">B_3</td><td rowspan="3">50.580</td><td>B_{31}</td><td>48.510</td></tr>
<tr><td>B_{32}</td><td>49.440</td></tr>
<tr><td>B_{33}</td><td>53.800</td></tr>
<tr><td rowspan="2">B_4</td><td rowspan="2">57.050</td><td>B_{41}</td><td>53.800</td></tr>
<tr><td>B_{42}</td><td>60.300</td></tr>
<tr><td rowspan="2">B_5</td><td rowspan="2">30.070</td><td>B_{51}</td><td>28.200</td></tr>
<tr><td>B_{52}</td><td>31.940</td></tr>
<tr><td>B_6</td><td colspan="3">51.710</td></tr>
<tr><td>B_7</td><td colspan="3">46.600</td></tr>
<tr><td rowspan="3">B_8</td><td rowspan="3">58.350</td><td>B_{81}</td><td>58.840</td></tr>
<tr><td>B_{82}</td><td>71.200</td></tr>
<tr><td>B_{83}</td><td>44.040</td></tr>
</table>

续表

<table>
<tr><th colspan="2">总指数</th><th colspan="2">一级指数</th><th colspan="3">二级指数</th><th colspan="3">三级/四级指数</th><th>麒蒙主体功能区总体情况</th></tr>
<tr><td rowspan="8">D</td><td rowspan="8">51.053</td><td rowspan="8">C</td><td rowspan="8">46.844</td><td rowspan="4">C_1</td><td rowspan="4">38.260</td><td>C_{11}</td><td colspan="3">50.720</td><td rowspan="8"></td></tr>
<tr><td rowspan="3">C_{12}</td><td rowspan="3">25.800</td><td>C_{121}</td><td>26.430</td></tr>
<tr><td>C_{122}</td><td>25.290</td></tr>
<tr><td>C_{123}</td><td>25.670</td></tr>
<tr><td rowspan="4">C_2</td><td rowspan="4">51.140</td><td rowspan="2">C_{21}</td><td rowspan="2">49.370</td><td>C_{211}</td><td>53.050</td></tr>
<tr><td>C_{212}</td><td>45.690</td></tr>
<tr><td rowspan="2">C_{22}</td><td rowspan="2">52.910</td><td>C_{221}</td><td>42.310</td></tr>
<tr><td>C_{222}</td><td>63.500</td></tr>
</table>

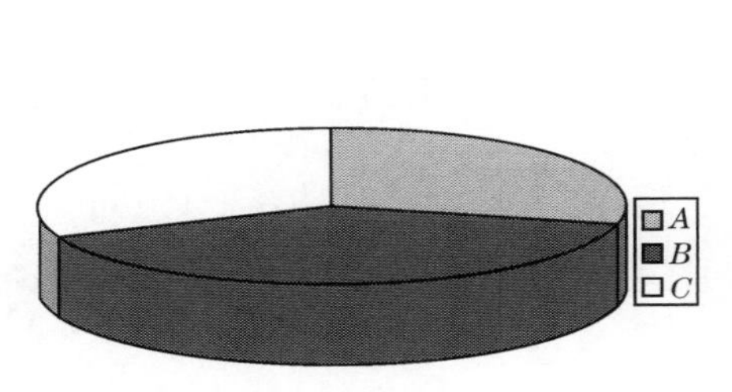

(a) D 的构成

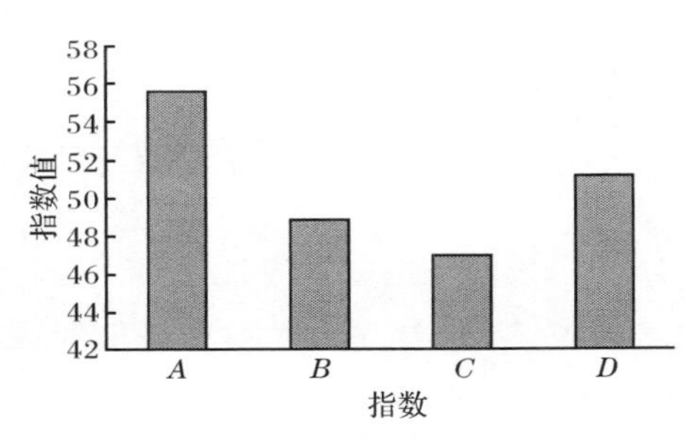

(b) 主体功能区各指数的指数值

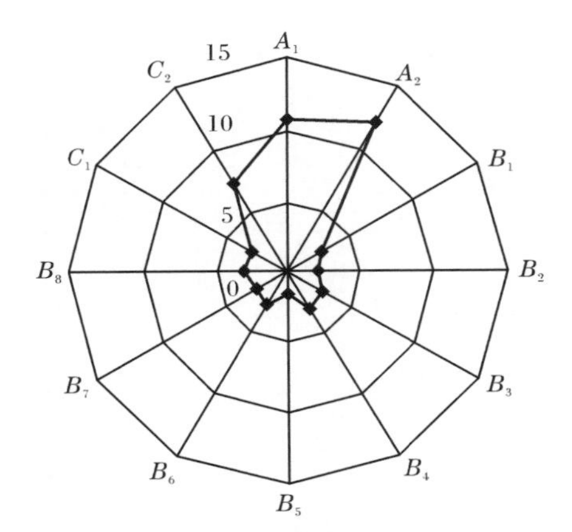

(c) 二级指数对 D 的贡献度

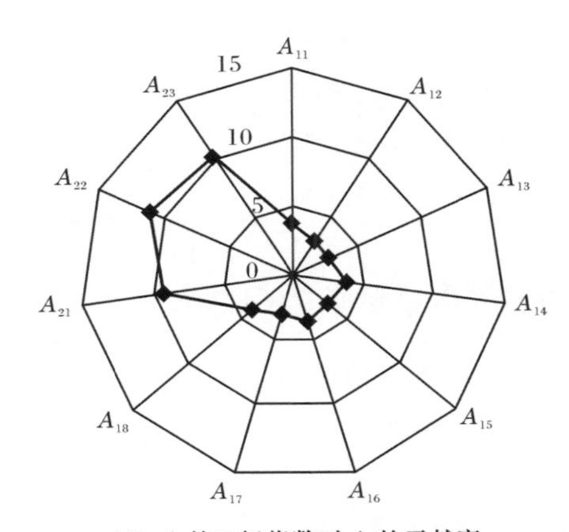

(d) A 的三级指数对 A 的贡献度

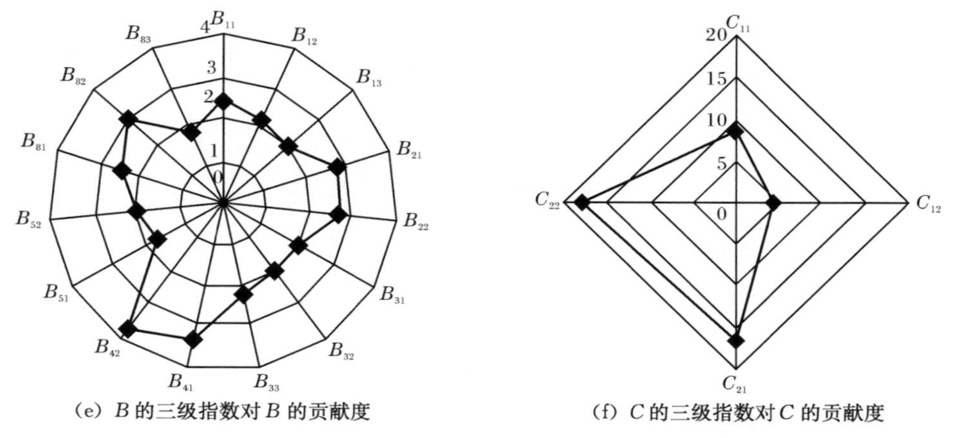

(e) B 的三级指数对 B 的贡献度　　(f) C 的三级指数对 C 的贡献度

图 9-1　麒蒙主体功能区指数示意图

第二节　麒蒙主体功能区的区域差异

麒蒙主体功能区(Ⅲ)划分为 4 个主体功能亚区:红元主体功能亚区(Ⅲ$_a$)、马建主体功能亚区(Ⅲ$_b$)、个弥主体功能亚区(Ⅲ$_c$)和麒富主体功能亚区(Ⅲ$_d$),其区域差异如表 9-2、图 9-2 所示。

表 9-2　麒蒙主体功能区各亚区指数值

主体功能亚区	A	B	C	D
红元主体功能亚区(Ⅲ$_a$)	49.097	44.753	46.078	46.755
马建主体功能亚区(Ⅲ$_b$)	49.676	48.845	48.728	49.154
个弥主体功能亚区(Ⅲ$_c$)	51.927	53.600	49.588	52.128
麒富主体功能亚区(Ⅲ$_d$)	54.586	51.993	51.421	52.916

一、红元主体功能亚区(Ⅲ$_a$)

本亚区包括的县(市、区)有元阳县、红河县、元江县,面积 0.70 万 km^2。2015 年红元主体功能亚区的年末人口总数为 94.35 万人,总量 GDP 为 135.35 亿元,占云南省总量 GDP 的 0.99%,2006～2010 年总量 GDP 的年平均增幅为 52.32%,2010～2015 年的年平均增幅为 77.66%;人均 GDP 为 14346 元,地均 GDP 为 194.491 万元/km^2。第一产业产值为 40.74 亿元,占云南省第一产业产值的 30.10%;第二产业产值为 32.43 亿元,占云南省第二产业产值的 0.60%;第三产业产值为 62.18 亿元,占云南省第三产业产值的 1.01%。该亚区的功能区发展能力指数(D)为46.755,在这 4 个亚区中最低。其中,资源环境承载能力指数(A)为

49.097；现有开发强度指数（B）为 44.753；发展潜力指数（C）为 46.078。

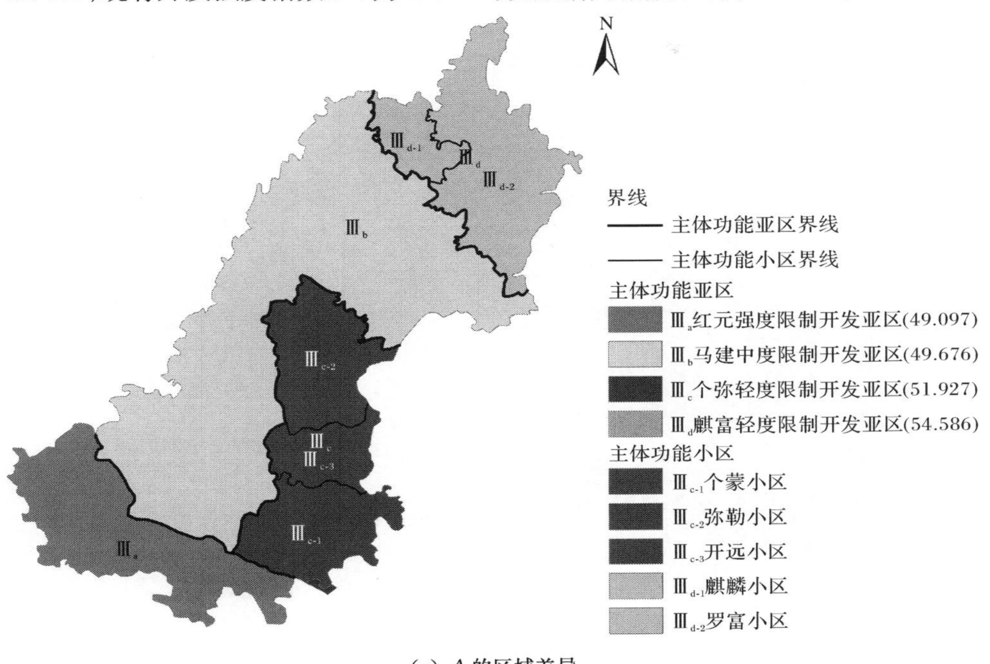

(a) A 的区域差异

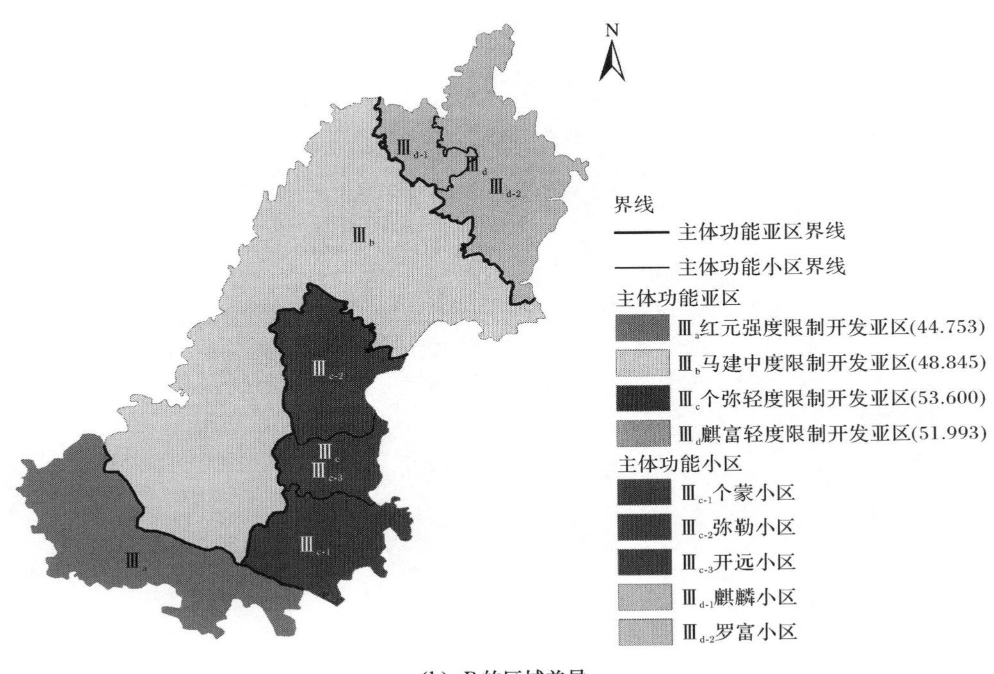

(b) B 的区域差异

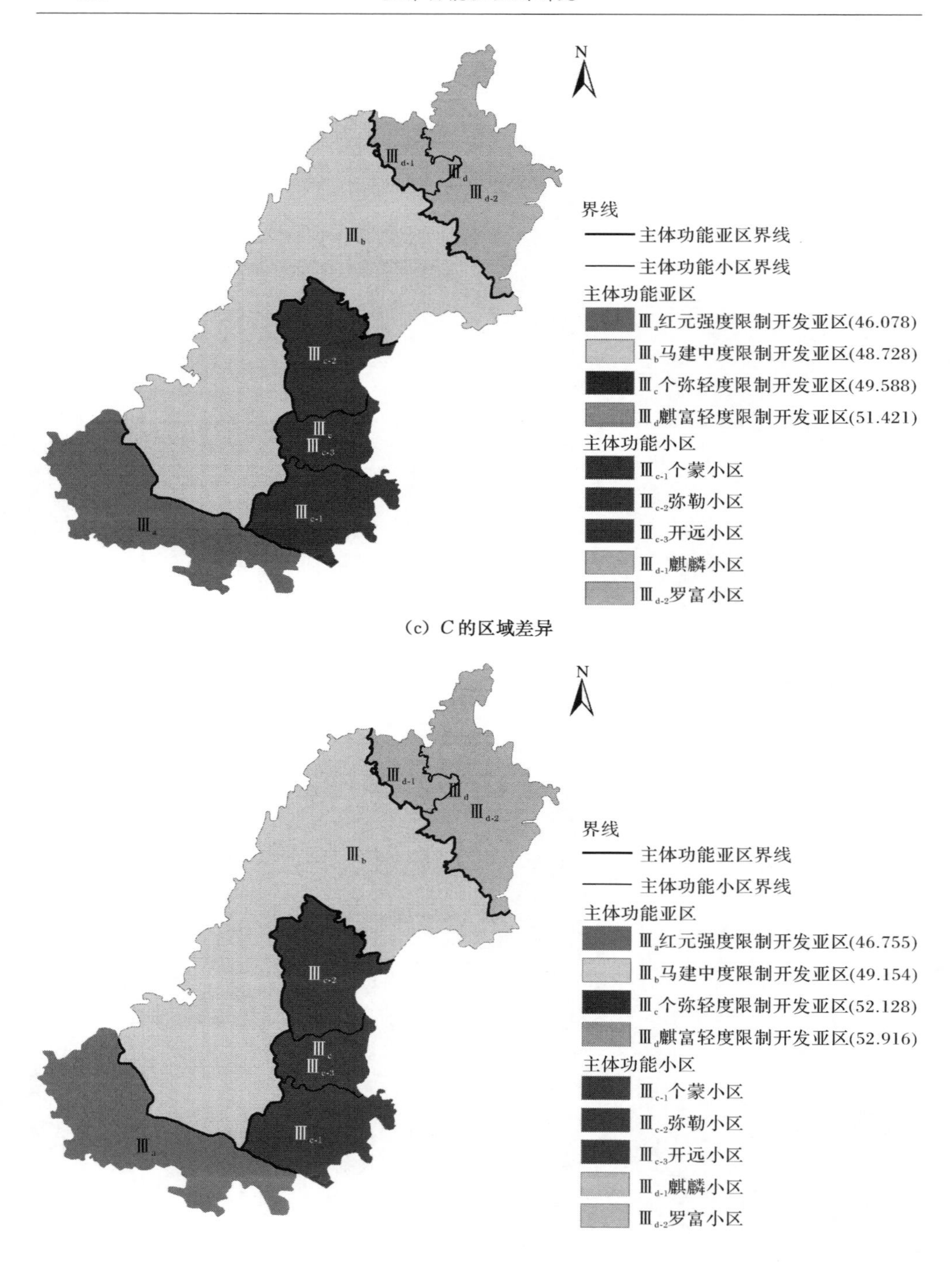

(c) C 的区域差异

(d) D 的区域差异

图 9-2　麒蒙主体功能区的区域差异

二、马建主体功能亚区（$Ⅲ_b$）

本亚区包括的县(市、区)有师宗县、马龙区、陆良县、宜良县、石林县、江川区、澄江县、通海县、华宁县、建水县、石屏县、泸西县，面积 2.21 万 km^2。2015 年，马建主体功能亚区的年末人口总数为 419.29 万人，总量 GDP 为 1067.89 亿元，占云南省总量 GDP 的 7.84%，2006～2010 年总量 GDP 的年平均增幅为 57.92%，2010～2015 年的年平均增幅为 71.52%；人均 GDP 为 25469 元，地均 GDP 为 482.88 万元/km^2。第一产业产值为 282.72 亿元，占云南省第一产业产值的 13.75%；第二产业产值为 343.76 亿元，占云南省第二产业产值的6.35%；第三产业产值为441.41 亿元，占云南省第三产业产值的 7.18%。该亚区的功能区发展能力指数(D)为 49.154，在这 4 个亚区中居第三位。其中，资源环境承载能力指数(A)为49.676；现有开发强度指数(B)为 48.845；发展潜力指数(C)为 48.728。

三、个弥主体功能亚区（$Ⅲ_c$）

本亚区包括的县(市、区)有个旧市、蒙自市、弥勒市、开远市，面积 0.75 万 km^2。2015 年，个弥主体功能亚区的年末人口总数为 179.2 万人，总量 GDP 为 768.95 亿元，占云南省总量 GDP 的 5.65%，2006～2010 年总量 GDP 的年平均增幅为 52.49%，2010～2015 年的年平均增幅为 60.44%；人均 GDP 为 42910 元，地均 GDP 为 1023.394 万元/km^2。第一产业产值为 78.67 亿元，占云南省第一产业产值的3.83%；第二产业产值为 406.46 亿元，占云南省第二产业产值的 7.50%；第三产业产值为 283.82 亿元，占云南省第三产业产值的 4.62%。个弥主体功能亚区划分为 3 个主体功能小区：个蒙主体功能小区（$Ⅲ_{c\text{-}1}$）、弥勒主体功能小区（$Ⅲ_{c\text{-}2}$）和开远主体功能小区（$Ⅲ_{c\text{-}3}$）。该亚区的功能区发展能力指数(D)为52.128，在这四个亚区中居第二位。其中，资源环境承载能力指数(A)为 51.927；现有开发强度指数(B)为 53.600；发展潜力指数(C)为 49.588。

四、麒富主体功能亚区（$Ⅲ_d$）

本亚区包括的县(市、区)有麒麟区、罗平县、富源县，面积 0.78 万 km^2。2015 年，麒麟主体功能亚区的年末人口总数为 207.5 万人，总量 GDP 为 792.02 亿元，占云南省总量 GDP 的 5.82%，2006～2010 年总量 GDP 的年平均增幅为 63.56%，2010～2015 年的年平均增幅为 60.50%；人均 GDP 为 38170 元，地均 GDP 为 1014.136 万元/km^2。第一产业产值为 94.35 亿元，占云南省第一产业产值的4.59%；第二产业产值为 347.13 亿元，占云南省第二产业产值的 6.41%；第三产业产值为 350.54 亿元，占云南省第三产业产值的 5.70%。麒富主体功能亚区划分为 2 个主体功能小区：麒麟主体功能小区（$\mathrm{III}_{d\text{-}1}$）和罗富主体功能小区（$\mathrm{III}_{d\text{-}2}$）。该亚区的功能区发展能力指数($D$)为 52.916，在这 4 个亚区中最高。其中，资源环境承载能力指数(A)为 54.586；现有开发强度指数(B)为 51.993；发展潜力指数(C)为 51.421。

第十章　宣富主体功能区基本特征

第一节　宣富主体功能区的概况

一、区域的位置与范围

“开发现状较好、发展潜力较差”的宣富主体功能区，位于云南省东部，包括东川区、会泽县、富民县、嵩明县、寻甸县、沾益区、宣威市。本区位于东经102°21′～104°41′、北纬25°05′～27°04′，属于曲靖岩溶高原区，昭通、宣威山地高原区，昆明、玉溪湖盆高原区。国土面积为2.26万km^2，占云南省国土面积的5.90%。其中，坝区土地面积为0.41万km^2；半山半坝区土地面积为0.97万km^2；山区土地面积为0.74万km^2；坡度≤8°的土地面积为0.41万km^2，坡度≤15°的土地面积为0.99万km^2，坡度≤25°的土地面积为1.58万km^2，坡度≤35°的土地面积为1.91万km^2，坡度>35°的土地面积为0.21万km^2。2015年本区总量GDP为862.61亿元，占云南省总量GDP的6.33%，2006～2010年总量GDP的年平均增幅为63.20%，2010～2015年的年平均增幅为68.52%；人均GDP为21842元，地均GDP为406.982万元/km^2。第一产业产值为176.41亿元，占云南省第一产业产值的8.58%；第二产业产值为354.01亿元，占云南省第二产业产值的6.54%；第三产业产值为337.59亿元，占云南省第三产业产值的5.49%。2015年宣富主体功能区的年末人口总数为394.94万人，人口密度为186人/km^2。本区城镇化“现有”国土面积为134.03km^2，城镇化“最大”国土面积为1580.76km^2，城镇化“有效”国土面积为120.65km^2。

从义务教育情况来看，在教育机会指标层面上，宣富主体功能区的小学毛入学率为102.32%，比云南省的小学毛入学率低4.56%；初中毛入学率为103.61%，比云南省的初中毛入学率高0.49%。本区小学净入学率为98.49%，比云南省小学净入学率高0.20%；初中净入学率为95.23%，比云南省初中净入学率高7.63%。在教育质量指标层面上，宣富主体功能区的小学巩固率为99.42%，比云南省小学巩固率高0.10%；初中巩固率为97.68%，比云南省初中巩固率低0.41%。本区小学辍学率为0.57%，比云南省小学辍学率低0.19%；初中辍学率为2.11%，比云南省初中辍学率高0.14%。本区小学升学率为99.97%，比云南省小学升学率高4.53%；初中升学率为75.76%，比云南省初中升学率高3.02%。

在办学条件指标层面上，宣富主体功能区的学校藏书为 3310761 册，占云南省学校藏书的 7.69%；学校占地面积为 7610209m^2，占云南省学校占地面积的8.30%；校舍建筑面积为 2501567m^2，占云南省校舍建筑面积的 9.78%；危房面积为 1688731m^2，占云南省危房面积的 9.02%。在教育师资指标层面上，宣富主体功能区的小学任课教师数为 20198 人，占云南省小学任课教师数的 8.64%；初中任课教师数为 10622 人，占云南省初中任课教师数的 9.20%。小学学历达标率为 98.51%，比云南省小学学历达标率高 0.44%；初中学历达标率为 98.79%，比云南省初中学历达标率高 0.54%。在教育多样性指标层面上，宣富主体功能区的民族学校数为 2，占云南省民族学校数的 2.02%；特殊教育学校数为 1，占云南省特殊教育学校数的 4.00%。从民族构成情况来看，宣富主体功能区少数民族人口总数为 311685 人，占云南省年末人口总数的 0.66%；主要少数民族人口数为 298810 人，占云南省年末人口总数的 0.63%。

二、区域的总体特征

（一）功能区发展能力指数及其结构

宣富主体功能区的区域特征及其构成如表 10-1、图 10-1(a)、图 10-1(b)所示，宣富主体功能区的功能区发展能力指数(D)为 49.086，在 8 个一级主体功能区中居第四位，表明其区域发展能力一般。在 3 个一级指数中，资源环境承载能力指数(A)为 49.640，在 8 个一级主体功能区中居第四位；现有开发强度指数(B)为 49.919，在 8 个一级主体功能区中居第二位；发展潜力指数(C)为 46.314，在 8 个一级主体功能区中居第八位。这表明该区目前的发展水平和基础在云南省的 8 个一级主体功能区中处于中间水平，区域发展能力有待提高。

二级指数对功能区发展能力指数(D)的贡献度如图 10-1(c)所示。资源承载能力指数(A_1)、环境承载能力指数(A_2)、战略区位指数(C_2)对功能区发展能力指数(D)的贡献度较高，而产业结构演进指数(B_7)、交通指数(B_8)对功能区发展能力指数(D)的贡献度较低。

（二）资源环境承载能力指数及其结构

在资源环境承载能力指数(A)的 2 个二级指数中，资源承载能力指数(A_1)为 49.230，环境承载能力指数(A_2)为 50.050。A_1 的值稍低于 A_2 的值，表明本区资源承载能力与环境承载能力水平相当。在资源承载能力指数(A_1)的下一级指数中，耕地资源承载能力指数(A_{11})和空间资源承载能力指数(A_{18})较高，而森林资源承载能力指数(A_{12})和淡水资源承载能力指数(A_{13})较低。在环境承载能力指数(A_2)的下一级指数中，地均环境承载能力指数(A_{23})较高，而总体环境承载能力指数(A_{21})较低。

在资源环境承载能力指数(A)中,各三级指数对其贡献度如图 10-1(d)所示。地均环境承载能力指数(A_{23})、人均环境承载能力指数(A_{22})、总体环境承载能力指数(A_{21})对资源环境承载能力指数(A)的贡献度较大,淡水资源承载能力指数(A_{13})、森林资源承载能力指数(A_{12})对资源环境承载能力指数(A)的贡献度较小。

表 10-1 宣富主体功能区指数值

<table>
<tr><th colspan="2">总指数</th><th colspan="2">一级指数</th><th colspan="2">二级指数</th><th colspan="2">三级/四级指数</th><th>宣富主体功能区总体情况</th></tr>
<tr><td rowspan="28">D</td><td rowspan="28">49.086</td><td rowspan="11">A</td><td rowspan="11">49.640</td><td rowspan="8">A_1</td><td rowspan="8">49.230</td><td>A_{11}</td><td>59.400</td><td rowspan="28">≤8°面积:0.41 万 km^2
≤15°面积:0.99 万 km^2
≤25°面积:1.58 万 km^2
≤35°面积:1.91 万 km^2
>35°面积:0.21 万 km^2
国土面积:2.26 万 km^2
总量 GDP:862.61 亿元
地均 GDP:406.982 万元/km^2
人均 GDP:21842 元
人口总数:394.94 万人
人口密度:186 人/km^2
第一产业产值为 176.41 亿元,占云南省第一产业产值的 8.58%
第二产业产值为 354.01 亿元,占云南省第二产业产值的 6.54%
第三产业产值为 337.59 亿元,占云南省第三产业产值的 5.49%
城镇化“现有”国土面积:134.03km^2
城镇化“最大”国土面积:1580.76km^2
城镇化“有效”国土面积:120.65km^2</td></tr>
<tr><td>A_{12}</td><td>41.720</td></tr>
<tr><td>A_{13}</td><td>43.370</td></tr>
<tr><td>A_{14}</td><td>45.930</td></tr>
<tr><td>A_{15}</td><td>56.250</td></tr>
<tr><td>A_{16}</td><td>45.780</td></tr>
<tr><td>A_{17}</td><td>43.670</td></tr>
<tr><td>A_{18}</td><td>57.720</td></tr>
<tr><td rowspan="3">A_2</td><td rowspan="3">50.050</td><td>A_{21}</td><td>44.100</td></tr>
<tr><td>A_{22}</td><td>48.420</td></tr>
<tr><td>A_{23}</td><td>57.630</td></tr>
<tr><td rowspan="17">B</td><td rowspan="17">49.919</td><td rowspan="3">B_1</td><td rowspan="3">45.670</td><td>B_{11}</td><td>43.650</td></tr>
<tr><td>B_{12}</td><td>46.490</td></tr>
<tr><td>B_{13}</td><td>46.880</td></tr>
<tr><td rowspan="2">B_2</td><td rowspan="2">58.900</td><td>B_{21}</td><td>63.800</td></tr>
<tr><td>B_{22}</td><td>53.990</td></tr>
<tr><td rowspan="3">B_3</td><td rowspan="3">47.390</td><td>B_{31}</td><td>45.220</td></tr>
<tr><td>B_{32}</td><td>46.970</td></tr>
<tr><td>B_{33}</td><td>49.970</td></tr>
<tr><td rowspan="2">B_4</td><td rowspan="2">55.820</td><td>B_{41}</td><td>49.970</td></tr>
<tr><td>B_{42}</td><td>61.660</td></tr>
<tr><td rowspan="2">B_5</td><td rowspan="2">47.860</td><td>B_{51}</td><td>48.740</td></tr>
<tr><td>B_{52}</td><td>46.970</td></tr>
<tr><td>B_6</td><td colspan="3">53.770</td></tr>
<tr><td>B_7</td><td colspan="3">46.500</td></tr>
<tr><td rowspan="3">B_8</td><td rowspan="3">43.460</td><td>B_{81}</td><td>42.620</td></tr>
<tr><td>B_{82}</td><td>48.280</td></tr>
<tr><td>B_{83}</td><td>41.140</td></tr>
</table>

续表

<table>
<tr><th colspan="2">总指数</th><th colspan="2">一级指数</th><th colspan="3">二级指数</th><th colspan="3">三级/四级指数</th><th>宣富主体功能区总体情况</th></tr>
<tr><td rowspan="8">D</td><td rowspan="8">49.086</td><td rowspan="8">C</td><td rowspan="8">46.314</td><td rowspan="4">C_1</td><td rowspan="4">43.810</td><td>C_{11}</td><td colspan="3">33.400</td><td rowspan="8"></td></tr>
<tr><td rowspan="3">C_{12}</td><td rowspan="3">54.220</td><td>C_{121}</td><td>54.610</td></tr>
<tr><td>C_{122}</td><td>53.830</td></tr>
<tr><td>C_{123}</td><td>54.220</td></tr>
<tr><td rowspan="4">C_2</td><td rowspan="4">47.570</td><td rowspan="2">C_{21}</td><td rowspan="2">47.280</td><td>C_{211}</td><td>49.620</td></tr>
<tr><td>C_{212}</td><td>44.950</td></tr>
<tr><td rowspan="2">C_{22}</td><td rowspan="2">47.850</td><td>C_{221}</td><td>51.660</td></tr>
<tr><td>C_{222}</td><td>44.040</td></tr>
</table>

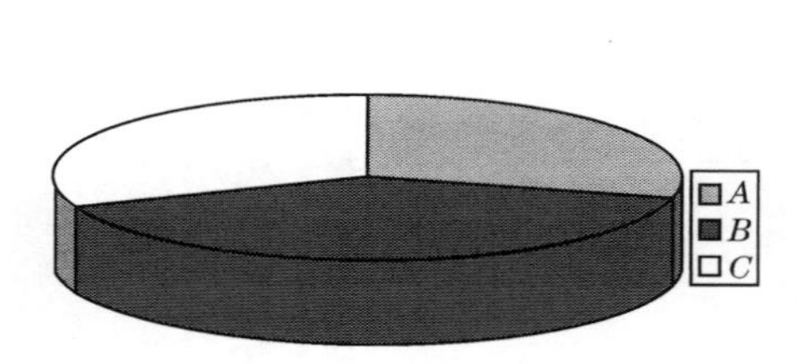

(a) D 的构成

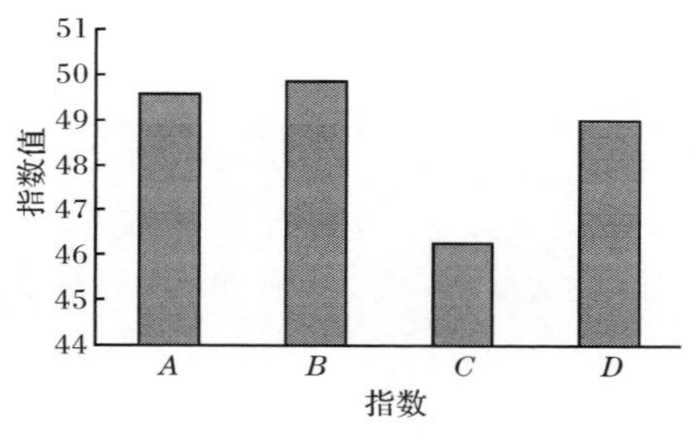

(b) 主体功能区各指数的指数值

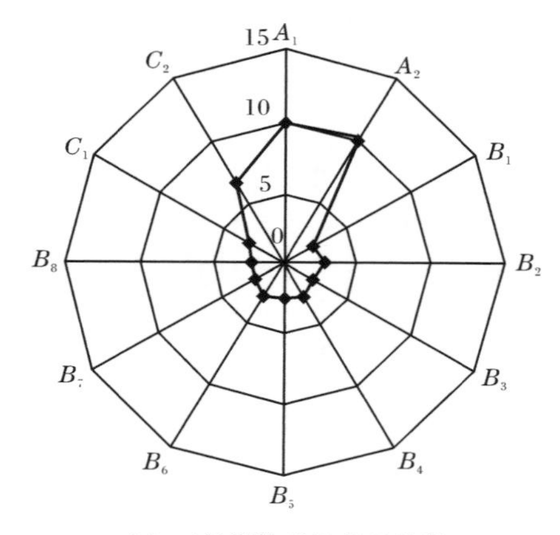

(c) 二级指数对 D 的贡献度

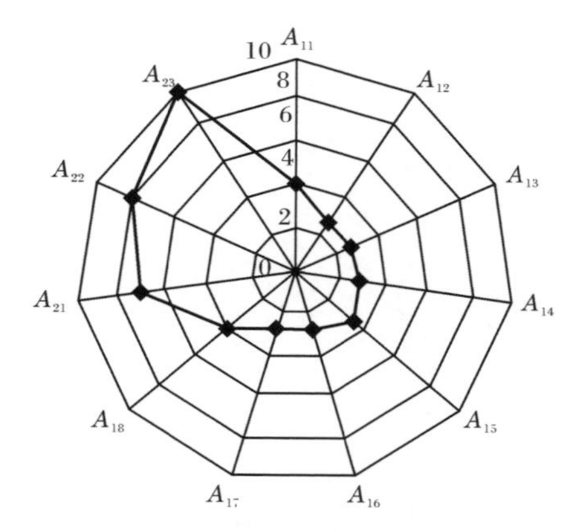

(d) A 的三级指数对 A 的贡献度

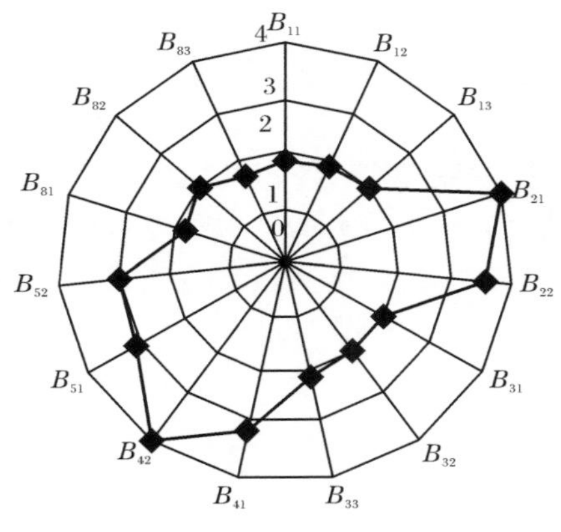

(e) B 的三级指数对 B 的贡献度

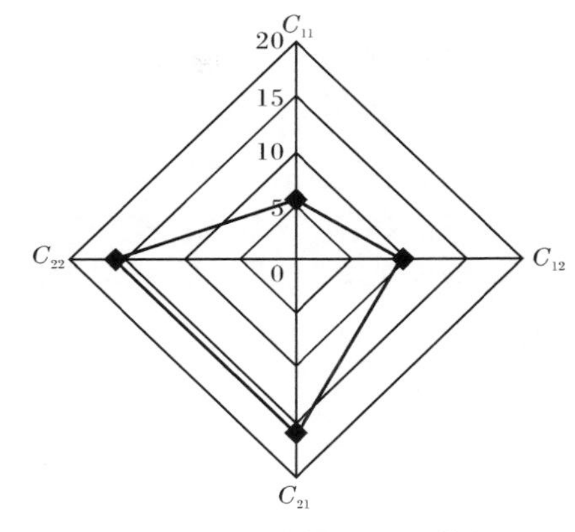

(f) C 的三级指数对 C 的贡献度

图 10-1　宣富主体功能区指数示意图

（三）现有开发强度指数及其结构

在现有开发强度指数(B)的 8 个二级指数中，经济水平指数(B_1)为 45.670，经济变化指数(B_2)为 58.900，城镇化指数(B_3)为 47.390，工业化指数(B_4)为 55.820，产值能耗指数(B_5)为 47.860，人类发展指数(B_6)为 53.770，产业结构演进指数(B_7)为 46.500，交通指数(B_8)为 43.460。B_2 的值远高于 B_8 的值，表明本区经济变化能力较强，存在的主要问题是交通条件不好。在经济水平指数(B_1)的三级指数中，3 个指数值相差不大。在经济变化指数(B_2)的三级指数中，2 个指数值相差较大，差值为 9.81。在城镇化指数(B_3)的三级指数中，3 个指数值相差不大。在工业化指数(B_4)的三级指数中，2 个指数值相差较大，差值为 11.69。在产业能耗指数(B_5)的三级指数中，2 个指数值相差不大。在交通指数(B_8)的三级指数中，铁路指数(B_{82})稍高于公路指数(B_{81})和民航指数(B_{83})。

在现有开发强度指数(B)中，各三级指数对其贡献度如图 10-1(e)所示。总量 GDP 变化指数(B_{21})、工业产值指数(B_{42})、工业 GDP 变化指数(B_{22})对现有开发强度指数(B)的贡献度较大，公路指数(B_{81})、民航指数(B_{83})、总量 GDP 指数(B_{11})的贡献度较小。

（四）发展潜力指数及其结构

在发展潜力指数(C)的 2 个二级指数中，人地协调指数(C_1)为 43.810，战略区位指数(C_2)为 47.570。C_1 的值略低于 C_2 的值，表明本区人地协调能力略低于人资协调能力。在人地协调指数(C_1)的三级指数中，人环协调指数(C_{12})较高，其四级指数中，总量生态盈亏变化指数(C_{121})、人均生态盈亏变化指数(C_{122})、地均生态盈亏变化指数(C_{123})三者数值相差不大。在战略区位指数(C_2)的三级指数中,战略区位数值指数(C_{21})和战略区位赋值指数(C_{22})的值相差不大,其四级指数中,社会经济战略区位赋值指数(C_{221})的值最大。

在发展潜力指数(C)中,各三级指数对其贡献度如图 10-1(f)所示。战略区位数值指数(C_{21})、战略区位赋值指数(C_{22})对发展潜力指数(C)的贡献度相对较大,人资协调指数(C_{11})、人环协调指数(C_{12})对发展潜力指数(C)的贡献度相对较小。

第二节 宣富主体功能区的区域差异

宣富主体功能区(Ⅳ)划分为 2 个主体功能亚区:东会主体功能亚区($Ⅳ_a$)和宣嵩主体功能亚区($Ⅳ_b$),其区域差异如表 10-2、图 10-2 所示。

表 10-2 宣富主体功能区各亚区指数值

主体功能亚区	A	B	C	D
东会主体功能亚区($Ⅳ_a$)	53.035	52.211	50.799	52.258
宣嵩主体功能亚区($Ⅳ_b$)	52.508	50.165	48.229	50.715

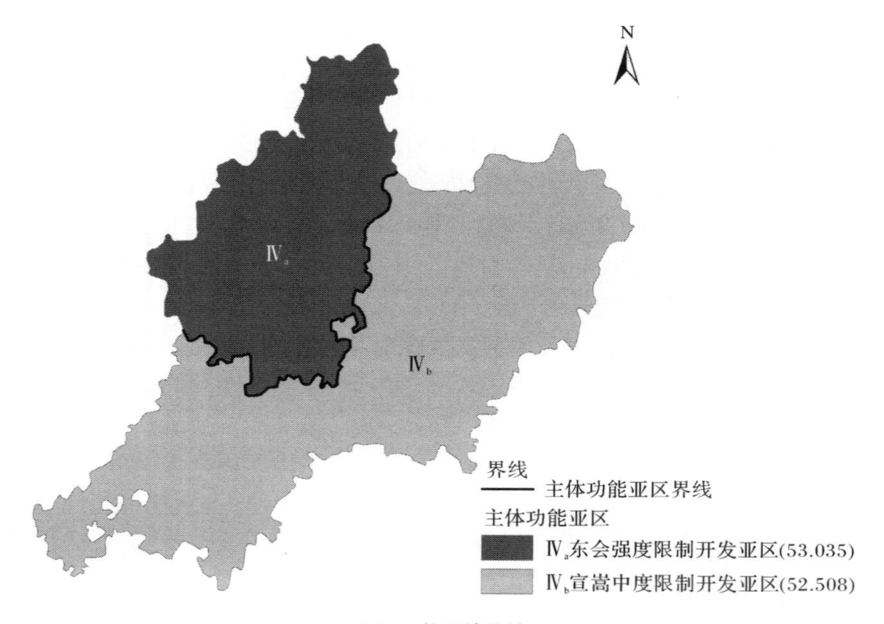

(a) A 的区域差异

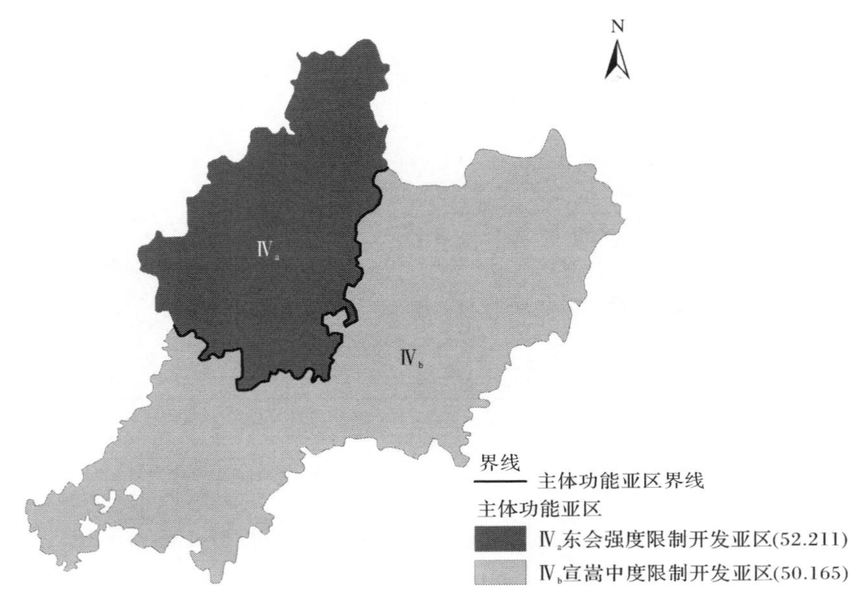

(b) B 的区域差异

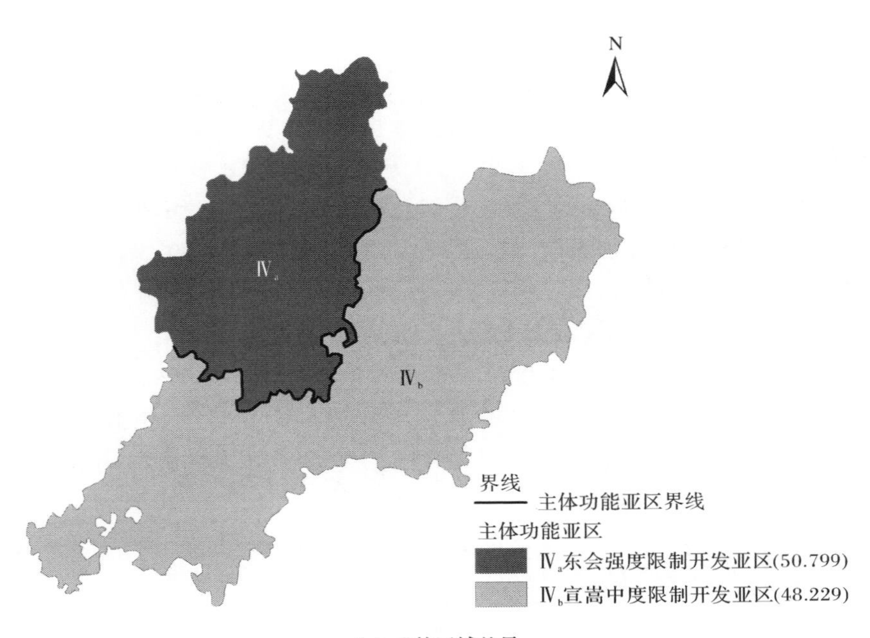

(c) C 的区域差异

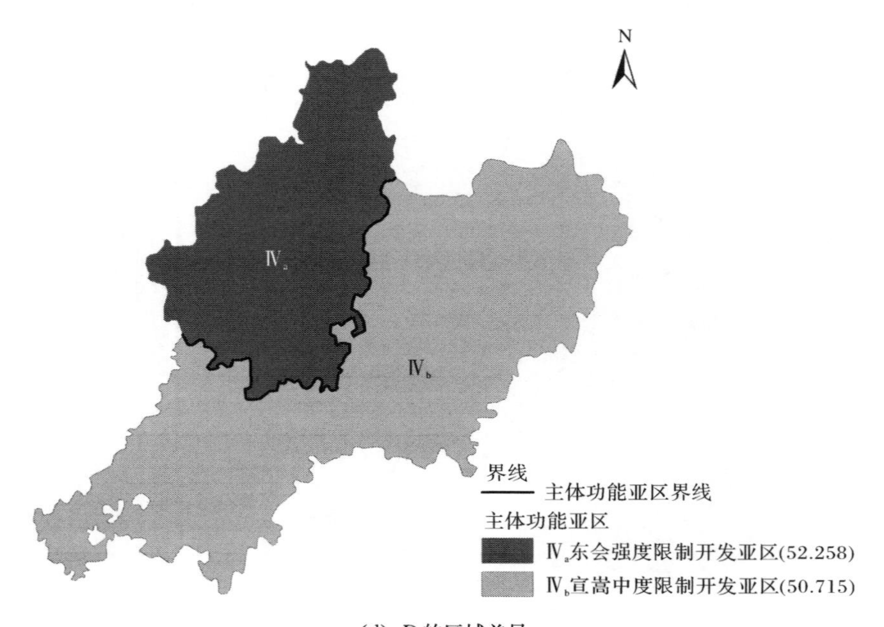

(d) *D* 的区域差异

图 10-2 宣富主体功能区的区域差异

一、东会主体功能亚区(Ⅳa)

本亚区包括的县(市、区)有东川区、会泽县,面积为 0.64 万 km²。2015 年东会主体功能亚区的年末人口总数为 121.58 万人,总量 GDP 为 240.48 亿元,占云南省总量 GDP 的 1.77%,2006~2010 年总量 GDP 的年平均增幅为 58.34%,2010~2015 年的年平均增幅为 69.98%;人均 GDP 为 19780 元,地均 GDP 为 375.993 万元/km²。第一产业产值为 42.56 亿元,占云南省第一产业产值的 2.07%;第二产业产值为 116.37 亿元,占云南省第二产业产值的 2.15%;第三产业产值为 81.55 亿元,占云南省第三产业产值的 1.33%。该亚区的功能区发展能力指数(*D*)为 52.258,在这 2 个亚区中相对较高。其中,资源环境承载能力指数(*A*)为 53.035,现有开发强度指数(*B*)为 52.211,发展潜力指数(*C*)为 50.799。

二、宣嵩主体功能亚区(Ⅳb)

本亚区包括的县(市、区)有富民县、嵩明县、寻甸县、沾益区、宣威市,面积为 1.48 万 km²。2015 年宣嵩主体功能亚区的年末人口总数为 273.36 万人,GDP 为 622.13 亿元,占云南省总量 GDP 的 4.57%,2006~2010 年总量 GDP 的年平均增幅为65.41%，2010～2015年的年平均增幅为67.89%；人均GDP为22759元，地均GDP为420.374万元/km^2。第一产业产值为133.85亿元，占云南省第一产业产值的6.51%；第二产业产值为237.64亿元，占云南省第二产业产值的4.39%；第三产业产值为256.04亿元，占云南省第三产业产值的4.17%。该亚区的功能区发展能力指数(D)为50.715，在这2个亚区中较低。其中，资源环境承载能力指数(A)为52.508，现有开发强度指数(B)为50.165，发展潜力指数(C)为48.229。

第十一章　勐广主体功能区基本特征

第一节　勐广主体功能区的概况

一、区域的位置与范围

“发展潜力较好、开发现状较差”的勐广主体功能区，位于云南省南部，包括景洪市、勐海县、勐腊县、江城县、屏边县、金平县、绿春县、河口县、文山市、砚山县、西畴县、麻栗坡县、马关县、丘北县、广南县、富宁县。本区位于东经99°56′～106°12′、北纬21°08′～24°28′，属于西双版纳低中山盆谷区；河口中山低谷区；蒙自、元江高原盆地峡谷区；丘北，广南岩溶山原区；文山岩溶山原区；临沧中山山原区。国土面积为6.38万km^2，占云南省国土面积的16.66%，其中，坝区土地面积为1.08万km^2；半山半坝区土地面积为2.02万km^2；山区土地面积为3.48万km^2；坡度≤8°的土地面积为0.44万km^2，坡度≤15°的土地面积为0.99万km^2，坡度≤25°的土地面积为3.54万km^2，坡度≤35°的土地面积为5.71万km^2，坡度>35°的土地面积为0.87万km^2。2015年本区总量GDP为1160.3亿元，占云南省总量GDP的8.52%，2006～2010年总量GDP的年平均增幅为63.57%，2010～2015年的年平均增幅为82.08%；人均GDP为20132元，地均GDP为176.468万元/km^2。第一产业产值为273.06亿元，占云南省第一产业产值的13.28%；第二产业产值为390.48亿元，占云南省第二产业产值的7.21%；第三产业产值为496.76亿元，占云南省第三产业产值的8.08%。2015年勐广主体功能区的年末人口总数为576.34万人，人口密度为88人/km^2。本区城镇化“现有”国土面积为182.33km^2，城镇化“最大”国土面积为1693.66km^2，城镇化“有效”国土面积为129.268km^2。

从义务教育情况来看，在教育机会指标层面上，勐广主体功能区的小学毛入学率为106.93%，比云南省的小学毛入学率高0.05%；初中毛入学率为101.93%，比云南省的初中毛入学率低1.19%。本区小学净入学率为96.07%，比云南省小学净入学率低2.22%；初中净入学率为84.14%，比云南省初中净入学率低3.46%。在教育质量指标层面上，勐广主体功能区的小学巩固率为99.33%，比云南省小学巩固率高0.01%；初中巩固率为97.61%，比云南省初中巩固率低0.48%。本区小学辍学率为0.94%，比云南省小学辍学率高0.18%；初中辍学率为 2.64%，比云南省初中辍学率高 0.67%。本区小学升学率为 96.22%，比云南省小学升学率高 0.78%；初中升学率为 53.50%，比云南省初中升学率低19.24%。在办学条件指标层面上，勐广主体功能区的学校藏书为 5283789 册，占云南省学校藏书的 12.27%；学校占地面积为 13263419m^2，占云南省学校占地面积的 14.47%；校舍建筑面积为 2874152m^2，占云南省校舍建筑面积的 11.24%；危房面积为 2156799m^2，占云南省危房面积的 11.52%。在教育师资指标层面上，勐广主体功能区的小学任课教师数为 32151 人，占云南省小学任课教师数的 13.75%；初中任课教师数为 14866 人，占云南省初中任课教师数的 12.87%。小学学历达标率为 97.90%，比云南省小学学历达标率低 0.17%；初中学历达标率为96.78%，比云南省初中学历达标率低 1.47%。在教育多样性指标层面上，勐广主体功能区的民族学校数为 15 个，占云南省民族学校数的 15.15%；特殊教育学校数为 1 个，占云南省特殊教育学校数的 4.00%。从民族构成情况来看，勐广主体功能区少数民族人口总数为 3583060 人，占云南省年末人口总数的 7.56%；主要少数民族人口数为 3649428 人，占云南省年末人口总数的 7.70%。

二、区域的总体特征

（一）功能区发展能力指数及其结构

勐广主体功能区的区域特征及其构成如表 11-1、图 11-1(a)、图 11-1(b)所示。勐广主体功能区的功能区发展能力指数(D)为 48.835，在 8 个一级主体功能区中居第五位，表明其区域发展能力一般。在 3 个一级指数中，资源环境承载能力指数(A)为 48.645，在 8 个一级主体功能区中居第五位；现有开发强度指数(B)为 46.548，在 8 个一级主体功能区中居第七位；发展潜力指数(C)为 53.787，在 8 个一级主体功能区中居第二位。这表明该区目前的发展水平和基础一般，发展潜力不大，属于限制开发区。

二级指数对功能区发展能力指数(D)的贡献度如图 11-1(c)所示。资源承载能力指数(A_1)、环境承载能力指数(A_2)、战略区位指数(C_2)对功能区发展能力指数(D)的贡献度较高，而工业化指数(B_4)、人类发展指数(B_6)对功能区发展能力指数(D)的贡献度较低。

（二）资源环境承载能力指数及其结构

在资源环境承载能力指数(A)的 2 个二级指数中，资源承载能力指数(A_1)为 50.228，环境承载能力指数(A_2)为 47.063。A_1 的值高于 A_2 的值，表明本区资源承载能力较强，存在的主要问题是环境承载能力较低。在资源承载能力指数(A_1)的三级指数中，草地资源承载能力指数(A_{16})和淡水资源承载能力指数(A_{13})较高，而能源资源承载能力指数(A_{14})和空间资源承载能力指数(A_{18})较低。在环境承载能力指数(A_2)的三级指数中,总体环境承载能力指数(A_{21})较高,而人均环境承载能力指数(A_{22})较低。

表 11-1　勐广主体功能区指数值

总指数		一级指数		二级指数		三级/四级指数		勐广主体功能区总体情况
D	48.835	A	48.645	A_1	50.228	A_{11}	46.080	≤8°面积:0.44 万 km² ≤15°面积:0.99 万 km² ≤25°面积:3.54 万 km² ≤35°面积:5.71 万 km² >35°面积:0.87 万 km² 国土面积:6.38 万 km² 总量 GDP:1160.3 亿元 地均 GDP:176.468 万元/km² 人均 GDP:20132 元 人口总数:576.34 万人 人口密度:88 人/km² 第一产业产值为 273.06 亿元,占云南省第一产业产值的 13.28% 第二产业产值为 390.48 亿元,占云南省第二产业产值的 7.21% 第三产业产值为 496.76 亿元,占云南省第三产业产值的 8.08% 城镇化"现有"国土面积:182.33km² 城镇化"最大"国土面积:1693.66km² 城镇化"有效"国土面积:129.268km²
						A_{12}	53.480	
						A_{13}	59.130	
						A_{14}	44.480	
						A_{15}	47.770	
						A_{16}	60.050	
						A_{17}	46.520	
						A_{18}	44.310	
				A_2	47.063	A_{21}	53.710	
						A_{22}	42.120	
						A_{23}	45.360	
		B	46.548	B_1	45.413	B_{11}	44.810	
						B_{12}	45.480	
						B_{13}	45.950	
				B_2	51.190	B_{21}	48.160	
						B_{22}	54.220	
				B_3	44.957	B_{31}	47.420	
						B_{32}	45.720	
						B_{33}	41.730	
				B_4	40.005	B_{41}	41.730	
						B_{42}	38.280	
				B_5	55.610	B_{51}	51.380	
						B_{52}	59.840	
				B_6	42.320			
				B_7	46.420			
				B_8	46.472	B_{81}	44.400	
						B_{82}	46.450	
						B_{83}	52.710	

续表

总指数		一级指数		二级指数		三级/四级指数				勐广主体功能区总体情况
D	48.835	C	53.787	C_1	52.862	C_{11}	53.800			
						C_{12}	51.923	C_{121}	50.820	
								C_{122}	53.000	
								C_{123}	51.950	
				C_2	54.250	C_{21}	53.509	C_{211}	46.445	
								C_{212}	60.574	
						C_{22}	54.990	C_{221}	65.200	
								C_{222}	44.780	

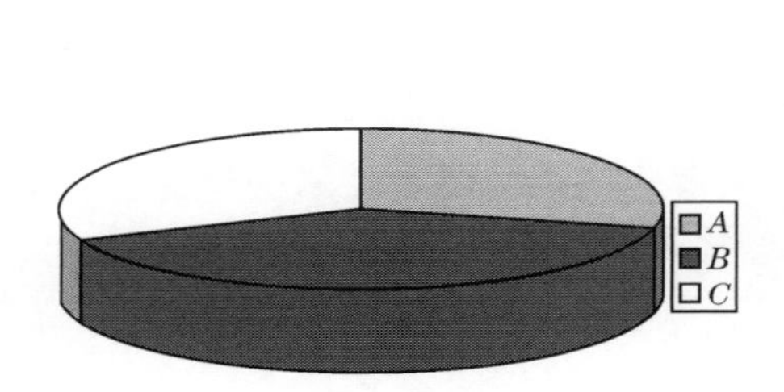

(a) D 的构成

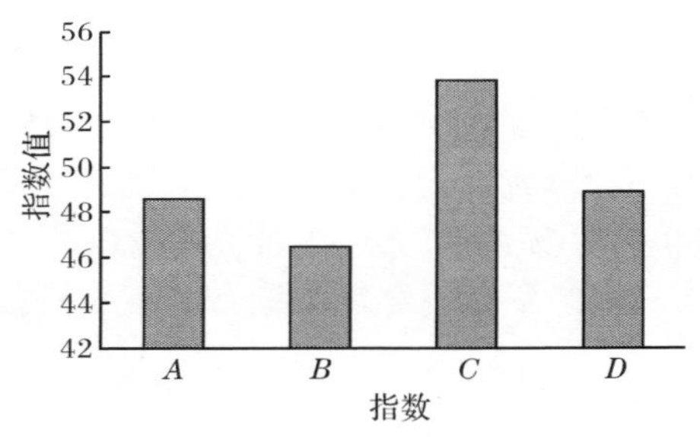

(b) 主体功能区各指数的指数值

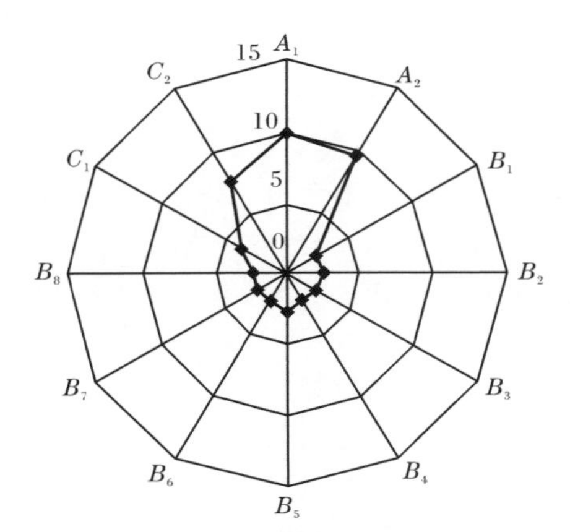

(c) 二级指数对 D 的贡献度

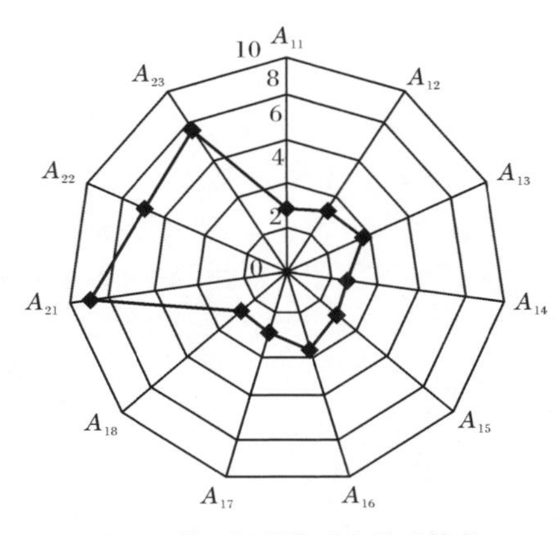

(d) A 的三级指数对 A 的贡献度

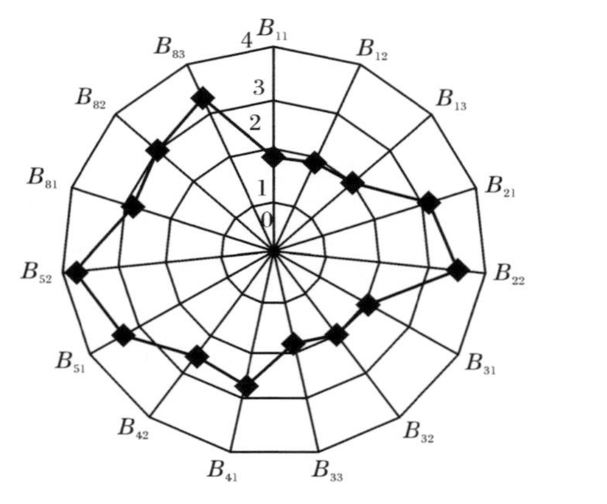

(e) B 的三级指数对 B 的贡献度

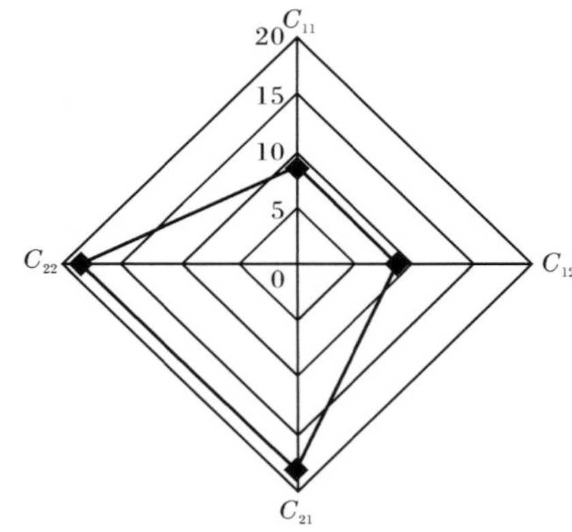

(f) C 的三级指数对 C 的贡献度

图 11-1　勐广主体功能区指数示意图

在资源环境承载能力指数(A)中,各三级指数对其贡献度如图 11-1(d)所示。地均环境承载能力指数(A_{23})、人均环境承载能力指数(A_{22})、总体环境承载能力指数(A_{21})对资源环境承载能力指数(A)的贡献度较大,能源资源承载能力指数(A_{14})、空间资源承载能力指数(A_{18})对资源环境承载能力指数(A)的贡献度较小。

(三) 现有开发强度指数及其结构

在现有开发强度指数(B)的 8 个二级指数中,经济水平指数(B_1)为 45.413,经济变化指数(B_2)为 51.190,城镇化指数(B_3)为 44.957,工业化指数(B_4)为 40.005,产值能耗指数(B_5)为 55.610,人类发展指数(B_6)为 42.320,产业结构演进指数(B_7)为 46.420,交通指数(B_8)为 46.472。B_5 的值远高于 B_4,表明本区产值能耗较高,存在的主要问题是工业化程度较低。在经济水平指数(B_1)的三级指数中,3 个指数值相差不大。在经济变化指数(B_2)的三级指数中,2 个指数值相差较大,差值为 6.060。在城镇化指数(B_3)的三级指数中,3 个指数值相差不大。在工业化指数(B_4)的三级指数中,2 个指数值相差不大,差值为 3.450。在产业能耗指数(B_5)的三级指数中,2 个指数值相差较大,差值为 8.460。在交通指数(B_8)的三级指数中,民航指数(B_{83})稍高于公路指数(B_{81})和铁路指数(B_{82})。

在现有开发强度指数(B)中,各三级指数对其的贡献度如图 10-1(e)所示。万元工业 GDP 能耗指数(B_{52})、工业 GDP 变化指数(B_{22})、民航指数(B_{83})对现有开发强度指数(B)的贡献度较大,经济城镇化指数(B_{33})、地均 GDP 指数(B_{13})、城区城镇化指数(B_{32})的贡献度较小。

(四) 发展潜力指数及其结构

在发展潜力指数(C)的 2 个二级指数中,人地协调指数(C_1)为 52.862,战略区位指数(C_2)为 54.250。C_1 的值略低于 C_2 的值，表明本区人地协调能力略低于人资协调能力。在人地协调指数(C_1)的三级指数中，人环协调指数(C_{11})较高，其四级指数中，总量生态盈亏变化指数(C_{121})、人均生态盈亏变化指数(C_{122})、地均生态盈亏变化指数(C_{123})三者数值相差不大。在战略区位指数(C_2)的三级指数中，战略区位数值指数(C_{21})和战略区位赋值指数(C_{22})的值相差不大，其四级指数中，社会经济战略区位赋值指数(C_{221})的值最大。

在发展潜力指数(C)中，各三级指数对其贡献度如图 11-1(f)所示。战略区位数值指数(C_{21})、战略区位赋值指数(C_{22})对发展潜力指数(C)的贡献度较大，人资协调指数(C_{11})、人环协调指数(C_{12})对发展潜力指数(C)的贡献度较小。

第二节　勐广主体功能区的区域差异

勐广主体功能区(Ⅴ)划分为 3 个主体功能亚区：红河主体功能亚区($Ⅴ_a$)、文山主体功能亚区($Ⅴ_b$)、版纳主体功能亚区($Ⅴ_c$)，其区域差异如表 11-2、图 11-2 所示。

表 11-2　勐广主体功能区各亚区指数值

主体功能亚区	A	B	C	D
红河主体功能亚区($Ⅴ_a$)	48.409	45.607	54.033	48.413
文山主体功能亚区($Ⅴ_b$)	51.609	47.714	50.787	49.886
版纳主体功能亚区($Ⅴ_c$)	50.554	52.868	55.319	52.432

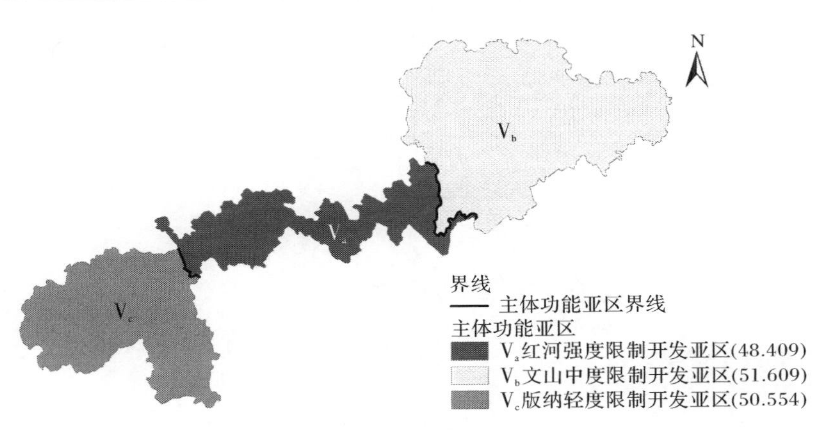

(a) A 的区域差异

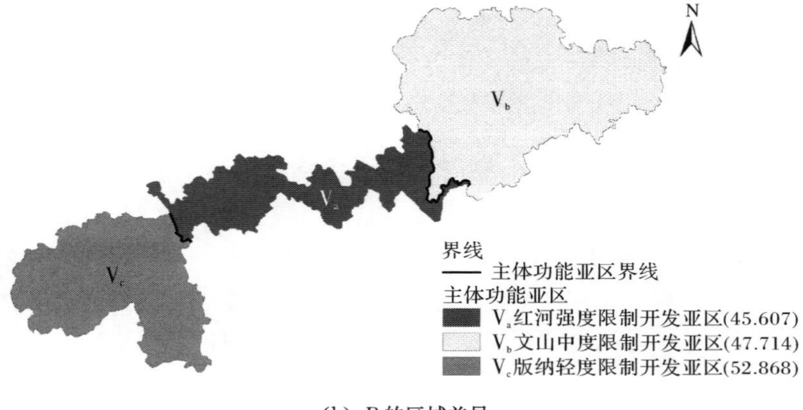

（b）B 的区域差异

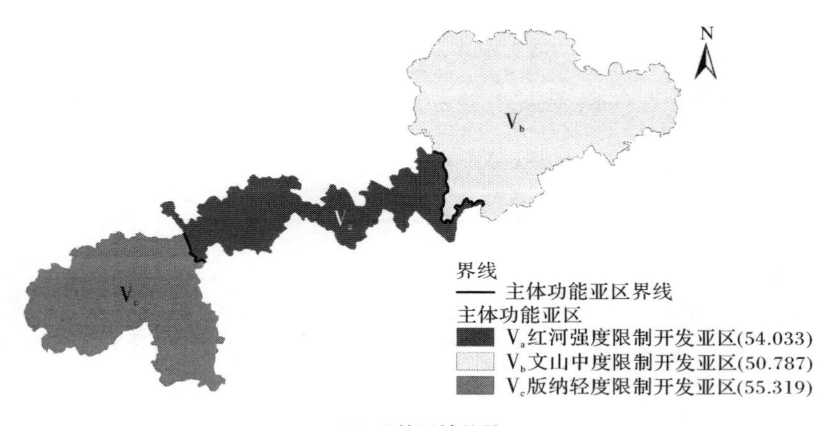

（c）C 的区域差异

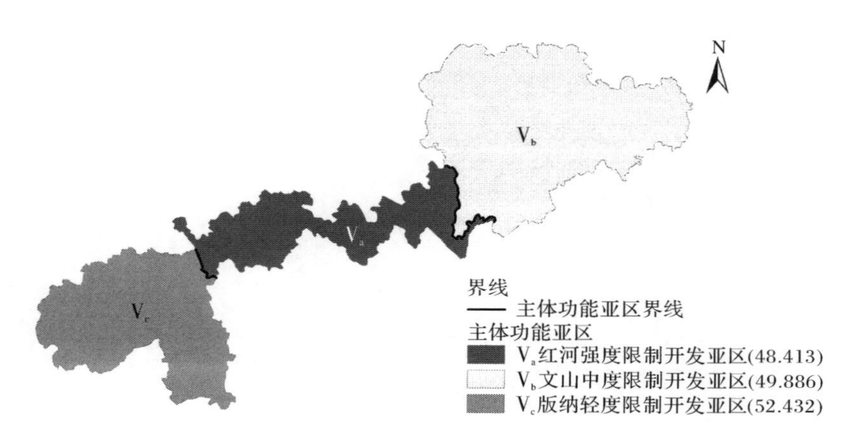

（d）D 的区域差异

图 11-2　勐广主体功能区的区域差异

一、红河主体功能亚区（V_a）

本亚区包括的县(市、区)有江城县、绿春县、金平县、屏边县、河口县，面积为1.52万km^2。2015年红河主体功能亚区的年末人口总数为99.24万人，总量GDP为155.44亿元，占云南省总量GDP的1.14%，2006～2010年总量GDP的年平均增幅为59.28%，2010～2015年的年平均增幅为77.89%；人均GDP为15663元，地均GDP为101.942万元/km^2。第一产业产值为41.07亿元，占云南省第一产业产值的2.00%；第二产业产值为55.03亿元，占云南省第二产业产值的1.02%；第三产业产值为59.34亿元，占云南省第三产业产值的0.97%。该亚区的功能区发展能力指数(D)为48.413，在这3个亚区中居第三位。其中，资源环境承载能力指数(A)为48.409，现有开发强度指数(B)为45.607，发展潜力指数(C)为54.033。

二、文山主体功能亚区（V_b）

本亚区包括的县(市、区)有文山市、砚山县、西畴县、麻栗坡县、马关县、广南县、富宁县、丘北县，面积为3.14万km^2。2015年文山主体功能亚区的年末人口总数为360.70万人，总量GDP为668.95亿元，占云南省总量GDP的4.91%，2006～2010年总量GDP的年平均增幅为65.78%，2010～2015年的年平均增幅为82.92%；人均GDP为18546元，地均GDP为212.99万元/km^2。第一产业产值为146.45亿元，占云南省第一产业产值的7.12%；第二产业产值为240.81亿元，占云南省第二产业产值的4.45%；第三产业产值为281.69亿元，占云南省第三产业产值的4.58%。该亚区的功能区发展能力指数(D)为49.886，在这3个亚区中居第二位。其中，资源环境承载能力指数(A)为51.609，现有开发强度指数(B)为47.714，发展潜力指数(C)为50.787。

三、版纳主体功能亚区（V_c）

本亚区包括的县(市、区)有景洪市、勐海县和勐腊县，面积为1.91万km^2。2015年版纳主体功能亚区的年末人口总数为116.4万人，总量GDP为335.91亿元，占云南省总量GDP的2.47%，2006～2010年总量GDP的年平均增幅为61.11%，2010～2015年的年平均增幅为82.12%；人均GDP为28858元，地均GDP为175.906万元/km^2。第一产业产值为85.54亿元，占云南省第一产业产值的4.16%；第二产业产值为96.64亿元，占云南省第二产业产值的1.75%；第三产业产值为155.73亿元，占云南省第三产业产值的2.53%。该亚区的功能区发展能力指数(D)为52.432，在这3个亚区中最高。其中，资源环境承载能力指数(A)为50.554；现有开发强度指数(B)为52.868；发展潜力指数(C)为55.319。

第十二章　楚大主体功能区基本特征

第一节　楚大主体功能区的概况

一、区域的位置与范围

“发展潜力较好、开发现状较差”的楚大主体功能区，大部分位于云南省中部，包括云龙县、洱源县、剑川县、鹤庆县、宾川县、漾濞县、弥渡县、南涧县、巍山县、永平县、禄劝县、牟定县、南华县、姚安县、大姚县、永仁县、元谋县、武定县、凤庆县、永德县、大理市和祥云县。本区位于东经 98°52′～102°56′、北纬 25°45′～26°42′，属于云龙，兰坪高中山原区；大理，丽江盆地中高山区；金沙红河谷区；临沧中山山原区；保山，凤庆中山盆地盆谷区；楚雄红岩高原区；曲靖岩溶高原区。国土面积为 5.56 万 km^2，占云南省国土面积的 14.52%，其中，坝区土地面积为 0.87 万 km^2；半山半坝区土地面积为 1.61 万 km^2；山区土地面积为 3.08 万 km^2；坡度≤8°的土地面积为0.41万 km^2，坡度≤15°的土地面积为 1.17 万 km^2，坡度≤25°的土地面积为 3.47 万 km^2，坡度≤35°的土地面积为 4.91 万 km^2，坡度＞35°的土地面积为 0.65 万 km^2。2015 年本区总量 GDP 为 1433.68 亿元，占云南省总量 GDP 的 10.53%，2006～2010 年总量 GDP 的年平均增幅为 58.49%，2010～2015 年的年平均增幅为 78.62%；人均 GDP 为 22573 元，地均 GDP 为 257.654 万元/km^2。第一产业产值为 355.98 亿元，占云南省第一产业产值的 17.27%；第二产业产值为 511.17 亿元，占云南省第二产业产值的 9.44%；第三产业产值为 576.58 亿元，占云南省第三产业产值的 9.38%。2015 年楚大主体功能区的年末人口总数为 635.14 万人，人口密度为 114 人/km^2。本区城镇化“现有”国土面积为 199.00km^2，城镇化“最大”国土面积为 3307.620km^2，城镇化“有效”国土面积为 252.450km^2。

从义务教育情况来看，在教育机会指标层面上，楚大主体功能区的小学毛入学率为 106.44%，比云南省的小学毛入学率低 0.44%；初中毛入学率为106.61%，比云南省的初中毛入学率高 3.49%。本区小学净入学率为 99.46%，比云南省小学净入学率高 1.17%；初中净入学率为 92.89%，比云南省初中净入学率高 5.29%。在教育质量指标层面上，楚大主体功能区的小学巩固率为 99.45%，比云南省小学巩固率低 0.13%；初中巩固率为 98.34%，比云南省初中巩固率低 0.25%。本区小学辍学率为 0.62%，比云南省小学辍学率低 0.14%；初中辍学率为 1.60%，比云南省初中辍学率低 0.37%。本区小学升学率为 99.41%，比云南省小学升学率高 3.97%；初中升学率为 55.82%，比云南省初中升学率低16.92%。在办学条件指标层面上，楚大主体功能区的学校藏书为 5589907 册，占云南省学校藏书的 12.98%；学校占地面积为 12785920m²，占云南省学校占地面积的13.95%；校舍建筑面积为 3434733m²，占云南省校舍建筑面积的 13.43%；危房面积为 2701516m²，占云南省危房面积的 14.43%。在教育师资指标层面上，楚大主体功能区的小学任课教师数为 27896 人，占云南省小学任课教师数的 11.93%；初中任课教师数为 15358 人，占云南省初中任课教师数的 13.30%。小学学历达标率为 96.99%，比云南省小学学历达标率低 1.08%；初中学历达标率为98.48%，比云南省初中学历达标率高 0.23%。在教育多样性指标层面上，楚大主体功能区的民族学校数为 7 个，占云南省民族学校数的 7.07%；特殊教育学校数为 1 个，占云南省特殊教育学校数的 4%。从民族构成情况来看，楚大主体功能区少数民族人口总数为 2606453 人，占云南省年末人口总数的 5.50%；主要少数民族人口数为 2574618 人，占云南省年末人口总数的 5.43%。

二、区域的总体特征

（一）功能区发展能力指数及其结构

楚大主体功能区的区域特征及其构成如表 12-1、图 12-1(a)、图 12-1(b)所示。楚大主体功能区的功能区发展能力指数(D)为 48.401，在 8 个一级主体功能区中居第六位，表明其区域发展能力较弱。在 3 个一级指数中，资源环境承载能力指数(A)为 47.794，在 8 个一级主体功能区中居第六位；现有开发强度指数(B)为 47.69，在 8 个一级主体功能区中居第六位；发展潜力指数(C)为 51.028，在 8 个一级主体功能区中居第三位。这表明该区目前的发展水平和基础较好，发展潜力不错，但资源环境承载压力较大。

二级指数对功能区发展能力指数(D)的贡献度如图 12-1(c)所示。资源承载能力指数(A_1)、环境承载能力指数(A_2)、战略区位指数(C_2)对功能区发展能力指数(D)的贡献度较高，而经济变化指数(B_2)、城镇化指数(B_3)对功能区发展能力指数(D)的贡献度较低。

（二）资源环境承载能力指数及其结构

在资源环境承载能力指数(A)的 2 个二级指数中，资源承载能力指数(A_1)为 48.76，环境承载能力指数(A_2)为 46.82。A_1 的值高于 A_2 的值，表明本区资源承载能力较强，存在的主要问题是环境承载能力较低。在资源承载能力指数(A_1)的三级指数中，森林资源承载能力指数(A_{12})和草地资源承载能力指数(A_{16})较高，而耕地资源承载能力指数(A_{11})和淡水资源承载能力指数(A_{13})较低。在环境承载能力指数(A_2)的三级指数中，总体环境承载能力指数(A_{21})较高，而地均承载能力指数(A_{23})较低。

在资源环境承载能力指数(A)中，各三级指数对其贡献度如图 12-1(d)所示。总体环境承载能力指数(A_{21})、人均环境承载能力指数(A_{22})、地均环境承载能力指数(A_{23})对资源环境承载能力指数(A)的贡献度较大，耕地资源承载力指数(A_{11})、淡水资源承载能力指数(A_{13})对资源环境承载能力指数(A)的贡献度较小。

(三) 现有开发强度指数及其结构

在现有开发强度指数(B)的 8 个二级指数中，经济水平指数(B_1)为 46.59，经济变化指数(B_2)为 42.80，城镇化指数(B_3)为 43.82，工业化指数(B_4)为 40.00，产值能耗指数(B_5)为 60.29，人类发展指数(B_6)为 50.83，产业结构演进指数(B_7)为 46.43，交通指数(B_8)为 50.80。B_5 的值最高，B_4 的值最低，说明该区的产值能耗较低，存在的主要问题是工业化程度不高。在经济水平指数(B_1)的三级指数中，3 个指数值相差不大。在经济变化指数(B_2)的三级指数中，2 个指数值相差较大，差值为 3.97。在城镇化指数(B_3)的三级指数中，3 个指数值相差较大，差值为 5.50。在工业化指数(B_4)中，2 个指数值相差不大。在产业能耗指数(B_5)的三级指数中，2 个指数值相差不大。在交通指数(B_8)的三级指数中，铁路指数(B_{82})稍高于公路指数(B_{81})和民航指数(B_{83})。

在现有开发强度指数(B)中，各三级指数对其贡献度如图 12-1(e)所示。工业产值指数(B_{42})、万元 GDP 能耗指数(B_{51})、万元工业 GDP 能耗指数(B_{52})对现有开发强度的贡献度较大，人均 GDP 指数(B_{12})、经济城镇化指数(B_{33})对现有开发强度的贡献度较小。

(四) 发展潜力指数及其结构

在发展潜力指数(C)的 2 个二级指数中，人地协调指数(C_1)为 56.23，战略区位指数(C_2)为 48.43。C_1 的值高于 C_2 的值，表明本区人地协调能力高于人资协调能力。在人地协调指数(C_1)的三级指数中，人环协调指数(C_{12})较高，其四级指数中，总量生态盈亏变化指数(C_{121})、人均生态盈亏变化指数(C_{122})、地均生态盈亏变化指数(C_{123})三者数值相差不大。在战略区位指数(C_2)的三级指数中，战略区位数值指数(C_{21})和战略区位赋值指数(C_{22})的值相差不大，其四级指数中，资源环境战略区位赋值指数(C_{222})的值最大。

在发展潜力指数(C)中，各三级指数对其贡献度如图 12-1(f)所示。战略区位数值指数(C_{21})、战略区位赋值指数(C_{22})对发展潜力指数(C)的贡献度较大，人资协调指数(C_{11})、人环协调指数(C_{12})对发展潜力指数(C)的贡献度较小。

表 12-1　楚大主体功能区指数值

总指数		一级指数		二级指数		三级/四级指数				楚大主体功能区总体情况
D	48.401	A	47.794	A_1	48.76	A_{11}	42.71			≤8°面积:0.41 万 km² ≤15°面积:1.17 万 km² ≤25°面积:3.47 万 km² ≤35°面积:4.91 万 km² >35°面积:0.65 万 km² 国土面积:5.56 万 km² 总量 GDP:1433.68 亿元 地均 GDP:257.654 万元/km² 人均 GDP:22573 元 人口总数:635.14 万人 人口密度:114 人/km² 第一产业产值为 355.98 亿元,占云南省第一产业产值的 17.27% 第二产业产值为 511.17 亿元,占云南省第二产业产值的 9.44% 第三产业产值为 576.58 亿元,占云南省第三产业产值的 9.38% 城镇化“现有”国土面积:199.00km² 城镇化“最大”国土面积:3307.620km² 城镇化“有效”国土面积:252.450km²
						A_{12}	57.00			
						A_{13}	41.43			
						A_{14}	45.31			
						A_{15}	45.58			
						A_{16}	62.18			
						A_{17}	45.05			
						A_{18}	50.85			
				A_2	46.82	A_{21}	50.15			
						A_{22}	47.51			
						A_{23}	42.81			
		B	47.69	B_1	46.59	B_{11}	47.19			
						B_{12}	46.31			
						B_{13}	46.28			
				B_2	42.80	B_{21}	40.81			
						B_{22}	44.78			
				B_3	43.82	B_{31}	45.60			
						B_{32}	45.68			
						B_{33}	40.18			
				B_4	40.00	B_{41}	40.18			
						B_{42}	39.81			
				B_5	60.29	B_{51}	57.46			
						B_{52}	63.11			
				B_6	50.83					
				B_7	46.43					
				B_8	50.80	B_{81}	48.08			
						B_{82}	55.62			
						B_{83}	54.16			
		C	51.028	C_1	56.23	C_{11}	55.36			
						C_{12}	57.10	C_{121}	59.48	
								C_{122}	54.67	
								C_{123}	57.14	
				C_2	48.43	C_{21}	48.64	C_{211}	52.33	
								C_{212}	44.95	
						C_{22}	48.22	C_{221}	42.31	
								C_{222}	54.13	

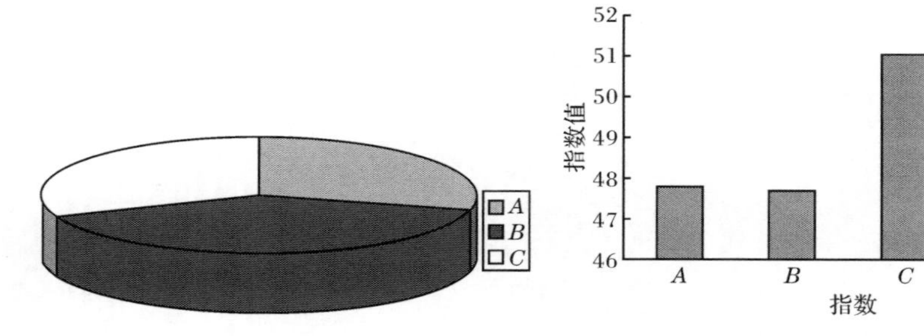

(a) D 的构成　(b) 主体功能区各指数的指数值

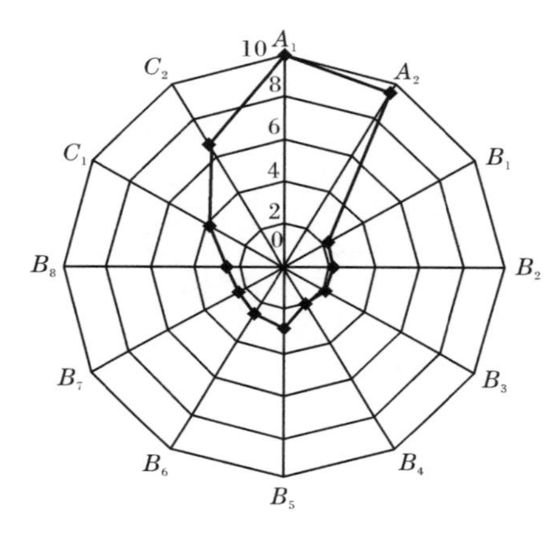

(c) 二级指数对 D 的贡献度

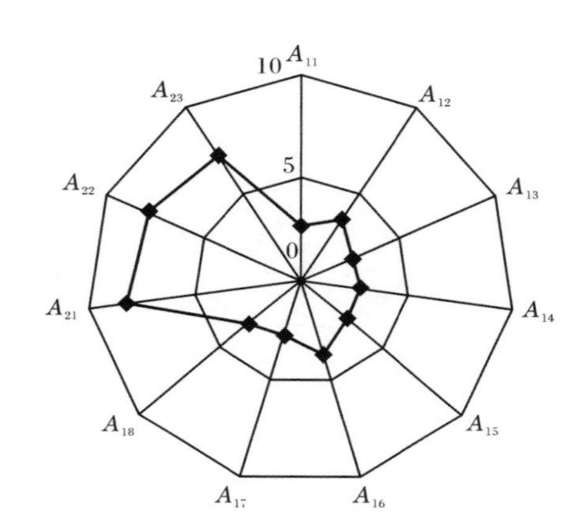

(d) A 的三级指数对 A 的贡献度

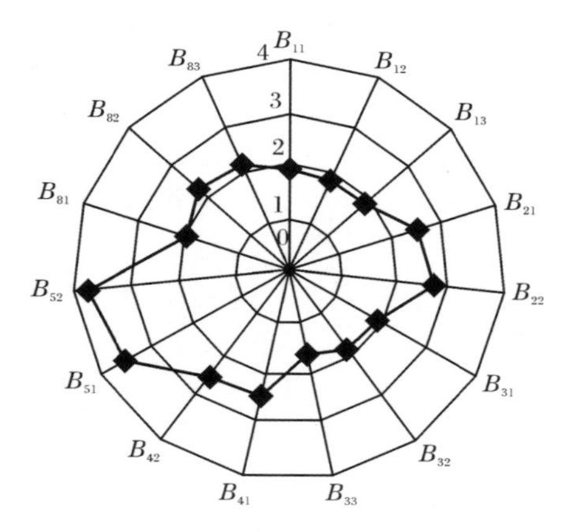

(e) B 的三级指数对 B 的贡献度

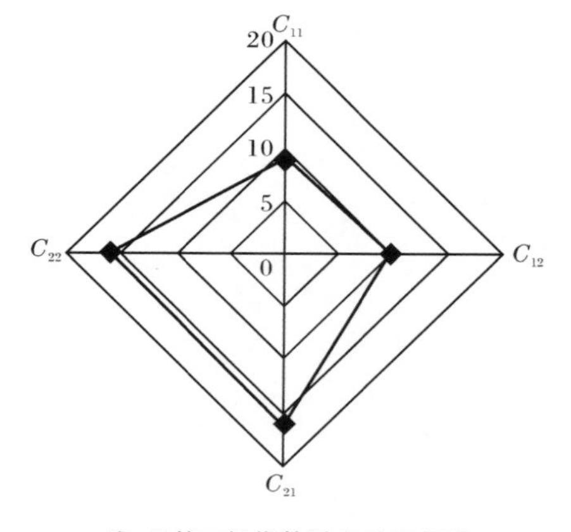

(f) C 的三级指数对 C 的贡献度

图 12-1　楚大主体功能区指数示意图

第二节　楚大主体功能区的区域差异

楚大主体功能区(Ⅵ)划分为 3 个主体功能亚区:洱川主体功能亚区(Ⅵa)、永禄主体功能亚区(Ⅵb)、大理主体功能亚区(Ⅵc),其区域差异如表 12-2、图 12-2 所示。

表 12-2　楚大主体功能区各亚区指数值

主体功能亚区	*A*	*B*	*C*	*D*
洱川主体功能亚区(Ⅵa)	46.582	47.767	50.741	47.888
永禄主体功能亚区(Ⅵb)	47.798	47.701	50.022	48.204
大理主体功能亚区(Ⅵc)	48.680	53.446	45.806	50.012

一、洱川主体功能亚区(Ⅵa)

本亚区包括的县(市、区)有云龙县、洱源县、剑川县、鹤庆县、宾川县,面积为 1.40 万 km^2。2015 年洱川主体功能亚区的年末人口总数为 127.56 万人,总量 GDP 为 266.85 亿元,占云南省总量 GDP 的 1.96%,2006～2010 年总量 GDP 的年平均增幅为 60.29%,2010～2015 年的年平均增幅为 81.40%;人均 GDP 为 20920 元,地均 GDP 为 190.136 万元/km^2。第一产业产值为 80.37 亿元,占云南省第一产业产值的 3.91%;第二产业产值为 99.59 亿元,占云南省第二产业产值的 1.84%;第三产业产值为 86.89 亿元,占云南省第三产业产值的 1.41%。该亚区的功能区发展能力指数(*D*)为 47.888,在这 3 个亚区中最低。其中,资源环境承载能力指数(*A*)为 46.582,现有开发强度指数(*B*)为 47.767,发展潜力指数(*C*)为 50.741。

二、永禄主体功能亚区(Ⅵb)

本亚区包括的县(市、区)有漾濞县、弥渡县、南涧县、巍山县、永平县、禄劝县、牟定县、南华县、姚安县、大姚县、永仁县、元谋县、武定县、凤庆县、永德县,面积为 3.74 万 km^2。2015 年永禄主体功能亚区的年末人口总数为 394.22 万人,总量 GDP 为 718.28 亿元,占云南省总量 GDP 的 5.27%,2006～2010 年总量 GDP 的年平均增幅为 57.58%,2010～2015 年的年平均增幅为 79.06%;人均 GDP 为 18220 元,地均 GDP 为 191.860 万元/km^2。第一产业产值为 221.18 亿元,占云南省第一产业产值的 10.76%;第二产业产值为 212.28 亿元,占云南省第二产业产值的 3.92%;第三产业产值为 293.97 亿元,占云南省第三产业产值的 4.78%。该亚区的功能区发展能力指数(*D*)为 48.204,在这 3 个亚区中较高。其中,资源环境承载能力指数(*A*)为 47.798,现有开发强度指数(*B*)为 47.701,发展潜力指数(*C*)为 50.022。

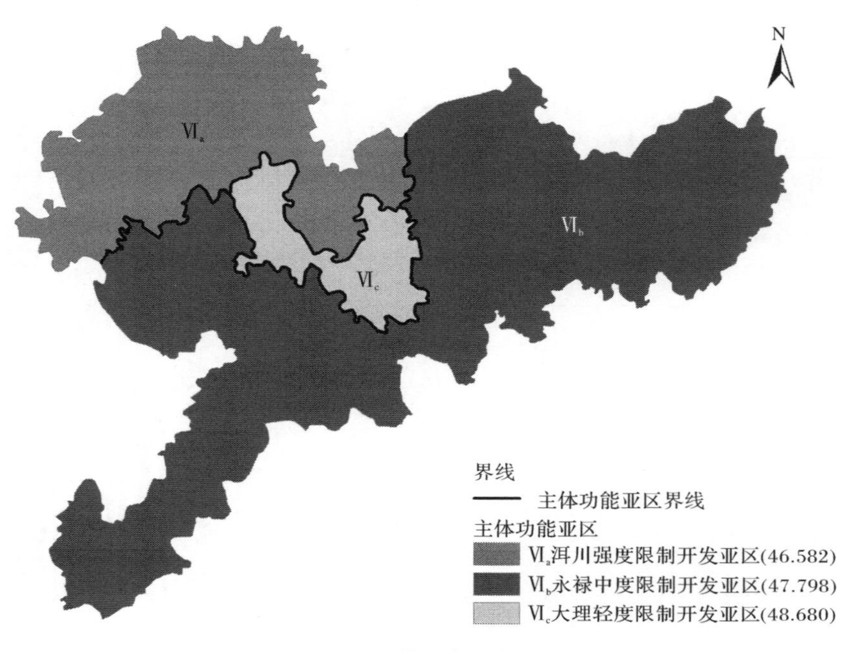

(a) *A* 的区域差异

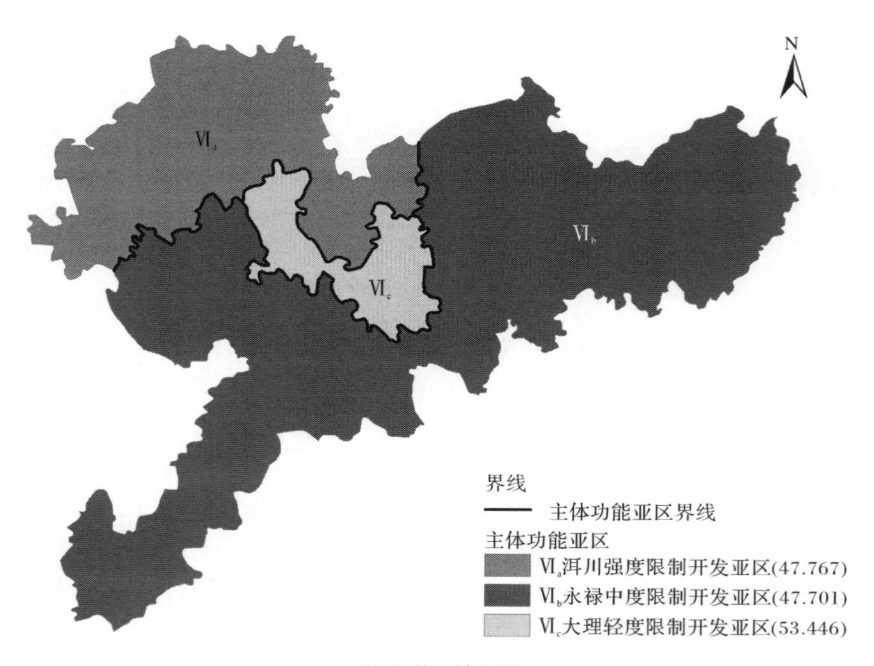

(b) *B* 的区域差异

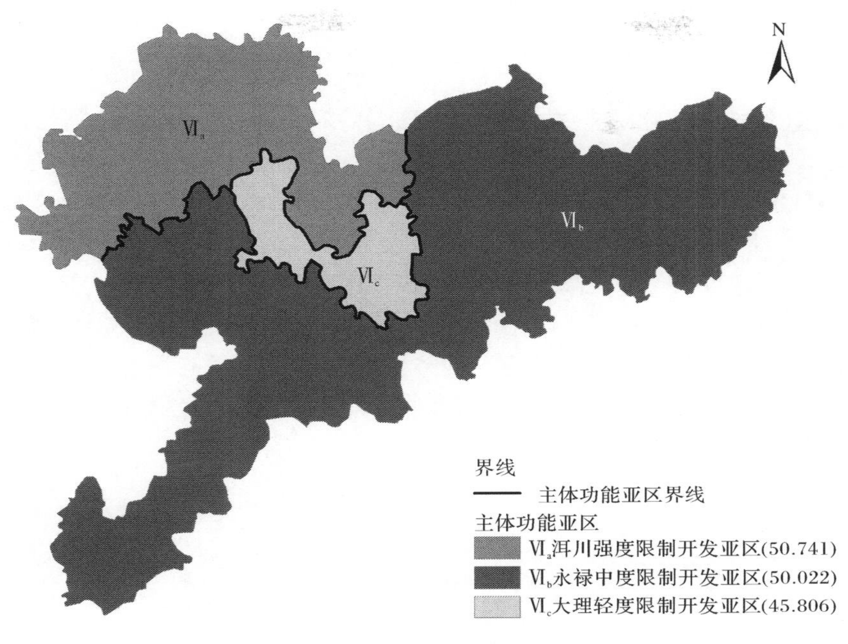

(c) C 的区域差异

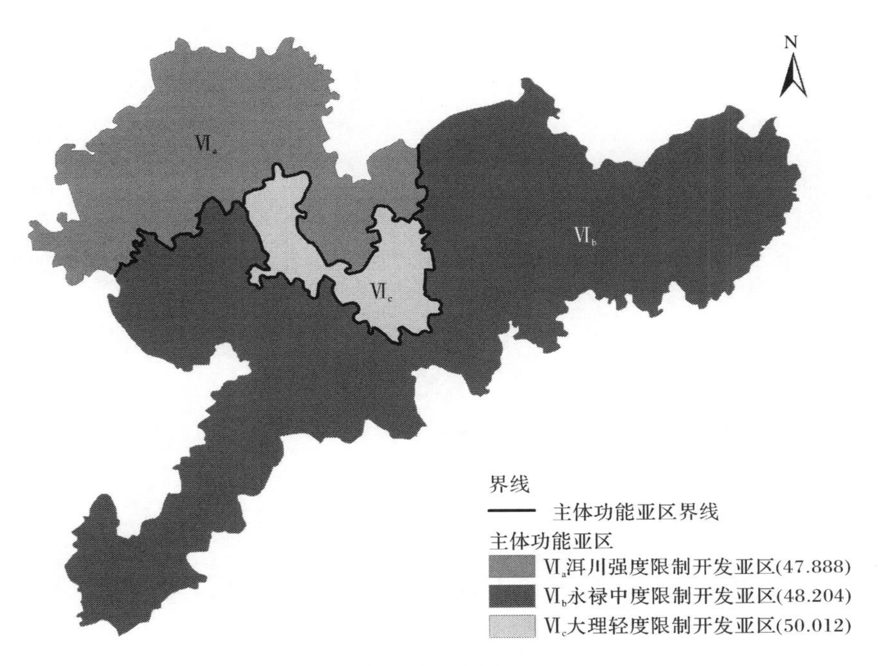

(d) D 的区域差异

图 12-2　楚大主体功能区的区域差异

三、大理主体功能亚区（$Ⅵ_c$）

本亚区包括的县（市、区）有大理市、祥云县，面积为 0.42 万 km^2。2015 年大理主体功能亚区的年末人口总数为 113.36 万人，总量 GDP 为 448.55 亿元，占云南省总量 GDP 的 3.29%，2006～2010 年总量 GDP 的年平均增幅为58.74%，2010～2015 年的年平均增幅为 76.68%；人均 GDP 为 39569 元，地均 GDP 为 1075.375 万元/km^2。第一产业产值为 53.53 亿元，占云南省第一产业产值的 2.60%；第二产业产值为 119.3 亿元，占云南省第二产业产值的 3.68%；第三产业产值为 195.72 亿元，占云南省第三产业产值的 3.18%。该亚区的功能区发展能力指数（D）为 50.012，在这 3 个亚区中最高。其中，资源环境承载能力指数（A）为 48.680，现有开发强度指数（B）为 53.446，发展潜力指数（C）为 45.806。

第十三章　昭通主体功能区基本特征

第一节　昭通主体功能区的概况

一、区域的位置与范围

“资源环境较好、开发现状较差”的昭通主体功能区，位于云南省东部，包括昭阳区、大关县、镇雄县、彝良县、威信县、鲁甸县、巧家县、盐津县、永善县、绥江县、水富县。本区位于东经 103°08′～105°19′、北纬 26°32′～28°41′，属于滇东北边沿中山河谷区；镇雄高原中山区；金沙江河谷区；昭通，宣威山地高原区。国土面积为 2.24 万 km^2，占云南省国土面积的 5.85%，其中，半山半坝区土地面积为0.22万 km^2；山区土地面积为 2.03 万 km^2；坡度≤8°的土地面积为 0.12 万 km^2，坡度≤15°的土地面积为 0.53 万 km^2，坡度≤25°的土地面积为 1.22 万 km^2，坡度≤35°的土地面积为 1.80 万 km^2，坡度>35°的土地面积为 0.44 万 km^2。2015 年本区总量 GDP 为 689.11 亿元，占云南省总量 GDP 的 5.06%，2006～2010 年总量 GDP 的年平均增幅为 59.03%，2010～2015 年的年平均增幅为 69.26%；人均 GDP 为 12691 元，地均 GDP 为 307.093 万元/km^2。第一产业产值为 140.66 亿元，占云南省第一产业产值的 6.84%；第二产业产值为 297.73 亿元，占云南省第二产业产值的 5.50%；第三产业产值为 250.72 亿元，占云南省第三产业产值的 4.08%。2015 年昭通主体功能区的年末人口总数为 543.00 万人，人口密度为 242 人/km^2。本区城镇化“现有”国土面积为 72.760km^2，城镇化“最大”国土面积为 930.250km^2，城镇化“有效”国土面积为 71.001km^2。

从义务教育情况来看，在教育机会指标层面上，昭通主体功能区的小学毛入学率为 111.77%，比云南省的小学毛入学率高 4.89%；初中毛入学率为97.48%，比云南省的初中毛入学率低 5.64%。本区小学净入学率为 99.12%，比云南省小学净入学率高 0.83%；初中净入学率为 79.16%，比云南省初中净入学率低 8.44%。在教育质量指标层面上，昭通主体功能区的小学巩固率为 99.25%，比云南省小学巩固率低 0.07%；初中巩固率为 97.66%，比云南省初中巩固率低 0.43%。本区小学辍学率为 0.85%，比云南省小学辍学率高 0.09%；初中辍学率为 2.54%，比云南省初中辍学率高 0.57%。本区小学升学率为 88.05%，比云南省小学升学率低 7.39%；初中升学率为 40.81%，比云南省初中升学率低 31.93%。在办学条件指标层面上，昭通主体功能区的学校藏书为 4798292 册，占云南省学校藏书的 11.14%；学校占地面积为 7544217m^2，占云南省学校占地面积的 8.23%；校舍建筑面积为 2405215m^2，占云南省校舍建筑面积的 9.41%；危房面积为 1847413m^2，占云南省危房面积的 9.87%。在教育师资指标层面上，昭通主体功能区的小学任课教师数为 30273 人，占云南省小学任课教师数的 12.95%；初中任课教师数为 14033 人，占云南省初中任课教师数的 12.15%。小学学历达标率为 97.52%，比云南省小学学历达标率低 0.55%；初中学历达标率为 97.68%，比云南省初中学历达标率低 0.57%。在教育多样性指标层面上，昭通主体功能区的民族学校数为 4 个，占云南省民族学校数的 4.04%；特殊教育学校数为 2 个，占云南省特殊教育学校数的 8.00%。从民族构成情况来看，昭通主体功能区少数民族人口总数为 529861 人，占云南省年末人口总数的 1.12%；主要少数民族人口数为 521634 人，占云南省年末人口总数的 1.10%。

二、区域的总体特征

（一）功能区发展能力指数及其结构

昭通主体功能区的区域特征及其构成如表 13-1、图 13-1(a)、图 13-1(b)所示。昭通主体功能区的功能区发展能力指数(D)为 48.291，在 8 个一级主体功能区中居第七位，表明其区域发展能力较差。在 3 个一级指数中，资源环境承载能力指数(A)为 51.286，在 8 个一级主体功能区中居第三位；现有开发强度指数(B)为 45.794，在 8 个一级主体功能区中居第八位；发展潜力指数(C)为 47.293，在 8 个一级主体功能区中排第六位。这表明该区目前的发展水平和基础较差，资源环境承载能力较好，发展潜力不佳。

二级指数对功能区发展能力指数(D)的贡献度如图 13-1(c)所示。资源承载能力指数(A_1)、环境承载能力指数(A_2)对功能区发展能力指数(D)的贡献度较高，经济水平指数(B_1)、经济变化指数(B_2)、城镇化指数(B_3)、产业结构演进指数(B_7)对功能区发展能力指数(D)的贡献度较低，其他几个指数对功能区发展能力指数(D)的贡献程度相差不大。

（二）资源环境承载能力指数及其结构

在资源环境承载能力指数(A)的 2 个二级指数中，资源承载能力指数(A_1)为 50.300，环境承载能力指数(A_2)为 52.280。A_2 的值高于 A_1 的值，表明本区环境承载能力较强，存在的主要问题是资源承载能力较差。在环境承载能力指数(A_2)的三级指数中，地均环境承载能力指数(A_{23})较高。在资源承载能力指数(A_1)的三级指数中，耕地资源承载能力指数(A_{11})和能源资源承载能力指数(A_{14})较高，而森林资源承载能力指数(A_{12})和矿产资源承载能力指数(A_{15})较低。

在资源环境承载能力指数(A)中,各三级指数对其贡献度如图 13-1(d)所示。总体环境承载能力指数(A_{21})、人均环境承载能力指数(A_{22})和地均环境承载能力指数(A_{23})对资源环境承载能力指数(A)的贡献度较大,耕地资源承载能力指数(A_{11})和旅游资源承载能力指数(A_{17})对资源环境承载能力指数(A)的贡献度较小,其他几个指数对资源环境承载能力指数(A)的贡献程度相差不大。

(三) 现有开发强度指数及其结构

在现有开发强度指数(B)的 8 个二级指数中,经济变化指数(B_2)的值最高,是 55.030。人类发展指数(B_6)为 41.560,在 B 的 8 个指数中值最低。经济变化指数(B_2)的值高于人类发展指数(B_6)的值,这表明本区经济变化快,人类发展水平较低。在交通指数(B_8)的三级指数中,铁路指数(B_{82})最高,公路指数(B_{81})最低,这表明本区铁路通达度较好。在 B_1～B_7 中各三级指数相差不大。

在现有开发强度指数(B)中,各三级指数对其贡献度如图 13-1(e)所示。万元 GDP 能耗指数(B_{51})和万元工业 GDP 能耗指数(B_{52})对现有开发强度指数(B)的贡献度较大,而经济城镇化指数(B_{33})对现有开发强度指数(B)的贡献度较小。

(四) 发展潜力指数及其结构

在发展潜力指数(C)的 2 个二级指数中,人地协调指数(C_1)为 50.240,战略区位指数(C_2)为 45.820。C_1 的值高于 C_2 的值,表明本区人地关系协调能力较好,存在的主要问题是战略区位不好。在人地协调指数(C_1)的三级指数中,人环协调指数(C_{12})明显高于人资协调指数(C_{11})。在战略区位数值指数(C_{21})的四级指数中,社会经济战略区位数值指数(C_{211})和资源环境战略区位数值指数(C_{212})相差不大。

在发展潜力指数(C)中,各三级指数对其贡献度如图 13-1(f)所示。战略区位数值指数(C_{21})和战略区位赋值指数(C_{22})对发展潜力指数(C)的贡献度较大,人资协调指数(C_{11})和人环协调指数(C_{12})对发展潜力指数(C)的贡献度较小。

表 13-1　昭通主体功能区指数值

总指数		一级指数		二级指数		三级/四级指数		昭通主体功能区总体情况
D	48.291	A	51.286	A_1	50.300	A_{11}	61.570	≤8°面积:0.12 万 km²
						A_{12}	33.950	≤15°面积:0.53 万 km²
						A_{13}	53.430	≤25°面积:1.22 万 km²
						A_{14}	71.640	≤35°面积:1.80 万 km²
						A_{15}	40.850	>35°面积:0.44 万 km²
						A_{16}	50.260	国土面积:2.24 万 km²
						A_{17}	45.900	总量 GDP:689.11 亿元
						A_{18}	44.770	地均 GDP:307.093 万元/km²

续表

总指数		一级指数		二级指数		三级/四级指数				昭通主体功能区总体情况
D	48.291	A	51.286	A_2	52.280	A_{21}	45.300			人均 GDP:12691 元 人口总数:543.00 万人 人口密度:242 人/km^2 第一产业产值为 140.66 亿元,占云南省第一产业产值的 6.84% 第二产业产值为 297.73 亿元,占云南省第二产业产值的 5.50% 第三产业产值为 250.72 亿元,占云南省第三产业产值的 4.08% 城镇化“现有”国土面积:72.760km^2 城镇化“最大”国土面积:930.250km^2 城镇化“有效”国土面积:71.001km^2
						A_{22}	47.370			
						A_{23}	64.160			
		B	45.794	B_1	44.110	B_{11}	42.240			
						B_{12}	43.540			
						B_{13}	46.550			
				B_2	55.030	B_{21}	55.480			
						B_{22}	54.570			
				B_3	45.100	B_{31}	43.750			
						B_{32}	45.840			
						B_{33}	45.700			
				B_4	46.700	B_{41}	45.700			
						B_{42}	47.700			
				B_5	44.770	B_{51}	46.750			
						B_{52}	42.780			
				B_6	41.560					
				B_7	46.450					
				B_8	42.640	B_{81}	39.210			
						B_{82}	50.110			
						B_{83}	45.480			
		C	47.293	C_1	50.240	C_{11}	45.990			
						C_{12}	54.490	C_{121}	55.120	
								C_{122}	53.830	
								C_{123}	54.530	
				C_2	45.820	C_{21}	43.470	C_{211}	43.100	
								C_{212}	43.840	
						C_{22}	48.170	C_{221}	51.660	
								C_{222}	44.670	

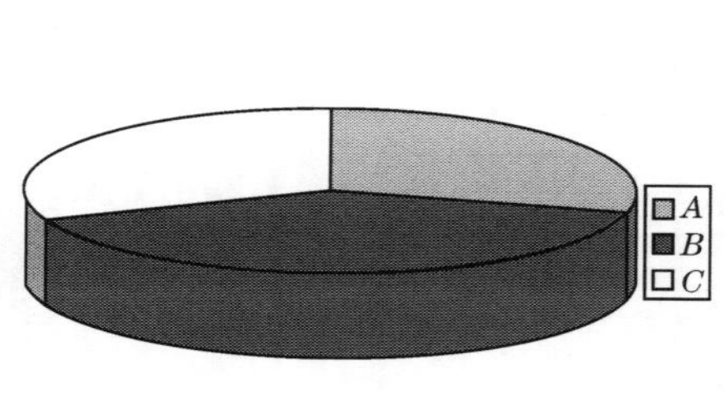

(a) D 的构成

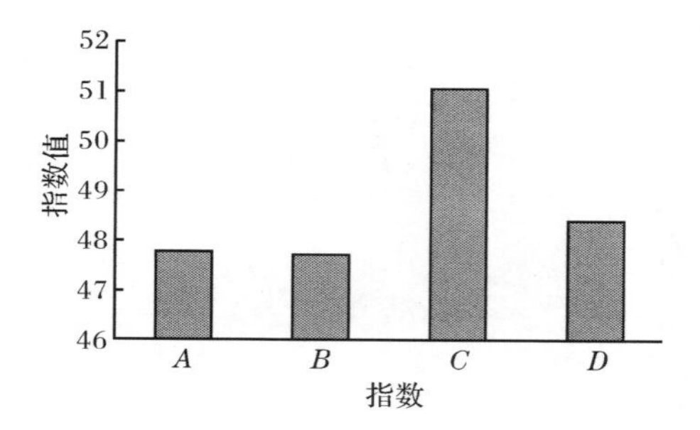

(b) 主体功能区各指数的特征值

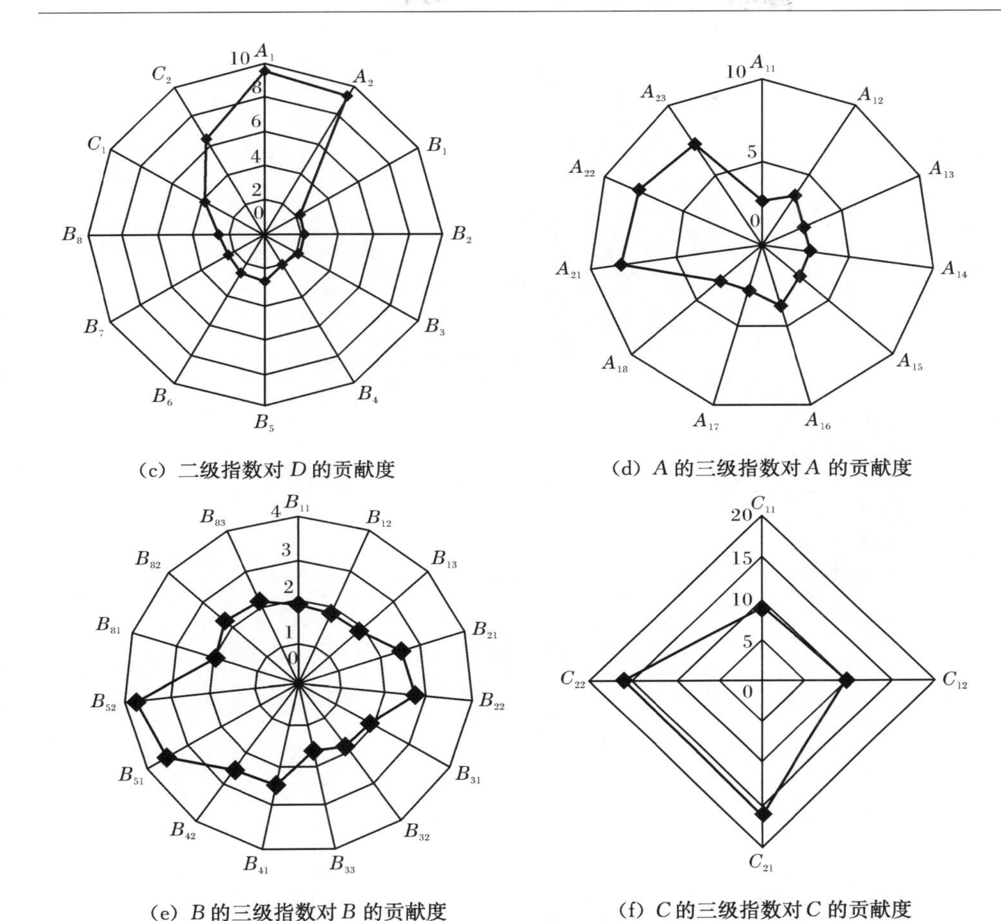

(c) 二级指数对 D 的贡献度　　(d) A 的三级指数对 A 的贡献度

(e) B 的三级指数对 B 的贡献度　　(f) C 的三级指数对 C 的贡献度

图 13-1　昭通主体功能区的指数示意图

第二节　昭通主体功能区的区域差异

昭通主体功能区(Ⅶ)划分为 4 个主体功能亚区:镇彝主体功能亚区($Ⅶ_a$)、鲁巧主体功能亚区($Ⅶ_b$)、永水主体功能亚区($Ⅶ_c$)和昭阳主体功能亚区($Ⅶ_d$),其区域差异如表 13-2、图 13-2 所示。

表 13-2　昭通主体功能区各亚区指数值

主体功能亚区	A	B	C	D
镇彝主体功能亚区($Ⅶ_a$)	52.047	45.692	47.239	48.543
鲁巧主体功能亚区($Ⅶ_b$)	49.528	45.652	47.849	47.642
永水主体功能亚区($Ⅶ_c$)	48.222	49.049	48.169	48.542
昭阳主体功能亚区($Ⅶ_d$)	59.850	52.914	50.415	55.189

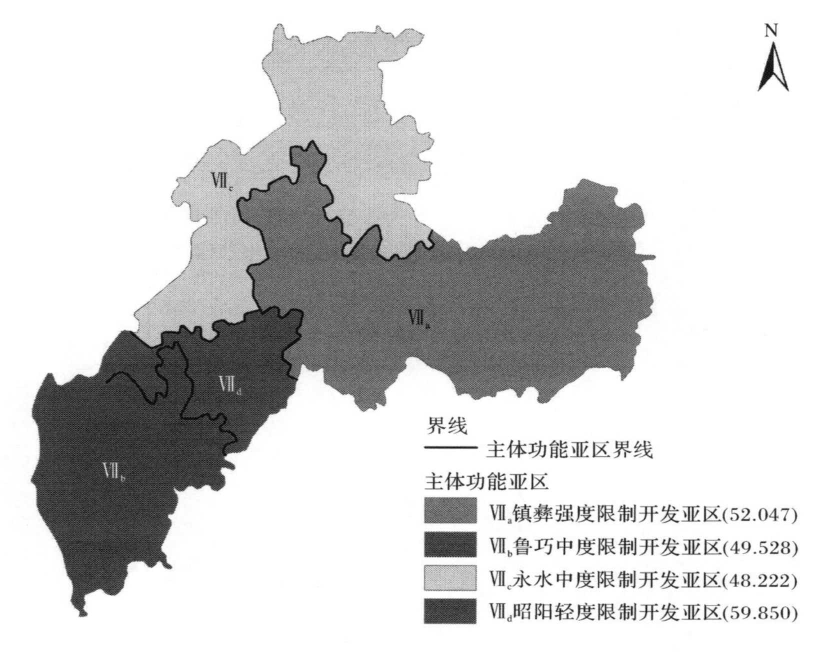

(a) A 的区域差异

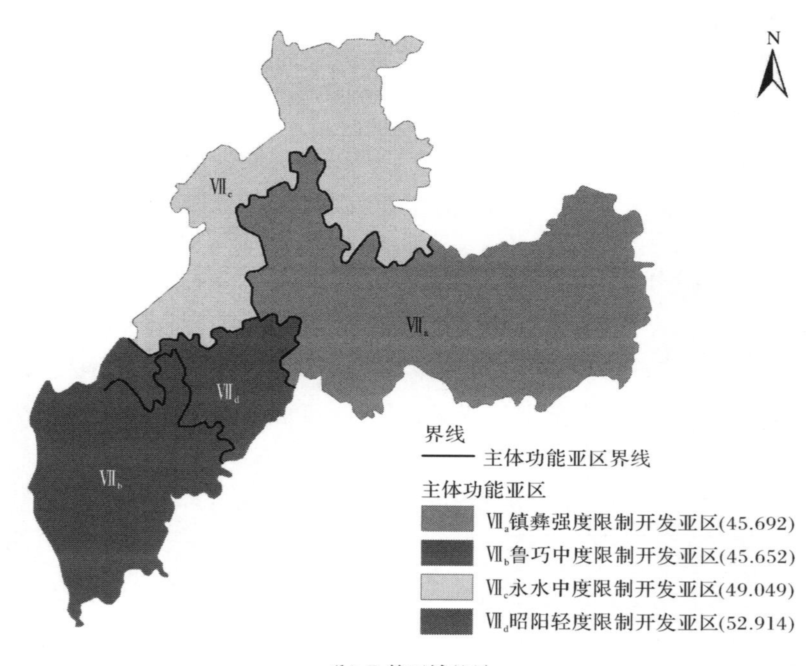

(b) B 的区域差异

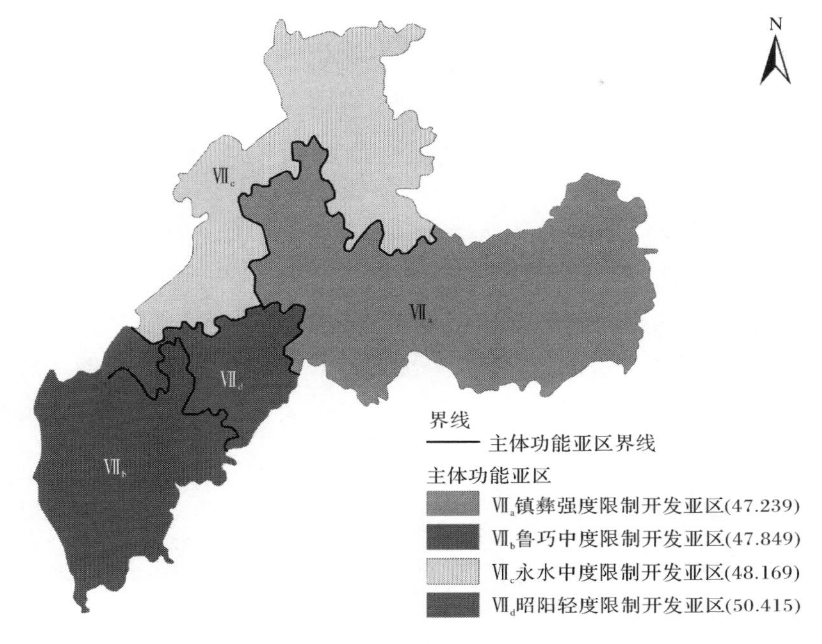

(c) C 的区域差异

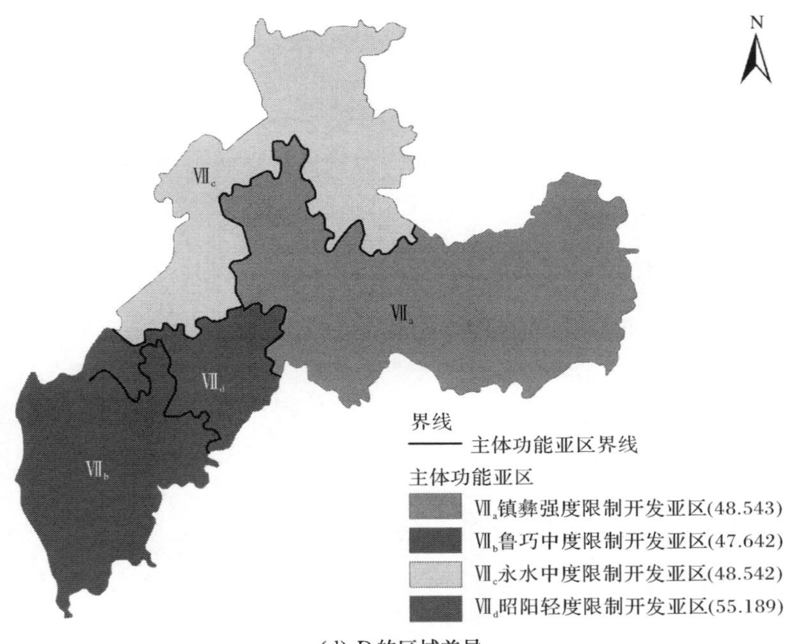

(d) D 的区域差异

图 13-2　昭通主体功能区的区域差异

一、镇彝主体功能亚区(Ⅶa)

本亚区包括的县(市、区)有大关县、镇雄县、彝良县、威信县,面积为0.96万km^2。2015年镇彝主体功能亚区的年末人口总数为260.31万人,总量GDP为198.27亿元,占云南省总量GDP的1.46%,2006～2010年总量GDP的年平均增幅为66.98%,2010～2015年的年平均增幅为49.99%;人均GDP为7617元,地均GDP为206.345万元/km^2。第一产业产值为56.38亿元,占云南省第一产业产值的2.74%;第二产业产值为64.29亿元,占云南省第二产业产值的1.19%;第三产业产值为77.60亿元,占云南省第三产业产值的1.26%。该亚区的功能区发展能力指数(D)为48.543,在这4个亚区中居二位。其中,资源环境承载能力指数(A)为52.047;现有开发强度指数(B)为45.692;发展潜力指数(C)为47.239。

二、鲁巧主体功能亚区(Ⅶb)

本亚区包括的县(市、区)有鲁甸县、巧家县,面积为0.47万km^2。2015年鲁巧主体功能亚区的年末人口总数为94.38万人,总量GDP为97.86亿元,占云南省总量GDP的0.72%,2006～2010年总量GDP的年平均增幅为67.79%,2010～2015年的年平均增幅为74.56%;人均GDP为10369元,地均GDP为209.062万元/km^2。第一产业产值为30.94亿元,占云南省第一产业产值的1.51%;第二产业产值为30.34亿元,占云南省第二产业产值的0.56%;第三产业产值为36.58亿元,占云南省第三产业产值的0.60%。该亚区的功能区发展能力指数(D)为47.642,在这4个亚区中最差。其中,资源环境承载能力指数(A)为49.528,现有开发强度指数(B)为45.652;发展潜力指数(C)为47.849。

三、永水主体功能亚区(Ⅶc)

本亚区包括的县(市、区)有盐津县、永善县、绥江县、水富县,面积为0.60万km^2。2015年永水主体功能亚区的年末人口总数为105.95万人,总量GDP为176.84亿元,占云南省总量GDP的1.30%,2006～2010年总量GDP的年平均增幅为50.65%,2010～2015年的年平均增幅为97.01%;人均GDP为16691元,地均GDP为295.365万元/km^2。第一产业产值为27.62亿元,占云南省第一产业产值的1.34%;第二产业产值为93.17亿元,占云南省第二产业产值的1.72%;第三产业产值为56.05亿元,占云南省第三产业产值的0.91%。该亚区的功能区发展能力指数(D)为48.542,在这4个亚区中居第三位。其中,资源环境承载能力指数(A)为48.222,现有开发强度指数(B)49.049,发展潜力指数为(C)48.169。

四、昭阳主体功能亚区（$Ⅶ_d$）

本亚区包括的县（市、区）有昭阳区，面积为 0.22 万 km^2。2015 年昭阳主体功能亚区的年末人口总数为 82.36 万人，总量 GDP 为 216.14 亿元，占云南省总量 GDP 的 1.59%，2006～2010 总量 GDP 年的年平均增幅为 55.17%，2010～2015 年的年平均增幅为 63.25%；人均 GDP 为 26243 元，地均 GDP 为 999.236 万元/km^2。第一产业产值为 25.72 亿元，占云南省第一产业产值的 1.25%；第二产业产值为 109.93 亿元，占云南省第二产业产值的 2.03%；第三产业产值为 80.49 亿元，占云南省第三产业产值的 1.31%。该亚区的功能区发展能力指数（D）为55.189，在这 4 个亚区中最高。其中，资源环境承载能力指数（A）为 59.850，现有开发强度指数（B）为 52.914，发展潜力指数（C）为 50.415。

第十四章　迪怒主体功能区基本特征

第一节　迪怒主体功能区的概况

一、区域的位置与范围

“资源环境极差、发展潜力较差”的迪怒主体功能区，位于云南省西北部，包括德钦县、维西县、泸水市、福贡县、贡山县、永胜县、华坪县、宁蒗县、古城区、玉龙县、香格里拉市、兰坪县。本区位于东经98°08′～101°31′、北纬25°33′～29°16′，属于怒江高山峡谷区；中甸，德钦高山高原区；云龙，兰坪高中山原区；大理，丽江盆地中高山区；金沙红河谷区。国土面积为5.83万km^2，占云南省国土面积的15.22%，其中，半山半坝区土地面积为1.76万km^2；山区土地面积为4.07万km^2；坡度≤8°的土地面积为0.21万km^2，坡度≤15°的土地面积为0.73万km^2，坡度≤25°的土地面积为2.17万km^2，坡度≤35°的土地面积为4.39万km^2，坡度>35°的土地面积为1.44万km^2。2015年本区总量GDP为558.97亿元，占云南省总量GDP的4.10%，2006～2010年总量GDP的年平均增幅为38.43%，2010～2015年的年平均增幅为46.47%；人均GDP为25067元，地均GDP为95.838万元/km^2。第一产业产值为70.14亿元，占云南省第一产业产值的3.61%；第二产业产值为206.01亿元，占云南省第二产业产值的3.80%；第三产业产值为278.82亿元，占云南省第三产业产值的4.54%。2015年迪怒主体功能区的年末人口总数为222.99万人，人口密度为38人/km^2。本区城镇化“现有”国土面积为104.19km^2，城镇化“最大”国土面积为244.630km^2，城镇化“有效”国土面积为9.336km^2。

从义务教育情况来看，在教育机会指标层面上，迪怒主体功能区的小学毛入学率为111.35%，比云南省的小学毛入学率高4.47%；初中毛入学率为101.21%，比云南省的初中毛入学率低1.91%。本区小学净入学率为99.06%，比云南省小学净入学率高0.77%；初中净入学率为75.68%，比云南省初中净入学率低11.92%。在教育质量指标层面上，迪怒主体功能区的小学巩固率为98.97%，比云南省小学巩固率低0.35%；初中巩固率为98.66%，比云南省初中巩固率高0.57%。本区小学辍学率为1.52%，比云南省小学辍学率高0.76%；初中辍学率为2.16%，比云南省初中辍学率高0.19%。本区小学升学率为97.37%，比云南省小学升学率高1.93%；初中升学率为48.37%，比云南省初中升学率低24.37%。在办学条件指标层面上，迪怒主体功能区的学校藏书为2164409册，占云南省学校藏书的5.03%；学校占地面积为6162698m^2，占云南省学校占地面积的6.72%；校舍建筑面积为1562938m^2，占云南省校舍建筑面积的6.11%；危房面积为1145510m^2，占云南省危房面积的6.12%。在教育师资指标层面上，迪怒主体功能区的小学任课教师数为13068人，占云南省小学任课教师数的5.59%；初中任课教师数为5696人，占云南省初中任课教师数的4.93%。小学学历达标率为97.76%，比云南省小学学历达标率低0.31%；初中学历达标率为97.91%，比云南省初中学历达标率低0.34%。在教育多样性指标层面上，迪怒主体功能区的民族学校数为8个，占云南省民族学校数的8.08%；特殊教育学校数为2个，占云南省特殊教育学校数的8.00%。从民族构成情况来看，迪怒主体功能区少数民族人口总数为1498274人，占云南省年末人口总数的3.16%；主要少数民族人口数为1481578人，占云南省年末人口总数的3.12%。

二、区域的总体特征

（一）功能区发展能力指数及其结构

迪怒主体功能区的区域特征及其构成如表14-1、图14-1(a)、图14-1(b)所示。迪怒主体功能区的功能区发展能力指数(D)为46.882，在8个一级主体功能区中居第八位，表明其区域发展能力最差。在3个一级指数中，资源环境承载能力指数(A)为43.236，在8个一级主体功能区中居第八位；现有开发强度指数(B)为49.445，在8个一级主体功能区中居第三位；发展潜力指数(C)为49.051，在8个一级主体功能区中排第五位。这表明该区目前的发展水平和基础较好，发展潜力不错，但资源环境承载压力较大。

二级指数对功能区发展能力指数(D)的贡献度如图14-1(c)所示。资源承载能力指数(A_1)、环境承载能力指数(A_2)、战略区位指数(C_2)对功能区发展能力指数(D)的贡献度较大，而经济水平指数(B_1)、交通指数(B_8)对功能区发展能力指数(D)的贡献度较小。

（二）资源环境承载能力指数及其结构

在资源环境承载能力(A)的2个二级指数中，资源承载能力指数(A_1)为46.595，环境承载能力指数(A_2)为39.877。A_1的值高于A_2的值，表明本区资源承载能力较强，存在的主要问题是环境承载能力较低。在资源承载能力指数(A_1)的三级指数中，淡水资源承载能力指数(A_{13})和旅游资源承载能力指数(A_{17})较高，而耕地资源承载能力指数(A_{11})和空间资源承载能力指数(A_{18})相对较低。在环境承载力指数(A_2)的三级指数中,总体环境承载能力指数(A_{21})相对较高,而地均环境承载能力指数(A_{23})相对较低。

表 14-1 迪怒主体功能区指数值

总指数		一级指数		二级指数		三级/四级指数				迪怒主体功能区总体情况
D	46.882	A	43.236	A_1	46.595	A_{11}	32.020			≤8°面积:0.21 万 km² ≤15°面积:0.73 万 km² ≤25°面积:2.17 万 km² ≤35°面积:4.39 万 km² >35°面积:1.44 万 km² 国土面积:5.83 万 km² 总量 GDP:558.97 亿元 地均 GDP:95.838 万元/km² 人均 GDP:25067 元 人口总数:222.99 万人 人口密度:38 人/km² 第一产业产值为 70.14 亿元,占云南省第一产业产值的 3.61% 第二产业产值为 206.01 亿元,占云南省第二产业产值的 3.80% 第三产业产值为 278.82 亿元,占云南省第三产业产值的 4.54% 城镇化“现有”国土面积:104.19km² 城镇化“最大”国土面积:244.630km² 城镇化“有效”国土面积:9.336km²
						A_{12}	64.520			
						A_{13}	62.750			
						A_{14}	44.480			
						A_{15}	43.800			
						A_{16}	43.330			
						A_{17}	50.280			
						A_{18}	31.580			
				A_2	39.877	A_{21}	45.440			
						A_{22}	41.300			
						A_{23}	32.890			
		B	49.445	B_1	44.380	B_{11}	40.750			
						B_{12}	46.770			
						B_{13}	45.620			
				B_2	66.850	B_{21}	64.640			
						B_{22}	69.060			
				B_3	48.767	B_{31}	47.530			
						B_{32}	45.280			
						B_{33}	53.490			
				B_4	50.365	B_{41}	53.490			
						B_{42}	47.240			
				B_5	56.725	B_{51}	60.130			
						B_{52}	53.320			
				B_6	40.010					
				B_7	46.410					
				B_8	42.050	B_{81}	41.050			
						B_{82}	37.280			
						B_{83}	49.820			
		C	49.051	C_1	58.887	C_{11}	65.350			
						C_{12}	52.423	C_{121}	51.640	
								C_{122}	53.190	
								C_{123}	52.440	
				C_2	44.133	C_{21}	44.398	C_{211}	37.090	
								C_{212}	51.706	
						C_{22}	43.868	C_{221}	42.895	
								C_{222}	44.840	

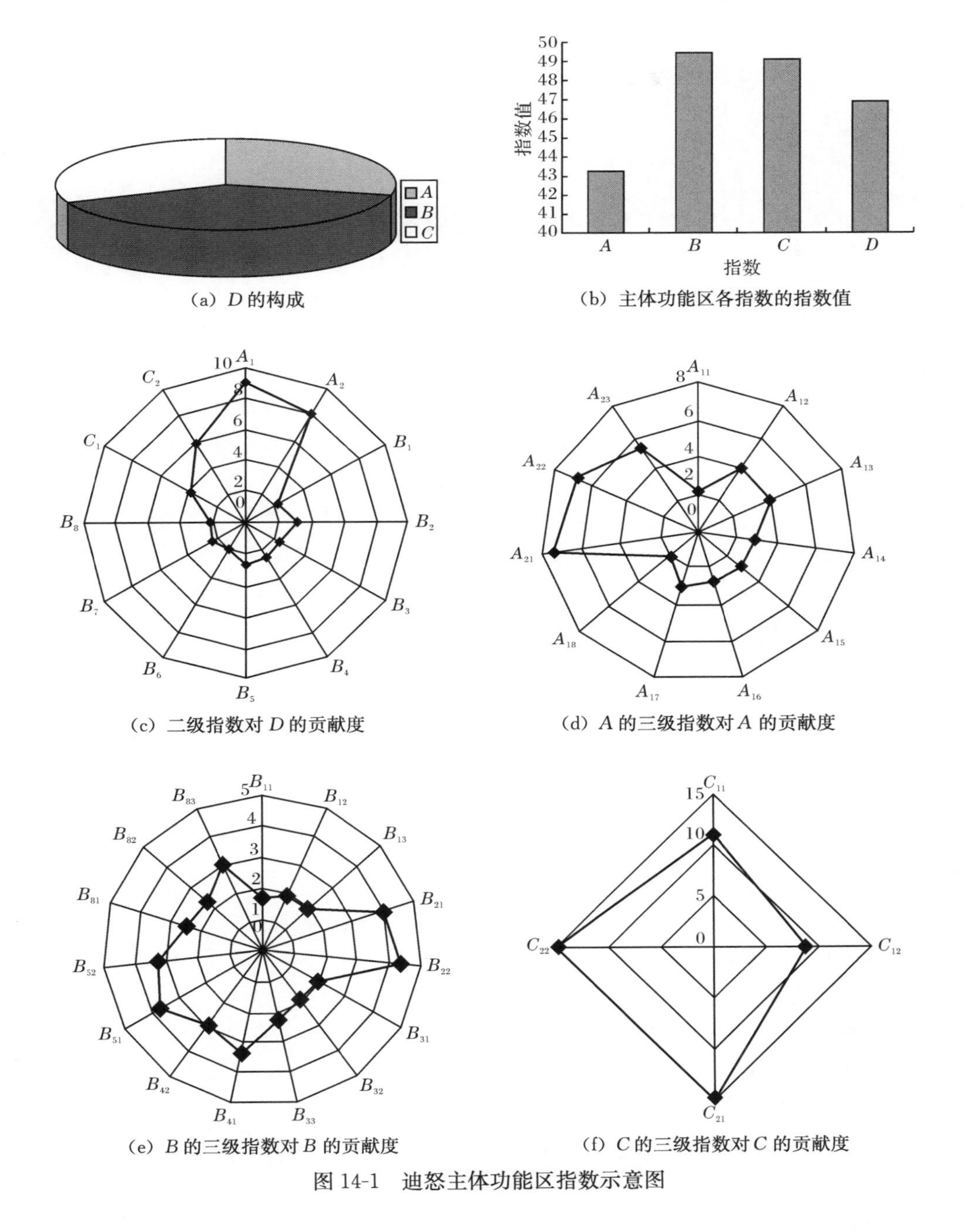

(a) D 的构成　(b) 主体功能区各指数的指数值

(c) 二级指数对 D 的贡献度　(d) A 的三级指数对 A 的贡献度

(e) B 的三级指数对 B 的贡献度　(f) C 的三级指数对 C 的贡献度

图 14-1　迪怒主体功能区指数示意图

在资源环境承载能力指数(A)中,各三级指数对其贡献度如图 14-1(d)所示。地均环境承载能力指数(A_{23})、人均环境承载能力指数(A_{22})、总体环境承载能力指数(A_{21})对资源环境承载能力指数(A)的贡献度较大,耕地资源承载能力指数(A_{11})、空间资源承载能力指数(A_{18})对资源环境承载能力指数(A)的贡献程度较小。

(三) 现有开发强度指数及其结构

在现有开发强度指数(B)的 8 个二级指数中,经济水平指数(B_1)为 44.380,经济变化指数(B_2)为 66.850,城镇化指数(B_3)为 48.767,工业化指数(B_4)为 50.365,产值能耗指数(B_5)为 56.725,人类发展指数(B_6)为 40.010,产业结构演进指数(B_7)为 46.410,交通指数(B_8)为 42.050。B_2 的值远高于 B_6,表明本区经济变化能力较强,存在的主要问题是人类发展能力较低。在经济水平指数(B_1)的三级指数中,3 个指数值相差不大。在经济变化指数(B_2)的三级指数中,2 个指数值相差不大。交通指数(B_8)的三级指数中,民航指数(B_{83})较高,而铁路指数(B_{82})较低。

在现有开发强度指数(B)中,各三级指数对其贡献度如图 14-1(e)所示。工业 GDP 变化指数(B_{22})、总量 GDP 变化指数(B_{21})、万元 GDP 能耗指数(B_{51})对现有开发强度指数(B)的贡献度较大,总量 GDP 指数(B_{11})、地均 GDP 指数(B_{13})对现有开发强度指数(B)的贡献程度较小。

(四) 发展潜力指数及其结构

在发展潜力指数(C)的 2 个二级指数中,人地协调指数(C_1)为 58.887,战略区位指数(C_2)为 44.133。C_1 的值高于 C_2 的值,表明本区人地协调能力较强,存在的主要问题是战略区位较低。在人地协调指数(C_1)的下一级指数中,人资协调指数(C_{11})和人均生态盈亏变化指数(C_{122})相对较高,而总量生态盈亏变化指数(C_{121})和地均生态盈亏变化指数(C_{123})相对较低。在战略区位指数(C_2)的末级指数中,资源环境战略区位数值指数(C_{212})相对较高,而社会经济战略区位数值指数(C_{211})较低。

在发展潜力指数(C)中,各三级指数对其贡献度如图 14-1(f)所示。战略区位赋值指数(C_{22})、战略区位数值指数(C_{21})对发展潜力指数(C)的贡献度较大,人资协调指数(C_{11})、人环协调指数(C_{12})对发展潜力指数(C)的贡献度相对较小。

第二节 迪怒主体功能区的区域差异

迪怒主体功能区(Ⅷ)划分为 3 个主体功能亚区:怒江主体功能亚区(Ⅷ$_a$)、永华主体功能亚区(Ⅷ$_b$)、古香主体功能亚区(Ⅷ$_c$),其区域差异如表 14-2、图 14-2 所示。

表 14-2 迪怒主体功能区各亚区指数值

主体功能亚区	*A*	*B*	*C*	*D*
怒江主体功能亚区(Ⅷa)	50.462	52.613	48.760	50.982
永华主体功能亚区(Ⅷb)	49.741	45.700	47.264	47.629
古香主体功能亚区(Ⅷc)	51.603	53.648	51.848	52.470

一、怒江主体功能亚区(Ⅷa)

本亚区包括的县(市、区)有德钦县、维西县、泸水市、福贡县、贡山县，面积为 2.20万 km^2。2015 年怒江主体功能亚区的年末人口总数为 55.73 万人，总量 GDP 为 124.78 亿元，占云南省总量 GDP 的 0.92%，2006～2010 年总量 GDP 的年平均增幅为 90.38%，2010～2015 年的年平均增幅为 71.16%；人均 GDP 为 22390 元，地均 GDP 为 56.771 万元/km^2。第一产业产值为 18.38 亿元，占云南省第一产业产值的 0.89%；第二产业产值为 39.76 亿元，占云南省第二产业产值的 1.09%；第三产业产值为 41.49 亿元，占云南省第三产业产值的 0.67%。该亚区的功能区发展能力指数(*D*)为 50.982，在这 3 个亚区中居第二位。其中，资源环境承载能力指数(*A*)为 50.462；现有开发强度指数(*B*)为 52.613；发展潜力指数(*C*)为 48.760。

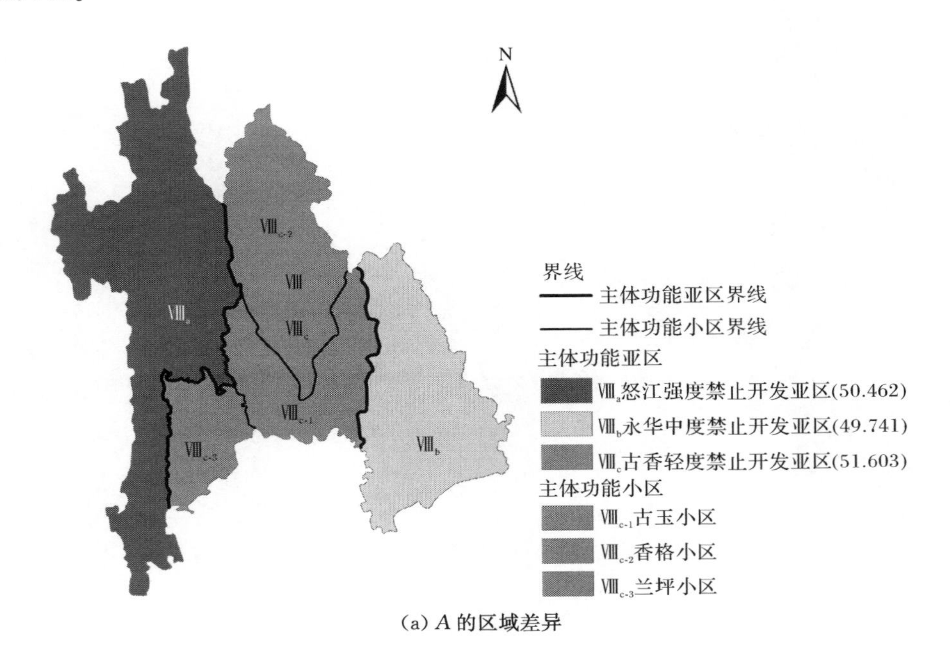

(a) *A* 的区域差异

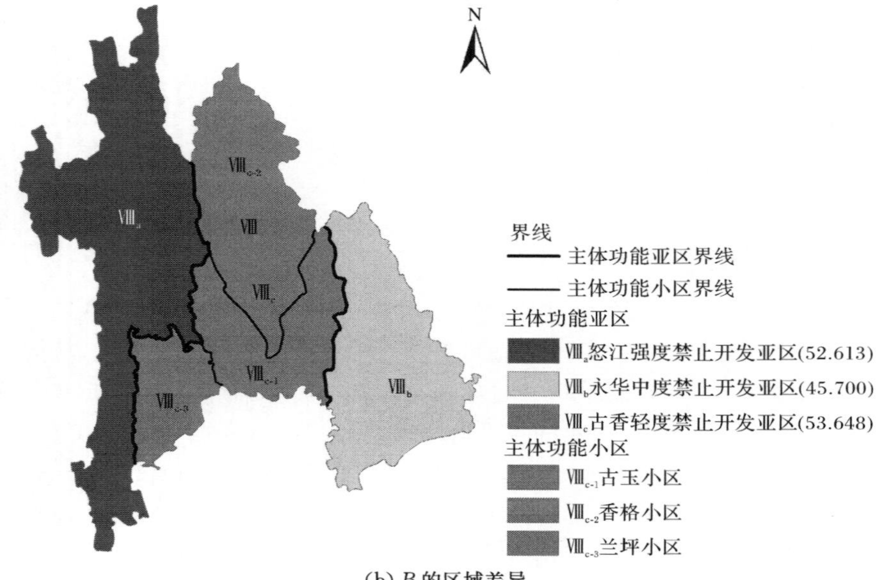

(b) B 的区域差异

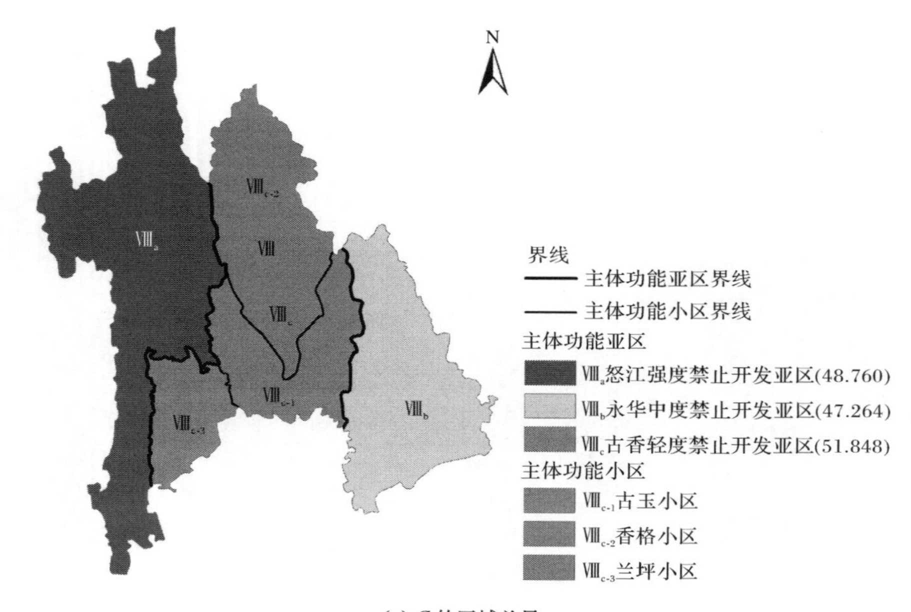

(c) C 的区域差异

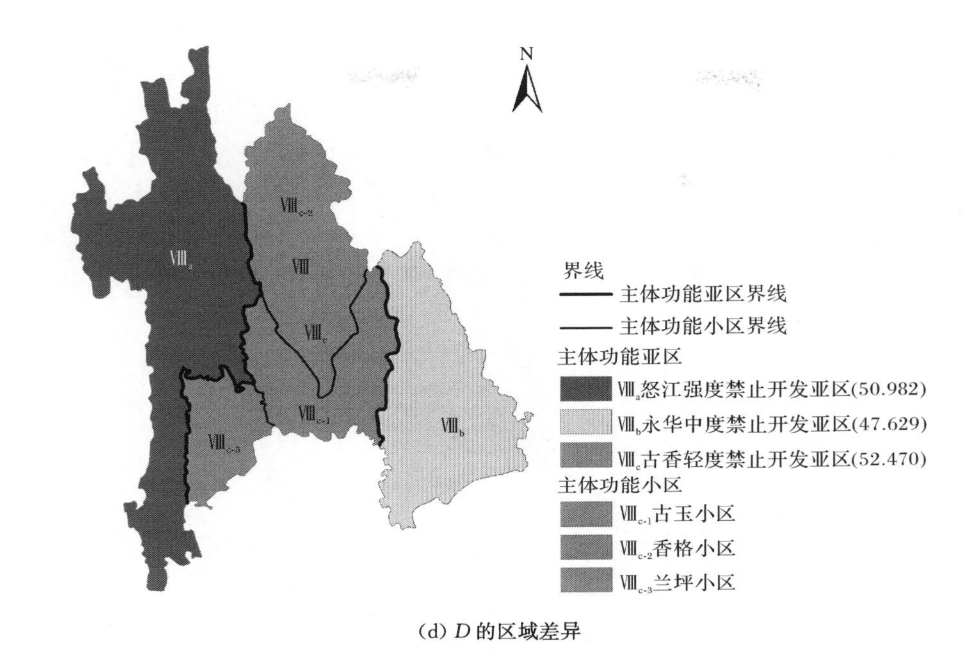

(d) D的区域差异

图 14-2　迪怒主体功能区的区域差异

二、永华主体功能亚区($Ⅷ_{b}$)

本亚区包括的县(市、区)有永胜县、华坪县、宁蒗县,面积为 1.31 万 km^2。2015 年永华主体功能亚区的年末人口总数为 84.15 万人,总量 GDP 为 129.52 亿元,占云南省总量 GDP 的 0.95%,2006～2010 年总量 GDP 的年平均增幅为 67.53%,2010～2015 年的年平均增幅为 65.24%;人均 GDP 为 15392 元,地均 GDP 为 98.924 万元/km^2。第一产业产值为 29.17 亿元,占云南省第一产业产值的 1.42%;第二产业产值为 58.86 亿元,占云南省第二产业产值的 1.09%;第三产业产值为 41.49 亿元,占云南省第三产业产值的 0.67%。该亚区的功能区发展能力指数(D)为 47.629,在这 3 个亚区中最低。其中,资源环境承载能力指数(A)为 49.741;现有开发强度指数(B)为 45.700;发展潜力指数(C)为 47.264。

三、古香主体功能亚区($Ⅷ_{c}$)

本亚区包括的县(市、区)有古城区、玉龙县、香格里拉市、兰坪县,面积为 2.33 万 km^2。2015 年古香主体功能亚区的年末人口总数为 83.11 万人,总量 GDP 为 304.67 亿元,占云南省总量 GDP 的 2.24%,2006～2010 年总量 GDP 的年平均增幅为 75.18%,2010～2015 年的年平均增幅为 74.81%;人均 GDP 为 36659 元,地均 GDP 为 131.027 万元/km^2。第一产业产值为 26.59 亿元,占云南省第一产业产值的 1.29%;第二产业产值为 107.39 亿元,占云南省第二产业产值的 1.98%;第三产业产值为 170.69 亿元,占云南省第三产业产值的 2.78%。其划分为三个主体功能小区:古玉主体功能小区($Ⅷ_{c\text{-}1}$)、香格主体功能小区($Ⅷ_{c\text{-}2}$)、兰坪主体功能小区($Ⅷ_{c\text{-}3}$)。该亚区的区域发展能力指数(D)为 52.470,在这 3 个亚区中最高。其中,资源环境承载能力指数(A)为 51.603;现有开发强度指数(B)为 53.648;发展潜力指数(C)为 51.848。

第十五章　各市州的主体功能区的基本构成

第一节　昆明市的主体功能区的构成情况

昆明市所辖的县(市、区)有昆明四区、呈贡区、晋宁区、安宁市、富民县、宜良县、石林县、嵩明县、禄劝县、寻甸县、东川区,分属于不同的主体功能区(图 15-1)。该市的国土面积为 2.09 万 km^2,2015 年年末人口总数为 667.70 万人,总量 GDP 为 3968.01 亿元,地均 GDP 为 1888.401 万元/km^2,人均 GDP 为 59656 元。2015 年,该市第一产业 GDP 为 188.10 亿元,占云南省第一产业 GDP 的 9.15%,占本市总量 GDP 的 4.74%;第二产业 GDP 为 1586.38 亿元,占云南省第二产业 GDP 的 29.29%,占本市总量 GDP 的 39.98%;第三产业 GDP 为 2193.530 亿元,占云南省第三产业 GDP 的 35.68%,占本市总量 GDP 的 55.28%。

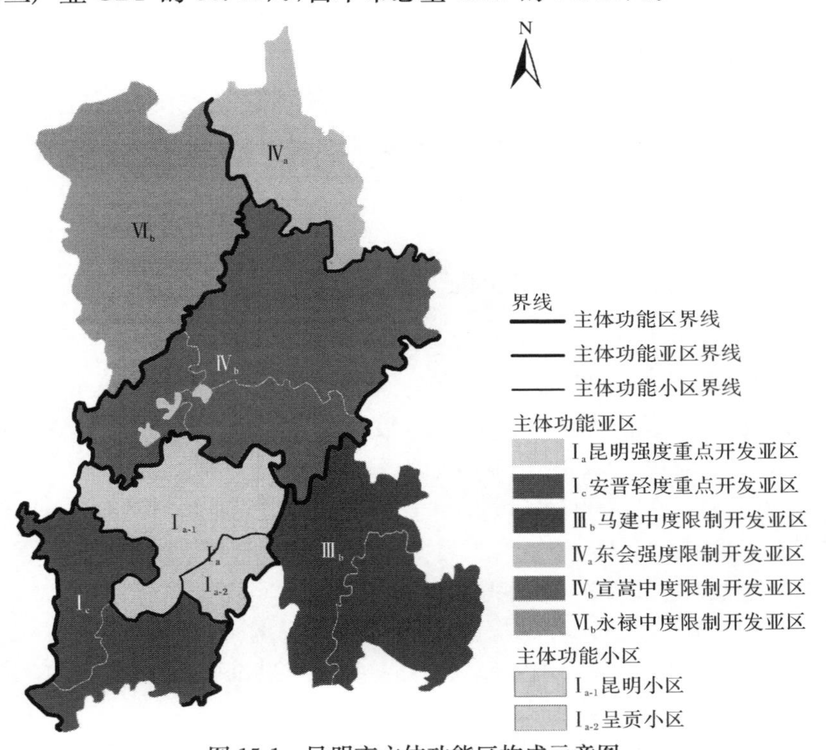

图 15-1　昆明市主体功能区构成示意图

一、昆明市各县(市、区)的主体功能属性

(1) 昆明四区属于“国家层面”的重点开发区类型和“云南省层面”的优化开发区类型,其面积为 0.22 万 km^2,占昆明市总面积的 10.53%,占昆明市有效国土面积的 13.80%,占云南省“国家层面”重点开发区总面积的 35.61%,占“云南省层面”优化开发区总面积的 100%。

(2) 呈贡区、晋宁区、安宁市属于“国家层面”的重点开发区类型和“云南省层面”的轻度重点开发区类型,其面积为 0.31 万 km^2,占昆明市总面积的 14.83%,占昆明市有效国土面积的 20.00%,占云南省“国家层面”重点开发区总面积的 49.31%,占“云南省层面”重点开发区总面积的 8.05%。

(3) 富民县、宜良县、石林县、嵩明县、寻甸县属于“国家层面”的中度限制开发区类型和“云南省层面”的限制开发区类型,其面积为 0.95 万 km^2,占昆明市总面积的 45.45%,占昆明市有效国土面积的 62.20%,占云南省“国家层面”限制开发区总面积的 3.61%,占“云南省层面”限制开发区总面积的 3.28%。

(4) 禄劝县属于“国家层面”的中度限制开发区类型和“云南省层面”的限制开发区类型,其面积为 0.42 万 km^2,占昆明市总面积的 20.10%,占昆明市有效国土面积的 27.00%,占云南省“国家层面”限制开发区总面积的 1.61%,占“云南省层面”限制开发区总面积的 1.45%。

(5) 东川区属于“国家层面”的禁止(强限制)开发区类型和“云南省层面”的限制开发区类型,其面积为 0.19km^2,占昆明市总面积的 9.09%,占昆明市有效国土面积的 10.30%,占云南省“国家层面”禁止开发区总面积的 1.68%,占“云南省层面”限制开发区总面积的 0.65%。

二、昆明市“国家层面”主体功能区的面积构成与社会经济比重

1) 昆明市“国家层面”重点开发区的面积构成与社会经济比重

(1) 昆明市“国家层面”重点开发区的面积为 0.53 万 km^2,占云南省“国家层面”重点开发区总面积的 84.92%。其中,坡度≤8°的土地面积为 1747.060km^2,坡度≤15°的土地面积为 3215.710km^2,坡度≤25°的土地面积为 4466km^2,坡度≤35°的土地面积为 5002.840km^2,坡度>35°的土地面积为 480.160km^2。

(2) 昆明市“国家层面”重点开发区 2015 年年末人口总数为 436.00 万人,占云南省人口总数的 9.19%。人口密度为 817 人/km^2。

(3) 昆明市“国家层面”重点开发区 2015 年的总量 GDP 为 3368.26 亿元,占云南省总量 GDP 的 24.33%,第二产业 GDP 为 1372.59 亿元,占云南省第二产业 GDP 的 24.62%。

(4) 昆明市“国家层面”重点开发区 2015 年的人均 GDP 为 77254 元,是云南

省人均 GDP 的 2.65 倍。地均 GDP 为 6309.40 万元/km^2。

(5) 昆明市城镇化“现有”国土面积为 432.35km^2，城镇化“最大”国土面积为 1290.210km^2，城镇化“有效”国土面积为 202.480km^2。

2) 昆明市“国家层面”限制开发区的面积构成与社会经济比重

(1) 昆明市“国家层面”限制开发区的面积为 1.38 万 km^2，占云南省“国家层面”限制开发区总面积的 5.22%。其中，坡度≤8°的土地面积为 2958.180km^2，坡度≤15°的土地面积为 6574.670km^2，坡度≤25°的土地面积为 11071.700km^2，坡度≤35°的土地面积为 13003.740km^2，坡度>35°的土地面积为 1469.260km^2。

(2) 昆明市“国家层面”限制开发区 2015 年年末人口总数为 203.60 万人，占云南省人口总数的 4.29%。人口密度为 148 人/km^2。

(3) 昆明市“国家层面”限制开发区 2015 年的总量 GDP 为 529.84 亿元，占云南省总量 GDP 的 3.83%，第二产业 GDP 为 185.4 亿元，占云南省第二产业 GDP 的 3.33%。

(4) 昆明市“国家层面”限制开发区 2015 年的人均 GDP 为 26023.58 元，是云南省人均 GDP 的 89.15%。地均 GDP 为 385.098 万元/km^2。

(5) 昆明市城镇化“现有”国土面积为 112.49km^2，城镇化“最大”国土面积为 1057.310km^2，城镇化“有效”国土面积为 80.699km^2。

3) 昆明市“国家层面”禁止(强限制)开发区的面积构成与社会经济比重

(1) 昆明市“国家层面”禁止开发区的面积为 0.19 万 km^2，占云南省“国家层面”禁止开发区总面积的 1.68%。其中，坡度≤8°的土地面积为 82.970km^2，坡度≤15°的土地面积为 214.040km^2，坡度≤25°的土地面积为 702.410km^2，坡度≤35°的土地面积为 1279.820km^2，坡度>35°的土地面积为 394.180km^2。

(2) 昆明市“国家层面”禁止开发区 2015 年年末人口总数为 28.1 万人，占云南省人口总数的 0.59%。人口密度为 148 人/km^2。

(3) 昆明市“国家层面”禁止开发区 2015 年的总量 GDP 为 77.69 亿元，占云南省总量 GDP 的 0.56%，第二产业 GDP 为 41.84 亿元，占云南省第二产业 GDP 的 0.75%。

(4) 昆明市“国家层面”禁止开发区 2015 年的人均 GDP 为 27648 元，是云南省人均 GDP 的 94.71%。地均 GDP 为 408.895 万元/km^2。

(5) 昆明市城镇化“现有”国土面积为 8.92km^2，城镇化“最大”国土面积为 82.640km^2，城镇化“有效”国土面积为 3.154km^2。

三、昆明市“云南省层面”主体功能区的面积构成与社会经济比重

1) 昆明市“云南省层面”优化开发区的面积构成与社会经济比重

(1) 昆明市“云南省层面”优化开发区的面积为 0.22 万 km^2，占云南省“云南

省层面”优化开发区总面积的100%。其中,坡度≤8°的土地面积为709.730km²,坡度≤15°的土地面积为1285.990km²,坡度≤25°的土地面积为1851.580km²,坡度≤35°的土地面积为2022.560km²,坡度>35°的土地面积为215.440km²。

(2) 昆明市“云南省层面”优化开发区2015年年末人口总数为336.10万人,占云南省人口总数的7.09%。人口密度为1528人/km²。

(3) 昆明市“云南省层面”优化开发区2015年的总量GDP为2814.77亿元,占云南省总量GDP的20.34%,第二产业GDP为1110.09亿元,占云南省第二产业GDP的19.91%。

(4) 昆明市“云南省层面”优化开发区2015年的人均GDP为83748元,是云南省人均GDP的2.87倍。地均GDP为12794万元/km²。

(5) 昆明市城镇化“现有”国土面积为265.79km²,城镇化“最大”国土面积为1089.340km²,城镇化“有效”国土面积为332.275km²。

2) 昆明市“云南省层面”重点开发区的面积构成与社会经济比重

(1) 昆明市“云南省层面”重点开发区的面积为0.31万km²,占云南省“云南省层面”重点开发区总面积的8.05%。其中,坡度≤8°的土地面积为1037.330km²,坡度≤15°的土地面积为1929.720km²,坡度≤25°的土地面积为2614.420km²,坡度≤35°的土地面积为2980.280km²,坡度>35°的土地面积为264.720km²。

(2) 昆明市“云南省层面”重点开发区2015年年末人口总数为99.90万人,占云南省人口总数的2.11%。人口密度为318人/km²。

(3) 昆明市“云南省层面”重点开发区2015年的总量GDP为553.49亿元,占云南省总量GDP的4.00%,第二产业GDP为262.50亿元,占云南省第二产业GDP的4.71%。

(4) 昆明市“云南省层面”重点开发区2015年的人均GDP为55404元,是云南省人均GDP的1.90倍。地均GDP为1763.56万元/km²。

(5) 昆明市城镇化“现有”国土面积为166.55km²,城镇化“最大”国土面积为200.870km²,城镇化“有效”国土面积为1211.880km²。

3) 昆明市“云南省层面”限制开发区的面积构成与社会经济比重

(1) 昆明市“云南省层面”限制开发区的面积为1.57万km²,占云南省“云南层面”限制开发区总面积的5.39%。其中,坡度≤8°的土地面积为3041.150km²,坡度≤15°的土地面积为6788.710km²,坡度≤25°的土地面积为11774.110km²,坡度≤35°的土地面积为14283.560km²,坡度>35°的土地面积为1863.440km²。

(2) 昆明市“云南省层面”限制开发区2015年年末人口总数为231.70万人,占云南省人口总数的4.89%。人口密度为148人/km²。

(3) 昆明市“云南省层面”限制开发区2015年的总量GDP为607.53亿元,占云南省总量GDP的4.39%,第二产业GDP为227.24亿元,占云南省第二产业

GDP 的 4.08%。

(4) 昆明市"云南省层面"限制开发区 2015 年的人均 GDP 为 26221 元,是云南省人均 GDP 的 89.82%。地均 GDP 为 387.985 万元/km^2。

(5) 昆明市城镇化"现有"国土面积为 121.41km^2,城镇化"最大"国土面积为 1139.950km^2,城镇化"有效"国土面积为 9.841km^2。

第二节 曲靖市的主体功能区的构成情况

曲靖市所辖的县(市、区)有麒麟区、马龙区、陆良县、师宗县、罗平县、富源县、沾益区、宣威市、会泽县,分属于不同的主体功能区(图 15-2)。该市的国土面积为 2.90 万 km^2,2015 年年末人口总数为 604.70 万人,总量 GDP 为 1630.26 亿元,地均 GDP 为 563.423 万元/km^2,人均 GDP 为 27045 元。2015 年,该市第一产业 GDP 为 317.15 亿元,占云南省第一产业 GDP 的 15.43%,占本市总量 GDP 的 19.45%;第二产业 GDP 为 642.23 亿元,占云南省第二产业 GDP 的 11.86%,占本市总量 GDP 的 39.39%,第三产业 GDP 为 670.88 亿元,占云南省第三产业 GDP 的 10.91%,占本市总量 GDP 的 41.15%。

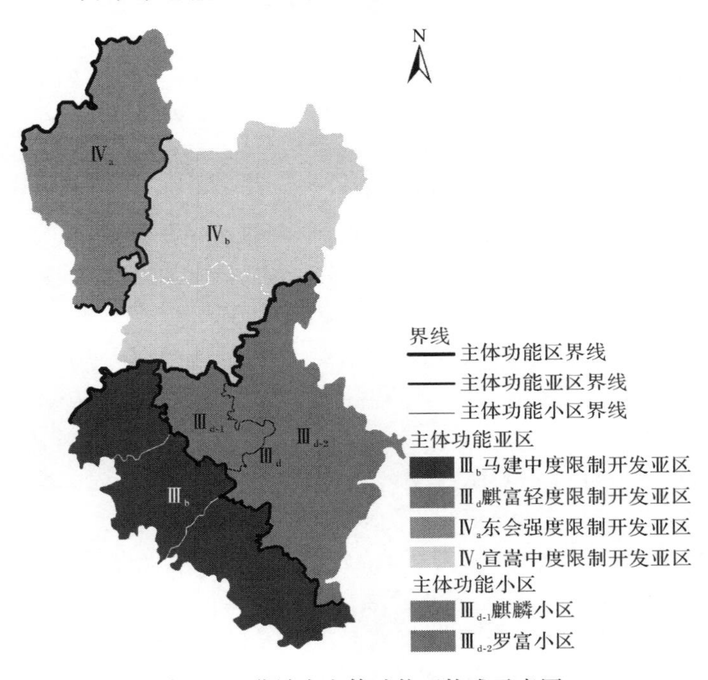

图 15-2 曲靖市主体功能区构成示意图

一、曲靖市各县(市、区)的主体功能属性

(1) 麒麟区属于“国家层面”的轻度限制开发区类型和“云南省层面”的重点开发区类型,其面积为 0.15 万 km^2,占曲靖市总面积的 5.17%,占曲靖市有效国土面积的 6.03%,占云南省“国家层面”限制开发区总面积的 0.59%,占“云南省层面”重点开发区总面积的 4.23%。

(2) 马龙区、陆良县、师宗县、罗平县、富源县、沾益区、宣威市属于“国家层面”的中度限制开发区类型和“云南省层面”的限制开发区类型,其面积为 2.16 万 km^2,占曲靖市总面积的 74.49%,占曲靖市有效国土面积的 93.45%,占云南省“国家层面”限制开发区总面积的 8.16%,占“云南省层面”的限制开发区总面积的 7.40%。

(3) 会泽县属于“国家层面”的禁止(强限制)开发区类型和“云南省层面”的限制开发区类型,其面积为 0.59 万 km^2,占曲靖市总面积的 20.34%,占曲靖市有效国土面积的 25.43%,占云南省“国家层面”禁止开发区总面积的 5.20%,占“云南省层面”限制开发区总面积的 2.03%。

二、曲靖市“国家层面”主体功能区的面积构成与社会经济比重

1) 曲靖市“国家层面”限制开发区的面积构成与社会经济比重

(1) 曲靖市“国家层面”限制开发区的面积为 2.31 万 km^2,占云南省“国家层面”限制开发区总面积的 8.74%。其中,坡度≤8°的土地面积为 6762.630km^2,坡度≤15°的土地面积为 14098.430km^2,坡度≤25°的土地面积为 20123.400km^2,坡度≤35°的土地面积为 22470.440km^2,坡度>35°的土地面积为 1307.560km^2。

(2) 曲靖市“国家层面”限制开发区 2015 年年末人口总数为 511.22 万人,占云南省人口总数的 10.78%。人口密度为 222 人/km^2。

(3) 曲靖市“国家层面”限制开发区 2015 年的总量 GDP 为 1463.39 亿元,占云南省总量 GDP 的 10.57%,第二产业 GDP 为 567.57 亿元,占云南省第二产业 GDP 的 10.18%。

(4) 曲靖市“国家层面”限制开发区 2015 年的人均 GDP 为 28625 元,是云南省人均 GDP 的 98.06%。地均 GDP 为 634.897 万元/km^2。

(5) 曲靖市城镇化“现有”国土面积为 174.55km^2,城镇化“最大”国土面积为 2555.340km^2,城镇化“有效”国土面积为 195.036km^2。

2) 曲靖市“国家层面”禁止开发区的面积构成与社会经济比重

(1) 曲靖市“国家层面”禁止开发区的面积为 0.59 万 km^2,占云南省“国家层面”禁止开发区总面积的 5.20%。其中,坡度≤8°的土地面积为 421.290km^2,坡度≤15°的土地面积为 1858.610km^2,坡度≤25°的土地面积为 3777.500km^2,

坡度≤35°的土地面积为5264.200km²，坡度>35°的土地面积为812.800km²。

(2) 曲靖市“国家层面”禁止开发区2015年年末人口总数为93.48万人，占云南省人口总数的1.97%。人口密度为159人/km²。

(3) 曲靖市“国家层面”禁止开发区2015年的总量GDP为162.79亿元，占云南省总量GDP的1.18%，第二产业GDP为74.53亿元，占云南省第二产业GDP的1.34%。

(4) 曲靖市“国家层面”禁止开发区2015年的人均GDP为17414元，是云南省人均GDP的59.66%。地均GDP为276.588万元/km²。

(5) 曲靖市城镇化“现有”国土面积为14.53km²，城镇化“最大”国土面积为194.600km²，城镇化“有效”国土面积为7.427km²。

三、曲靖市“云南省层面”主体功能区的面积构成与社会经济比重

1) 曲靖市“云南省层面”重点开发区的面积构成与社会经济比重

(1) 曲靖市“云南省层面”重点开发区的面积为0.15万km²，占云南省“云南省层面”重点开发区总面积的4.23%。其中，坡度≤8°的土地面积为739.399km²，坡度≤15°的土地面积为1217.817km²，坡度≤25°的土地面积为1401.825km²，坡度≤35°的土地面积为1415.877km²，坡度>35°的土地面积为26.123km²。

(2) 曲靖市“云南省层面”重点开发区2015年年末人口总数为76.73万人，占云南省人口总数的1.62%。人口密度为497人/km²。

(3) 曲靖市“云南省层面”重点开发区2015年的总量GDP为531.52亿元，占云南省总量GDP的3.84%，第二产业GDP为267.73亿元，占云南省第二产业GDP的4.80%。

(4) 曲靖市“云南省层面”重点开发区2015年的人均GDP为69271元，是云南省人均GDP的2.37倍。地均GDP为3443.49万元/km²。

(5) 曲靖市城镇化“现有”国土面积为62.75km²，城镇化“最大”国土面积为440.980km²，城镇化“有效”国土面积为401.024km²。

2) 曲靖市“云南省层面”限制开发区的面积构成与社会经济比重

(1) 曲靖市“云南省层面”限制开发区的面积为2.75万km²，占云南省“云南省层面”限制开发区总面积的9.43%。其中，坡度≤8°的土地面积为6444.521km²，坡度≤15°的土地面积为14739.220km²，坡度≤25°的土地面积为22499.080km²，坡度≤35°的土地面积为26318.760km²，坡度>35°的土地面积为2094.240km²。

(2) 曲靖市“云南省层面”限制开发区2015年年末人口总数为527.97万人，占云南省人口总数的11.13%。人口密度为193人/km²。

(3) 曲靖市“云南省层面”限制开发区2015年的总量GDP为1094.66亿元，

占云南省总量 GDP 的 7.91%，第二产业 GDP 为 374.37 亿元，占云南省第二产业 GDP 的 6.71%。

(4) 曲靖市“云南省层面”限制开发区 2015 年的人均 GDP 为 20733 元，是云南省人均 GDP 的 71.03%。地均 GDP 为 399.637 万元/km^2。

(5) 曲靖市城镇化“现有”国土面积为 189.09km^2，城镇化“最大”国土面积为 2308.96km^2，城镇化“有效”国土面积为 14.853km^2。

第三节 玉溪市的主体功能区的构成情况

玉溪市所辖的县(市、区)有红塔区、江川区、澄江县、通海县、华宁县、易门县、峨山县、新平县、元江县，分属于不同的主体功能区(图 15-3)。该市的国土面积为 1.48 万 km^2，2015 年年末人口总数为 236.20 万人，总量 GDP 为 1244.52 亿元，地均 GDP 为 832.89 万元/km^2，人均 GDP 为 52812 元。2015 年，该市第一产业 GDP 为 126.60 亿元，占云南省第一产业 GDP 的 6.16%，占本市总量 GDP 的 10.17%；第二产业 GDP 为 683.90 亿元，占云南省第二产业 GDP 的 12.63%，占本市总量 GDP 的 54.95%；第三产业 GDP 为 434.02 亿元，占云南省第三产业 GDP 的 7.06%，占本市总量 GDP 的 34.87%。

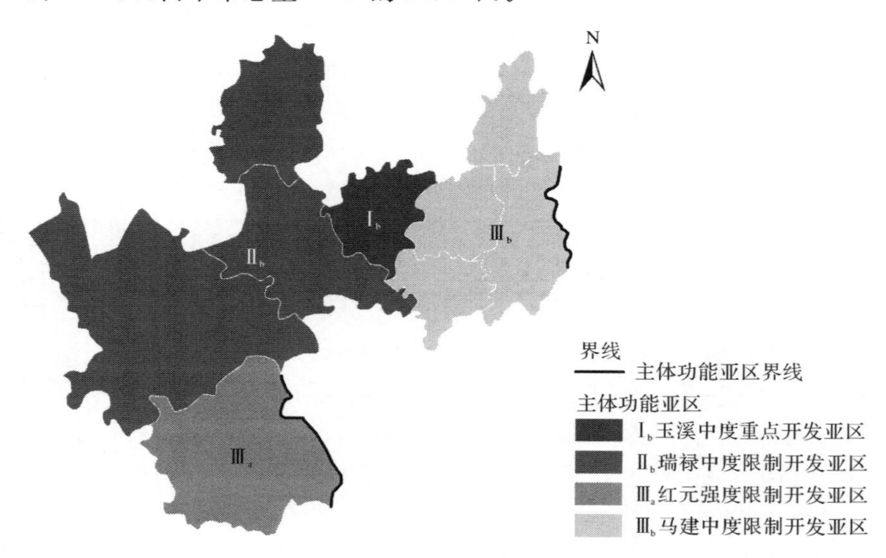

图 15-3 玉溪市主体功能区构成示意图

一、玉溪市各县(市、区)的主体功能属性

(1) 红塔区属于“国家层面”的重点开发区类型和“云南省层面”的重点开发区

类型，其面积为0.09万km^2，占玉溪市总面积的6.08%，占玉溪市有效国土面积的10.75%，占云南省“国家层面”重点开发区总面积的15.08%，占“云南省层面”重点开发区总面积的2.60%。

(2) 江川区、澄江县、通海县、华宁县属于“国家层面”的中度限制开发区类型和“云南省层面”的准重点开发区类型，其面积为0.36万km^2，占玉溪市总面积的23.65%，占玉溪市有效国土面积的39.15%，占云南省“国家层面”限制开发区总面积的1.35%，占“云南省层面”限制开发区总面积的1.22%。

(3) 易门县、峨山县、新平县属于“国家层面”的中度限制开发区类型和“云南省层面”的限制开发区类型，其面积为0.77万km^2，占玉溪市总面积的52.03%，占玉溪市有效国土面积的83.13%，占云南省“国家层面”限制开发区总面积的2.93%，占“云南省层面”限制开发区总面积的2.66%。

(4) 元江县属于“国家层面”的禁止(强限制)开发区类型和“云南省层面”的限制开发区类型，其面积为0.27万km^2，占玉溪市总面积的18.24%，占玉溪市有效国土面积的30.60%，占云南省“国家层面”禁止开发区总面积的2.40%，占“云南省层面”限制开发区总面积的0.93%。

二、玉溪市“国家层面”主体功能区的面积构成与社会经济比重

1) 玉溪市“国家层面”重点开发区的面积构成与社会经济比重

(1) 玉溪市“国家层面”重点开发区的面积为0.09万km^2，占云南省“国家层面”重点开发区总面积的15.08%。其中，坡度≤8°的土地面积为184.180km^2，坡度≤15°的土地面积为389.310km^2，坡度≤25°的土地面积为700.310km^2，坡度≤35°的土地面积为935.560km^2，坡度>35°的土地面积为68.440km^2。

(2) 玉溪市“国家层面”重点开发区2015年年末人口总数为50.77万人，占云南省人口总数的1.07%。人口密度为536人/km^2。

(3) 玉溪市“国家层面”重点开发区2015年的总量GDP为615.77亿元，占云南省总量GDP的4.45%，第二产业GDP为448.45亿元，占云南省第二产业GDP的8.04%。

(4) 玉溪市“国家层面”重点开发区2015年的人均GDP为121286元，是云南省人均GDP的4.15倍。地均GDP为6497.38万元/km^2。

(5) 玉溪市城镇化“现有”国土面积为42.48km^2，城镇化“最大”国土面积为152.470km^2，城镇化“有效”国土面积为23.928km^2。

2) 玉溪市“国家层面”限制开发区的面积构成与社会经济比重

(1) 玉溪市“国家层面”限制开发区的面积为1.13万km^2，占云南省“国家层面”限制开发区总面积的4.28%。其中，坡度≤8°的土地面积为831.140km^2，坡度≤15°的土地面积为2884.380km^2，坡度≤25°的土地面积为7426.230km^2，坡度

≤35°的土地面积为 10231.400km²，坡度>35°的土地面积为 1191.600km²。

(2) 玉溪市“国家层面”限制开发区 2015 年年末人口总数为 163.13 万人，占云南省人口总数的 3.44%。人口密度为 145 人/km²。

(3) 玉溪市“国家层面”限制开发区 2015 年的总量 GDP 为 557.00 亿元，占云南省总量 GDP 的 4.02%，第二产业 GDP 为 210.8 亿元，占云南省第二产业 GDP 的 3.78%。

(4) 玉溪市“国家层面”限制开发区 2015 年的人均 GDP 为 34144.55 元，是云南省人均 GDP 的 1.17 倍。地均 GDP 为 493.968 万元/km²。

(5) 玉溪市城镇化“现有”国土面积为 54.33km²，城镇化“最大”国土面积为 843.750km²，城镇化“有效”国土面积为 64.399km²。

3) 玉溪市“国家层面”禁止开发区的面积构成与社会经济比重

(1) 玉溪市“国家层面”禁止开发区的面积为 0.27 万 km²，占云南省“国家层面”禁止开发区总面积的 2.40%。其中，坡度≤8°的土地面积为 82.440km²，坡度≤15°的土地面积为 293.890km²，坡度≤25°的土地面积为 1215.030km²，坡度≤35°的土地面积为 2059.190km²，坡度>35°的土地面积为 798.810km²。

(2) 玉溪市“国家层面”禁止开发区 2015 年年末人口总数为 22.30 万人，占云南省人口总数的 0.47%。人口密度为 82 人/km²。

(3) 玉溪市“国家层面”禁止开发区 2015 年的总量 GDP 为 63.83 亿元，占云南省总量 GDP 的 0.46%，第二产业 GDP 为 12.15 亿元，占云南省第二产业 GDP 的 0.22%。

(4) 玉溪市“国家层面”禁止开发区 2015 年的人均 GDP 为 28623 元，是云南省人均 GDP 的 98.06%。地均 GDP 为 234.809 万元/km²。

(5) 玉溪市城镇化“现有”国土面积为 7.59km²，城镇化“最大”国土面积为 87.260km²，城镇化“有效”国土面积为 3.330km²。

三、玉溪市“云南省层面”主体功能区的面积构成与社会经济比重

1) 玉溪市“云南省层面”重点开发区的面积构成与社会经济比重

(1) 玉溪市“云南省层面”重点开发区的面积为 0.09 万 km²，占云南省“云南省层面”重点开发区总面积的 2.60%。其中，坡度≤8°的土地面积为184.180km²，坡度≤15°的土地面积为 389.310km²，坡度≤25°的土地面积为 700.310km²，坡度≤35°的土地面积为 935.560km²，坡度>35°的土地面积为 68.440km²。

(2) 玉溪市“云南省层面”重点开发区 2015 年年末人口总数为 50.77 万人，占云南省人口总数的 1.07%。人口密度为 536 人/km²。

(3) 玉溪市“云南省层面”重点开发区 2015 年的总量 GDP 为 615.77 亿元，占云南省总量 GDP 的 4.45%，第二产业 GDP 为 448.45 亿元，占云南省第二产业

GDP 的 8.04%。

(4) 玉溪市“云南省层面”重点开发区 2015 年年末的人均 GDP 为 121286 元，是云南省人均 GDP 的 4.15 倍。地均 GDP 为 6497.38 万元/km^2。

(5) 玉溪市城镇化“现有”国土面积为 42.48km^2，城镇化“最大”国土面积为 152.470km^2，城镇化“有效”国土面积为 132.619km^2。

2) 玉溪市“云南省层面”限制开发区的面积构成与社会经济比重

(1) 玉溪市“云南省层面”限制开发区的面积为 1.4 万 km^2，占云南省“国家层面”限制开发区总面积的 4.82%。其中，坡度≤8°的土地面积为 913.580km^2，坡度≤15°的土地面积为 3178.270km^2，坡度≤25°的土地面积为 8641.260km^2，坡度≤35°的土地面积为 12290.590km^2，坡度>35°的土地面积为 1990.410km^2。

(2) 玉溪市“云南省层面”限制开发区 2015 年年末人口总数为 185.43 万人，占云南省人口总数的 3.91%。人口密度为 133 人/km^2。

(3) 玉溪市“云南省层面”限制开发区 2015 年的总量 GDP 为 620.83 亿元，占云南省总量 GDP 的 4.49%，第二产业 GDP 为 222.95 亿元，占云南省第二产业 GDP 的 4.00%。

(4) 玉溪市“云南省层面”限制开发区 2015 年的人均 GDP 为 33481 元，是云南省人均 GDP 的 1.14 倍。地均 GDP 为 443.627 万元/km^2。

(5) 玉溪市城镇化“现有”国土面积为 61.92km^2，城镇化“最大”国土面积为 931.010km^2，城镇化“有效”国土面积为 18.198km^2。

第四节　保山市的主体功能区的构成情况

保山市所辖的县(市、区)有隆阳区、施甸县、腾冲市、龙陵县、昌宁县，分属于不同的主体功能区(图 15-4)。该市的总面积为 1.92 万 km^2，2015 年年末人口总数为 258.10 万人，总量 GDP 为 551.96 亿元，地均 GDP 为 289.558 万元/km^2，人均 GDP 为 21444 元。2015 年，该市第一产业 GDP 为 141.97 亿元，占云南省第一产业 GDP 的 6.91%，占本市总量 GDP 的 25.72%；第二产业 GDP 为 192.05 亿元，占云南省第二产业 GDP 的 3.55%，占本市总量 GDP 的 34.79%；第三产业 GDP 为 217.94 亿元，占云南省第三产业 GDP 的 3.55%，占本市总量 GDP 的 39.48%。

一、保山市各县(市、区)的主体功能属性

(1) 隆阳区属于“国家层面”的轻度限制开发区类型和“云南省层面”的重点开发区类型，其面积为 0.49 万 km^2，占保山市总面积的 25.52%，占保山市有效国土面积的 45.80%，占云南省“国家层面”限制开发区总面积的 1.84%，占“云南省层

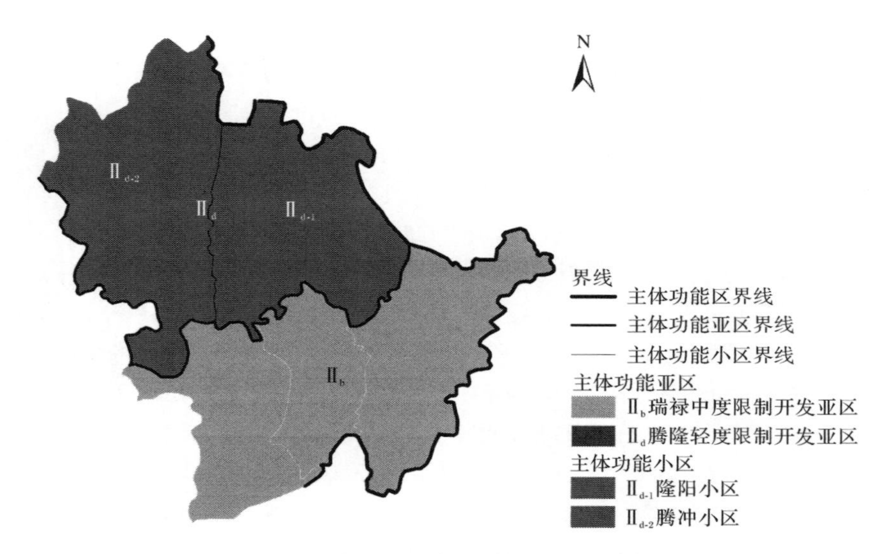

图 15-4　保山市主体功能区构成示意图

面”重点开发区总面积的 13.29%。

(2) 施甸县、龙陵县和昌宁县属于“国家层面”的中度限制开发区类型和“云南省层面”的限制开发区类型，其面积为 0.86 万 km^2，占保山市总面积的 44.79%，占保山市有效国土面积的 80.25%，占云南省“国家层面”限制开发区总面积的 3.26%，占“云南省层面”限制开发区总面积的 2.96%。

(3) 腾冲市属于“国家层面”的轻度限制开发区类型和“云南省层面”的限制开发区类型，其面积为 0.57km^2，占保山市总面积的 29.69%，占保山市有效国土面积的53.42%，占云南省“国家层面”限制开发区总面积的 2.16%，占“云南省层面”限制开发区总面积的 1.96%。

二、保山市“国家层面”主体功能区的面积构成与社会经济比重

(1) 保山市“国家层面”限制开发区的面积为 1.92 万 km^2，占云南省“国家层面”限制开发区总面积的 7.26%。其中，坡度≤8°的土地面积为 1830.940km^2，坡度≤15°的土地面积为 3652.350km^2，坡度≤25°的土地面积为 10942.230km^2，坡度≤35°的土地面积为 16365.960km^2，坡度>35°的土地面积为 3271.040km^2。

(2) 保山市“国家层面”限制开发区 2015 年年末人口总数为 258.10 万人，占云南省人口总数的 5.44%，人口密度为 135 人/km^2。

(3) 保山市“国家层面”限制开发区 2015 年的总量 GDP 为 551.96 亿元，占云南省总量 GDP 的 3.99%，第二产业 GDP 为 192.06 亿元，占云南省第二产业 GDP 的 3.44%。

(4) 保山市"国家层面"限制开发区 2015 年的人均 GDP 为 21385.51 元，是云南省人均 GDP 的 73.26%，地均 GDP 为 288.923 万元/km^2。

(5) 保山市城镇化"现有"国土面积为 85.22km^2，城镇化"最大"国土面积为 1235.610km^2，城镇化"有效"国土面积为 94.310km^2。

三、保山市"云南省层面"主体功能区的面积构成与社会经济比重

1) 保山市"云南省层面"重点开发区的面积构成与社会经济比重

(1) 保山市"云南省层面"重点开发区的面积为 0.49 万 km^2，占云南省"云南省层面"重点开发区总面积的 13.29%。其中，坡度≤8°的土地面积为 470.520km^2，坡度≤15°的土地面积为 958.700km^2，坡度≤25°的土地面积为 2273.500km^2，坡度≤35°的土地面积为 3659.470km^2，坡度>35°的土地面积为 1351.530km^2。

(2) 保山市"云南省层面"重点开发区 2015 年年末人口总数为 96.38 万人，占云南省人口总数的 2.03%。人口密度为 199 人/km^2。

(3) 保山市"云南省层面"重点开发区 2015 年的总量 GDP 为 210.19 亿元，占云南省总量 GDP 的 1.52%，第二产业 GDP 为 70.9 亿元，占云南省第二产业 GDP 的 1.27%。

(4) 保山市"云南省层面"重点开发区 2015 年的人均 GDP 为 21808 元，是云南省人均 GDP 的 74.71%。地均 GDP 为 433.321 万元/km^2。

(5) 保山市城镇化"现有"国土面积为 30.53km^2，城镇化"最大"国土面积为 305.340km^2，城镇化"有效"国土面积为 166.285km^2。

2) 保山市"云南省层面"限制开发区的面积构成与社会经济比重

(1) 保山市"云南省层面"限制开发区的面积为 1.43 万 km^2，占云南省"云南省层面"限制开发区总面积的 4.91%。其中，坡度≤8°的土地面积为 1360.420km^2，坡度≤15°的土地面积为 2693.650km^2，坡度≤25°的土地面积为 8668.730km^2，坡度≤35°的土地面积为 12706.490km^2，坡度>35°的土地面积为 1919.510km^2。

(2) 保山市"云南省层面"限制开发区 2015 年年末人口总数为 161.72 万人，占云南省人口总数的 3.41%。人口密度为 113 人/km^2。

(3) 保山市"云南省层面"限制开发区 2015 年的总量 GDP 为 341.77 亿元，占云南省总量 GDP 的 2.47%，第二产业 GDP 为 121.16 亿元，占云南省第二产业 GDP 的 2.17%。

(4) 保山市"云南省层面"限制开发区 2015 年的人均 GDP 为 21133 元，是云南省人均 GDP 的 72.40%。地均 GDP 为 239.782 万元/km^2。

(5) 保山市城镇化"现有"国土面积为 54.69km^2，城镇化"最大"国土面积为

930.270km^2，城镇化“有效”国土面积为 13.436km^2。

第五节 昭通市的主体功能区的构成情况

昭通市所辖的县(市、区)有昭阳区、鲁甸县、巧家县、盐津县、永善县、绥江县、水富县、大关县、镇雄县、彝良县、威信县，分属于不同的主体功能区(图 15-5)。该市的国土面积为 2.24 万 km^2，2015 年年末人口总数为 543 万人，总量 GDP 为 708.38 亿元，地均 GDP 为 315.68 万元/km^2，人均 GDP 为 13097 元。2015 年，该市第一产业 GDP 为 140.65 亿元，占云南省第一产业 GDP 的 6.84%，占本市总量 GDP 的 19.86%；第二产业 GDP 为 308.13 亿元，占云南省第二产业 GDP 的 5.69%，占本市总量 GDP 的 43.50%；第三产业 GDP 为 259.60 亿元，占云南省第三产业 GDP 的 4.22%，占本市总量 GDP 的 36.65%。

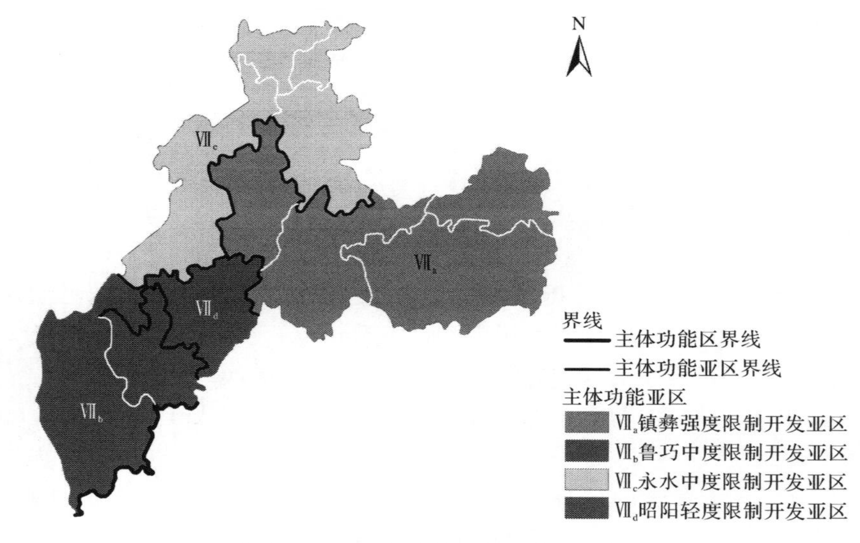

图 15-5 昭通市主体功能区构成示意图

一、昭通市各县(市、区)的主体功能属性

(1) 昭阳区属于“国家层面”的轻度限制开发区类型和“云南省层面”的重点开发区类型，其面积为 0.22 万 km^2，占昭通市总面积的 9.82%，占昭通市有效国土面积的 17.87%，占云南省“国家层面”限制开发区总面积的 0.82%，占“云南省层面”重点开发区总面积的 5.93%。

(2) 鲁甸县和巧家县属于“国家层面”的中度限制开发区类型和“云南省层面”的限制开发区类型，其面积为 0.47 万 km^2，占昭通市总面积的 20.98%，占昭通市有效国土面积的38.01%，占云南省的“国家层面”的限制开发区总面积的1.78%，占“云南省层面”限制开发区总面积的1.61%。

(3) 盐津县、永善县、绥江县和水富县属于“国家层面”的中度限制开发区类型和“云南省层面”的限制开发区类型，其面积为0.60万km^2，占昭通市总面积的26.34%，占昭通市有效国土面积的48.91%，占云南省“国家层面”限制开发区总面积的2.27%，占“云南省层面”限制开发区总面积的2.06%。

(4) 大关县、镇雄县、彝良县和威信县属于“国家层面”的禁止(强限制)开发区类型和“云南省层面”的限制开发区类型，其面积为0.96万km^2，占昭通市总面积的42.86%，占昭通市有效国土面积的78.89%，占云南省“国家层面”禁止开发区总面积的8.49%，占“云南省层面”限制开发区总面积的3.31%。

二、昭通市“国家层面”主体功能区的面积构成与社会经济比重

1) 昭通市“国家层面”限制开发区的面积构成与社会经济比重

(1) 昭通市“国家层面”限制开发区的面积为1.28万km^2，占云南省“国家层面”限制开发区总面积的4.87%。其中，坡度≤8°的土地面积为782.500km^2，坡度≤15°的土地面积为3130.230km^2，坡度≤25°的土地面积为6898.670km^2，坡度≤35°的土地面积为9969.470km^2，坡度>35°的土地面积为31644.530km^2。

(2) 昭通市“国家层面”限制开发区2015年年末人口总数为282.69万人，占云南省人口总数的5.96%，人口密度为220人/km^2。

(3) 昭通市“国家层面”限制开发区2015年的总量GDP为490.84亿元，占云南省总量GDP的3.55%，第二产业GDP为233.44亿元，占云南省第二产业GDP的4.19%。

(4) 昭通市“国家层面”限制开发区2015年的人均GDP为17363.19元，是云南省人均GDP的59.48%，地均GDP为382.539万元/km^2。

(5) 昭通市城镇化“现有”国土面积为55.13km^2，城镇化“最大”国土面积为802.020km^2，城镇化“有效”国土面积为61.214km^2。

2) 昭通市“国家层面”禁止开发区的面积构成与社会经济比重

(1) 昭通市“国家层面”禁止开发区的面积为0.96万km^2，占云南省“国家层面”禁止开发区总面积的8.49%。其中，坡度≤8°的土地面积为484.970km^2，坡度≤15°的土地面积为2292.430km^2，坡度≤25°的土地面积为5633.460km^2，坡度≤35°的土地面积为8503.520km^2，坡度>35°的土地面积为1383.480km^2。

(2) 昭通市“国家层面”禁止开发区2015年年末人口总数为260.31万人，占云南省人口总数的5.49%。人口密度为271人/km^2。

(3) 昭通市“国家层面”禁止开发区2015年的总量GDP为198.27亿元，占云南省总量GDP的1.43%，第二产业GDP为64.29亿元，占云南省第二产业GDP

的 1.15%。

(4) 昭通市“国家层面”禁止开发区 2015 年的人均 GDP 为 7617 元，是云南省人均 GDP 的 26.09%。地均 GDP 为 206.345 万元/km^2。

(5) 昭通市城镇化“现有”国土面积为 17.63km^2，城镇化“最大”国土面积为 128.230km^2，城镇化“有效”国土面积为 4.894km^2。

三、昭通市“云南省层面”主体功能区的面积构成与社会经济比重

1) 昭通市“云南省层面”重点开发区的面积构成与社会经济比重

(1) 昭通市“云南省层面”重点开发区的面积为 0.22 万 km^2，占云南省“云南省层面”重点开发区总面积的 5.93%。其中，坡度≤8°的土地面积为543.400km^2，坡度≤15°的土地面积为 1035.980km^2，坡度≤25°的土地面积为 1674.210km^2，坡度≤35°的土地面积为 2050.800km^2，坡度>35°的土地面积为 189.200km^2。

(2) 昭通市“云南省层面”重点开发区 2015 年年末人口总数为 82.36 万人，占云南省人口总数的 1.74%。人口密度为 381 人/km^2。

(3) 昭通市“云南省层面”重点开发区 2015 年的总量 GDP 为 216.14 亿元，占云南省总量 GDP 的 1.56%，第二产业 GDP 为 109.93 亿元，占云南省第二产业 GDP 的 1.97%。

(4) 昭通市“云南省层面”重点开发区 2015 年的人均 GDP 为 26243 元，是云南省人均 GDP 的 89.90%。地均 GDP 为 999.236 万元/km^2。

(5) 昭通市城镇化“现有”国土面积为 24.99km^2，城镇化“最大”国土面积为 559.11km^2，城镇化“有效”国土面积为 108.669km^2。

2) 昭通市“云南省层面”限制开发区的面积构成与社会经济比重

(1) 昭通市“云南省层面”限制开发区的面积为 2.03 万 km^2，占云南省“云南省层面”限制开发区总面积的 6.98%。其中，坡度≤8°的土地面积为724.070km^2，坡度≤15°的土地面积为 4386.680km^2，坡度≤25°的土地面积为 10857.900km^2，坡度≤35°的土地面积为 16422.200km^2，坡度>35°的土地面积为 4358.800km^2。

(2) 昭通市“云南省层面”限制开发区 2015 年年末人口总数为 460.64 万人，占云南省人口总数的 9.71%。人口密度为 227 人/km^2。

(3) 昭通市“云南省层面”限制开发区 2015 年的总量 GDP 为 472.97 亿元，占云南省总量 GDP 的 3.42%，第二产业 GDP 为 187.8 亿元，占云南省第二产业 GDP 的 3.337%。

(4) 昭通市“云南省层面”限制开发区 2015 年的人均 GDP 为 10268 元，是云南省人均 GDP 的 35.17%。地均 GDP 为 233.257 万元/km^2。

(5) 昭通市城镇化“现有”国土面积为 47.78km^2，城镇化“最大”国土面积为 371.140km^2，城镇化“有效”国土面积为 18.151km^2。

第六节 丽江市的主体功能区的构成情况

丽江市所辖的县(市、区)有古城区、玉龙县、永胜县、华坪县、宁蒗县,分属于不同的主体功能区(图 15-6)。该市的国土面积为 2.06 万 km^2,2015 年年末人口总数为 128.00 万人,总量 GDP 为 289.61 亿元,地均 GDP 为 140.899 万元/km^2,人均 GDP 为 22670 元。2015 年,该市第一产业 GDP 为 445700 亿元,占云南省第一产业 GDP 的 2.17%,占本市总量 GDP 的 15.39%;第二产业 GDP 为 115.2 亿元,占云南省第二产业 GDP 的 2.13%,占本市生产总量 GDP 的 39.78%;第三产业 GDP 为 129.84 亿元,占云南省第三产业 GDP 的 2.11%,占本市总量 GDP 的 44.83%。

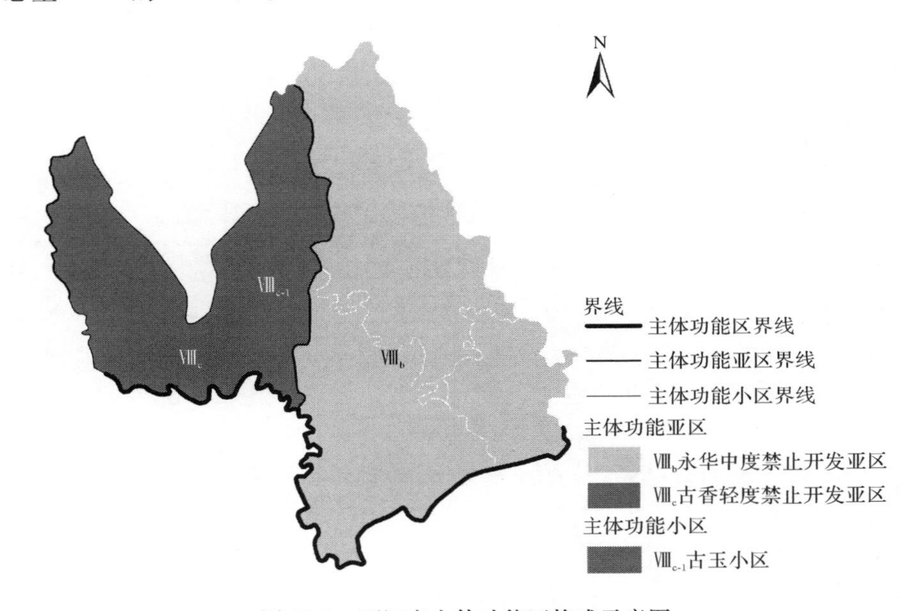

图 15-6 丽江市主体功能区构成示意图

一、丽江市各县(市、区)的主体功能属性

永胜县、华坪县、宁蒗县属于“国家层面”的中度禁止开发区类型,古城区、玉龙县属于“国家层面”的轻度禁止开发区;丽江市各县(市、区)均属于“云南省层面”的禁止开发区类型,其面积为 2.06 万 km^2,占云南省“国家层面”的禁止开发区总面积的 18.17%,占“云南省层面”的禁止开发区总面积的 38.10%。

二、丽江市“国家层面”主体功能区的面积构成与社会经济比重

(1) 丽江市“国家层面”禁止开发区的面积为 2.06 万 km^2，占云南省“国家层面”禁止开发区总面积的 18.17%。其中，坡度≤8°的土地面积为 1429.58km^2，坡度≤15°的土地面积为 4735.59km^2，坡度≤25°的土地面积为 11390.59km^2，坡度≤35°的土地面积为 17944.63km^2，坡度>35°的土地面积为 3274.370km^2。

(2) 丽江市“国家层面”禁止开发区 2015 年年末人口总数为 128.00 万，占云南省人口总数的 2.70%。人口密度为 62 人/km^2。

(3) 丽江市“国家层面”禁止开发区 2015 年的总量 GDP 为 288.56 亿元，占云南省总量 GDP 的 2.08%，第二产业 GDP 为 114.57 亿元，占云南省第二产业 GDP 的 2.05%。

(4) 丽江市“国家层面”禁止开发区 2015 年的人均 GDP 为 22544 元，相当于云南省人均 GDP 的 77.23%。地均 GDP 为 140.389 万元/km^2。

(5) 丽江市城镇化“现有”国土面积为 67.87km^2，城镇化“最大”国土面积为 76.93km^2，城镇化“有效”国土面积为 2.936km^2。

三、丽江市“云南省层面”主体功能区的面积构成与社会经济比重

(1) 丽江市“云南省层面”禁止开发区的面积为 2.06 万 km^2，占云南省“云南省层面”禁止开发区总面积的 38.10%。其中，坡度≤8°的土地面积为 1429.58km^2，坡度≤15°的土地面积为 4735.59km^2，坡度≤25°的土地面积为 11390.59km^2，坡度≤35°的土地面积为 17944.63km^2，坡度>35°的土地面积为 3274.370km^2。

(2) 丽江市“云南省层面”禁止开发区 2015 年年末总人口为 128.00 万，占云南省总人口的 2.70%。人口密度为 62 人/km^2。

(3) 丽江市“云南省层面”禁止开发区 2015 年的总量 GDP 为 288.56 亿元，占云南省总量 GDP 的 2.08%，第二产业 GDP 为 114.57 亿元，占云南省第二产业 GDP 的 2.05%。

(4) 丽江市“云南省层面”禁止开发区 2015 年的人均 GDP 为 22544 元，相当于云南省人均 GDP 的 77.23%。地均 GDP 为 140.389 万元/km^2。

(5) 丽江市城镇化“现有”国土面积为 67.87km^2，城镇化“最大”国土面积为 76.93km^2，城镇化“有效”国土面积为 2.936km^2。

第七节　普洱市的主体功能区的构成情况

普洱市所辖的县(市、区)有墨江县、景东县、景谷县、镇沅县、澜沧县、思茅区、

宁洱县、西盟县、孟连县、江城县，分属于不同的主体功能区（图 15-7）。该市的总面积为 4.43 万 km^2，2015 年年末人口总数为 260.50 万人，总量 GDP 为 514.01 亿元，地均 GDP 为 116.118 万元/km^2，人均 GDP 为 19773 元。2015 年，该市第一产业 GDP 为 143.13 亿元，占云南省第一产业 GDP 的 6.96%，占本市总量 GDP 的 27.85%；第二产业 GDP 为 178.88 亿元，占云南省第二产业 GDP 的 3.30%，占本市总量 GDP 的 34.80%；第三产业 GDP 为 192.00 亿元，占云南省第三产业 GDP 的 3.12%，占本市总量 GDP 的 37.35%。

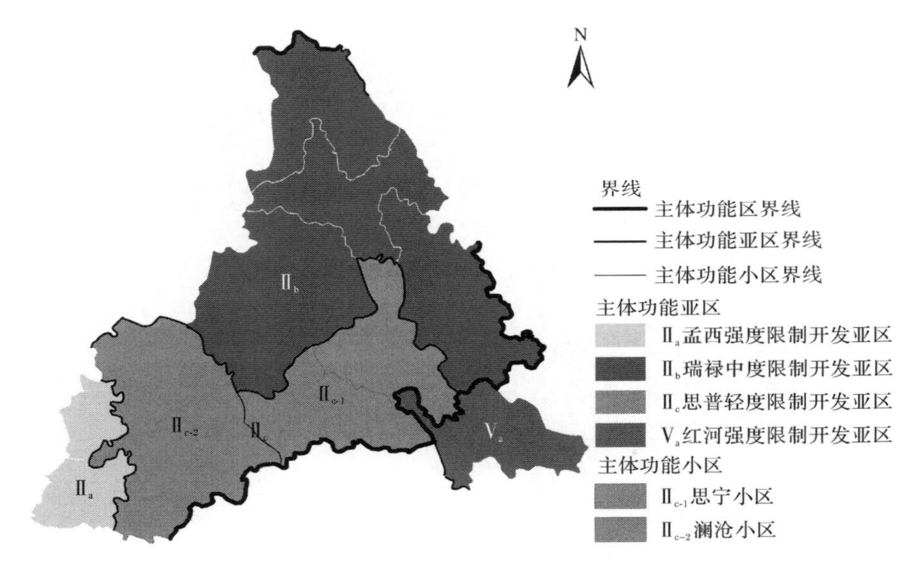

图 15-7　普洱市主体功能区构成示意图

一、普洱市各县(市、区)的主体功能属性

(1) 西盟县、江城县和孟连县属于“国家层面”的禁止（强度限制）开发区类型和“云南省层面”的限制开发区类型，其面积为 0.66 万 km^2，占普洱市总面积的 14.90%，占普洱市有效国土面积的 8.98%，占云南省“国家层面”禁止开发区总面积的 5.82%，占“云南省层面”限制开发区总面积的 2.27%。

(2) 墨江县、景东县、景谷县、镇沅县在“国家层面”属于中度限制开发区类型，墨江县、景东县、景谷县、镇沅县在“云南省层面”属于限制开发区类型，其面积为 2.14 万 km^2，占普洱市总面积的 48.31%，占普洱市有效国土面积的45.26%，占云南省“国家层面”限制开发区总面积的 8.12%，占“云南省层面”限制开发区总面积的 7.37%。

(3) 思茅区、宁洱县属于“国家层面”的轻度限制开发区类型和“云南省层面”

的重点开发区类型，其面积为 0.76 万 km^2，占普洱市总面积的 17.16%，占普洱市有效国土面积的 17.24%，占云南省“国家层面”限制开发区总面积的2.86%，占“云南省层面”重点开发区总面积的 20.67%。

(4) 澜沧县属于“国家层面”的轻度限制开发区类型和“云南省层面”的限制开发区类型，其面积为 0.87 万 km^2，占普洱市总面积的 19.64%，占普洱市有效国土面积的 22.52%，占云南省“国家层面”限制开发区总面积的 3.31%，占“云南省层面”限制开发区总面积的 3.01%。

二、普洱市“国家层面”主体功能区的面积构成与社会经济比重

1) 普洱市“国家层面”限制开发区的面积构成与社会经济比重

(1) 普洱市“国家层面”限制开发区的面积为 3.77 万 km^2，占云南省“国家层面”限制开发区总面积的 14.29%。其中，坡度≤8°的土地面积为 888.01km^2，坡度≤15°的土地面积为 3382.91km^2，坡度≤25°的土地面积为 22566.76km^2，坡度≤35°的土地面积为 35011.33km^2，坡度>35°的土地面积为 3549.67km^2。

(2) 普洱市“国家层面”限制开发区 2015 年年末总人口总数为 224.49 万人，占云南省人口总数的 4.73%，人口密度为 60 人/km^2。

(3) 普洱市“国家层面”限制开发区 2015 年的总量 GDP 为 455.22 亿元，占云南省总量 GDP 的 3.29%，第二产业 GDP 为 162.96 亿元，占云南省第二产业 GDP 的 2.92%。

(4) 普洱市“国家层面”限制开发区 2015 年的人均 GDP 为 20278 元，是云南省人均 GDP 的 69.47%。地均 GDP 为 120.796 万元/km^2。

(5) 普洱市城镇化“现有”国土面积为 62.11km^2，城镇化“最大”国土面积为 661.96km^2，城镇化“有效”国土面积为 50.52km^2。

2) 普洱市“国家层面”禁止开发区的面积构成与社会经济比重

(1) 普洱市“国家层面”禁止开发区的面积为 0.66 万 km^2，占云南省“国家层面”禁止开发区总面积的 5.82%。其中，坡度≤8°的土地面积为 145.29km^2，坡度≤15°的土地面积为 650.19km^2，坡度≤25°的土地面积为 3978.02km^2，坡度≤35°的土地面积为 6313.21km^2，坡度>35°的土地面积为 510.790km^2。

(2) 普洱市“国家层面”禁止开发区 2015 年年末人口总数为 36.01 万人，占云南省人口总数的 0.76%。人口密度为 55 人/km^2。

(3) 普洱市“国家层面”禁止开发区 2015 年的总量 GDP 为 58.80 亿元，占云南省总量 GDP 的 0.42%，第二产业 GDP 为 15.93 亿元，占云南省第二产业 GDP 的 0.29%。

(4) 普洱市“国家层面”禁止开发区 2015 年的人均 GDP 为 16328.80 元，占云南省人均 GDP 的 55.94%。地均 GDP 为 89.349 万元/km^2。

(5) 普洱市城镇化“现有”国土面积为 12.13km^2，城镇化“最大”国土面积为 69.85km^2，城镇化“有效”国土面积为 2.67km^2。

三、普洱市“云南省层面”主体功能区的面积构成与社会经济比重

1) 普洱市“云南省层面”重点开发区的面积构成与社会经济比重

(1) 普洱市“云南省层面”重点开发区的面积为 0.75 万 km^2，占云南省“云南省层面”重点开发区总面积的 20.67%。其中，坡度≤8°的土地面积为 196.21km^2，坡度≤15°的土地面积为 729.55km^2，坡度≤25°的土地面积为 4576.53km^2，坡度≤35°的土地面积为 7150.01km^2，坡度>35°的土地面积为 612.990km^2。

(2) 普洱市“云南省层面”重点开发区 2015 年年末人口总数为 50.53 万人，占云南省人口总数的 1.07%。人口密度为 67 人/km^2。

(3) 普洱市“云南省层面”重点开发区 2015 年的总量 GDP 为 162.57 亿元，占云南省总量 GDP 的 1.17%，第二产业 GDP 为 162.57 亿元，占云南省第二产业 GDP 的 2.92%。

(4) 普洱市“云南省层面”重点开发区 2015 年的人均 GDP 为 32173 元，占云南省人均 GDP 的 110.22%。地均 GDP 为 215.55 万元/km^2。

(5) 普洱市城镇化“现有”国土面积为 62.91km^2，城镇化“最大”国土面积为 42.84km^2，城镇化“有效”国土面积为 17.02km^2。

2) 普洱市“云南省层面”限制开发区的面积构成与社会经济比重

(1) 普洱市“云南省层面”限制开发区的面积为 3.67 万 km^2，占云南省“云南省层面”限制开发区总面积的 12.64%。其中，坡度≤8°的土地面积为837.09km^2，坡度≤15°的土地面积为 3303.55km^2，坡度≤25°的土地面积为 21968.25km^2，坡度≤35°的土地面积为 34174.53km^2，坡度>35°的土地面积为 3447.470km^2。

(2) 普洱市“云南省层面”限制开发区 2015 年年末人口总数为 209.97 万人，占云南省人口总数的 4.43%，人口密度为 57 人/km^2。

(3) 普洱市“云南省层面”限制开发区 2015 年的总量 GDP 为 351.45 亿元，占云南省总量 GDP 的 2.54%，第二产业 GDP 为 115.98 亿元，占云南省第二产业 GDP 的 2.08%。

(4) 普洱市“云南省层面”限制开发区 2015 年的人均 GDP 为 16738 元，占云南省人均 GDP 的 57.34%。地均 GDP 为 95.700 万元/km^2。

(5) 普洱市城镇化“现有”国土面积为 39.71km^2，城镇化“最大”国土面积为 688.97km^2，城镇化“有效”国土面积为 47.58km^2。

第八节　临沧市的主体功能区的构成情况

临沧市所辖的县(市、区)有临翔区、凤庆县、云县、永德县、镇康县、双江县、耿

马县、沧源县，分属于不同的主体功能区(图 15-8)。该市的国土面积为 2.36 万 km^2，2015 年年末人口总数为 250.90 万人，总量 GDP 为 502.12 亿元，地均 GDP 为 212.581 万元/km^2，人均 GDP 为 20077 元。2015 年，该市第一产业 GDP 为 145.34 亿元，占云南省第一产业 GDP 的 7.07%，占本市总量 GDP 的 28.95%；第二产业 GDP 为 169.80 亿元，占云南省第二产业 GDP 的 3.14%，占本市总量 GDP 的 33.82%；第三产业 GDP 为 186.98 亿元，占云南省第三产业 GDP 的 3.04%，占本市总量 GDP 的 37.24%。

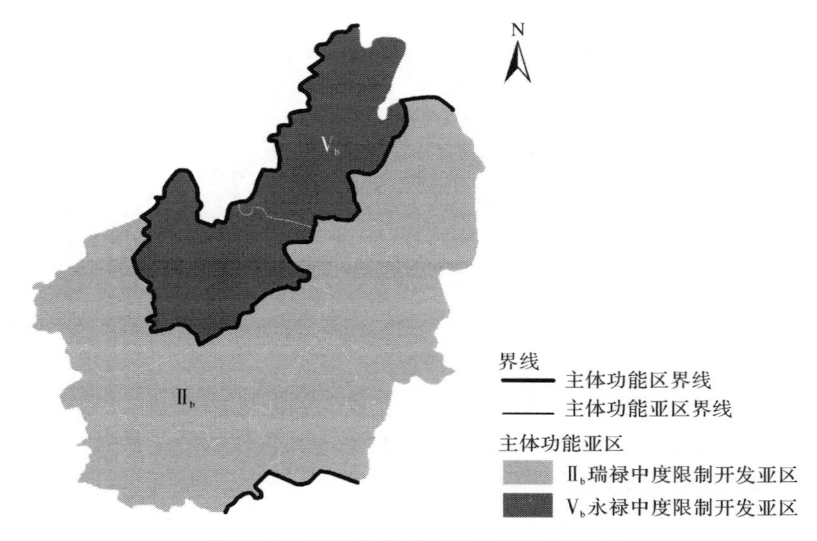

图 15-8 临沧市主体功能区构成示意图

一、临沧市各县(市、区)的主体功能属性

临沧市各县(市、区)均属于“国家层面”的中度限制开发区类型和“云南省层面”的限制开发区类型，其面积为 2.36 万 km^2，占云南省“国家层面”限制开发区总面积的 8.92%，占“云南省层面”限制开发区总面积的 8.13%。

二、临沧市“国家层面”主体功能区的面积构成与社会经济比重

(1) 临沧市“国家层面”限制开发区的面积为 2.36 万 km^2，占云南省“国家层面”限制开发区总面积的 8.92%。其中，坡度≤8°的土地面积为 796.15km^2，坡度≤15°的土地面积为 2686.68km^2，坡度≤25°的土地面积为 14590.05km^2，坡度≤35°的土地面积为 21780.76km^2，坡度>35°的土地面积为 2688.24km^2。

(2) 临沧市“国家层面”限制开发区 2015 年年末总人口为 250.90 万，占云南省总人口的 5.29%，人口密度为 106 人/km^2。

(3) 临沧市"国家层面"限制开发区 2015 年的总量 GDP 为 503.22 亿元,占云南省生产总值的 3.64%,第二产业 GDP 为 169.79 亿元,占云南省第二产业 GDP 的 3.05%。

(4) 临沧市"国家层面"限制开发区 2015 年的人均 GDP 为 20057 元,只相当于云南省人均 GDP 的 68.71%。地均 GDP 为 213.047 万元/km^2。

(5) 临沧市城镇化"现有"国土面积为 66.78km^2,城镇化"最大"国土面积为 502.887km^2,城镇化"有效"国土面积为 38.383km^2。

三、临沧市"云南省层面"主体功能区的面积构成与社会经济比重

(1) 临沧市"云南省层面"限制开发区的面积为 2.36 万 km^2,占云南省"云南省层面"限制开发区总面积的 8.13%。其中,坡度≤8°的土地面积为 796.15km^2,坡度≤15°的土地面积为 2686.68km^2,坡度≤25°的土地面积为 14590.05km^2,坡度≤35°的土地面积为 21780.76km^2,坡度>35°的土地面积为 2688.24km^2。

(2) 临沧市"云南省层面"限制开发区 2015 年年末总人口为 250.90 万,占云南省总人口的 5.29%,人口密度为 106 人/km^2。

(3) 临沧市"云南省层面"限制开发区 2015 年的总量 GDP 为 503.22 亿元,占云南省生产总值的 3.64%,第二产业 GDP 为 169.79 亿元,占云南省第二产业 GDP 的 3.05%。

(4) 临沧市"云南省层面"限制开发区 2015 年的人均 GDP 为 20057 元,只相当于云南省人均 GDP 的 68.71%。地均 GDP 为 213.047 万元/km^2。

(5) 临沧市城镇化"现有"国土面积为 66.78km^2,城镇化"最大"国土面积为 502.887km^2,城镇化"有效"国土面积为 38.383km^2。

第九节 楚雄彝族自治州的主体功能区的构成情况

楚雄彝族自治州(简称楚雄州)所辖的县(市、区)有楚雄市、双柏县、牟定县、南华县、姚安县、大姚县、永仁县、元谋县、武定县、禄丰县,分属于不同的主体功能区(图 15-9)。该州的国土面积为 2.84 万 km^2,2015 年年末人口总数为 273.30 万人,总量 GDP 为 762.97 亿元,地均 GDP 为 268.289 万元/km^2,人均 GDP 为 27942 元。2015 年,该州第一产业 GDP 为 152.82 亿元,占云南省第一产业 GDP 的7.43%,占本州总量 GDP 的 20.03%,第二产业 GDP 为 291.85 亿元,占云南省第二产业 GDP 的 5.39%,占本州总量 GDP 的 38.25%,第三产业 GDP 为 318.30 亿元,占云南省第三产业 GDP 的 5.18%,占本州总量 GDP 的 41.72%。

一、楚雄州各县(市、区)的主体功能属性

(1) 楚雄市属于"国家层面"的轻度限制开发区类型和"云南省层面"的重点开

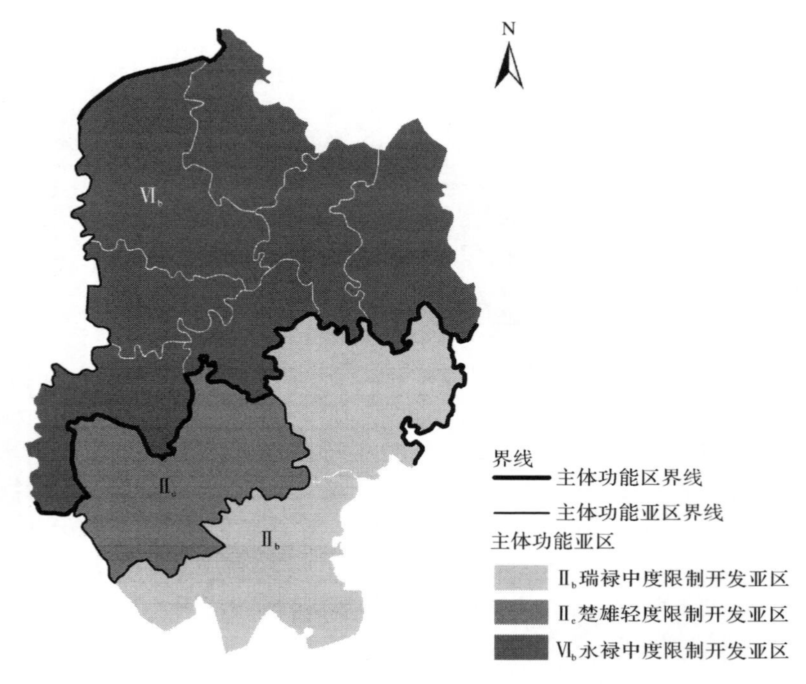

图 15-9　楚雄州主体功能区构成示意图

发区类型，其面积为 0.44 万 km^2，占楚雄州总面积的 15.59%，占楚雄州有效国土面积的 24.45%，占云南省“国家层面”限制开发区总面积的 1.68%，占“云南省层面”重点开发区总面积的 12.15%。

(2) 双柏县、牟定县、南华县、姚安县、大姚县、永仁县、元谋县、武定县、禄丰县属于“国家层面”的中度限制开发区类型和“云南省层面”的限制开发区类型，其面积为 2.40 万 km^2，占楚雄州总面积的 84.41%，是楚雄州有效国土面积的 1.35 倍，占云南省“国家层面”限制开发区总面积的 9.10%，占“云南省层面”限制开发区总面积的 8.26%。

二、楚雄州“国家层面”主体功能区的面积构成与社会经济比重

(1) 楚雄州“国家层面”限制开发区的面积为 2.84 万 km^2，占云南省“国家层面”限制开发区总面积的 10.78%。其中，坡度≤8°的土地面积为 1835.970km^2，坡度≤15°的土地面积为 6774.670km^2，坡度≤25°的土地面积为 18333km^2，坡度≤35°的土地面积为 26452.270km^2，坡度>35°的土地面积为 2805.730km^2。

(2) 楚雄州“国家层面”限制开发区 2015 年年末人口总数为 273.30 万人，占云南省人口总数的 5.76%。人口密度为 96 人/km^2。

(3) 楚雄州“国家层面”限制开发区 2015 年的总量 GDP 为 755.29 亿元，占云南省总量 GDP 的 5.46%，第二产业 GDP 为 292.3 亿元，占云南省第二产业 GDP 的 5.24%。

(4) 楚雄州“国家层面”限制开发区 2015 年的人均 GDP 为 27636 元，占云南省人均 GDP 的 94.67%。地均 GDP 为 2265.588 元/km^2。

(5) 楚雄州城镇化“现有”国土面积为 101.41km^2，城镇化“最大”国土面积为 1063.240km^2，城镇化“有效”国土面积为 81.152km^2。

三、楚雄州“云南省层面”主体功能区的面积构成与社会经济比重

1) 楚雄州“云南省层面”重点开发区的面积构成与社会经济比重

(1) 楚雄州“云南省层面”重点开发区的面积为 0.44 万 km^2，占云南省“云南省层面”重点开发区总面积的 12.15%。其中，坡度≤8°的土地面积为 238.020km^2，坡度≤15°的土地面积为 748.510km^2，坡度≤25°的土地面积为 2394.280km^2，坡度≤35°的土地面积为 3941.720km^2，坡度>35°的土地面积为 540.280km^2。

(2) 楚雄州“云南省层面”重点开发区 2015 年年末人口总数为 59.75 万人，占云南省人口总数的 1.26%，人口密度为 135 人/km^2。

(3) 楚雄州“云南省层面”重点开发区 2015 年的总量 GDP 为 299.09 亿元，占云南省总量 GDP 的 2.16%，第二产业 GDP 为 160.41 亿元，占云南省第二产业 GDP 的 2.88%。

(4) 楚雄州“云南省层面”重点开发区 2015 年的人均 GDP 为 50057 元，是云南省人均 GDP 的 1.71 倍，地均 GDP 为 674.64 万元/km^2。

(5) 楚雄州城镇化“现有”国土面积为 47.24km^2，城镇化“最大”国土面积为 190.240km^2，城镇化“有效”国土面积为 29.855km^2。

2) 楚雄州“云南省层面”限制开发区的面积构成与社会经济比重

(1) 楚雄州“云南省层面”限制开发区的面积为 2.40 万 km^2，占云南省“云南省层面”限制开发区总面积的 8.26%。其中，坡度≤8°的土地面积为 1597.950km^2，坡度≤15°的土地面积为 6026.160km^2，坡度≤25°的土地面积为 15938.720km^2，坡度≤35°的土地面积为 22510.550km^2，坡度>35°的土地面积为 2265.450km^2。

(2) 楚雄州“云南省层面”限制开发区 2015 年年末人口总数为 213.55 万人，占云南省人口总数的 4.50%。人口密度为 89 人/km^2。

(3) 楚雄州“云南省层面”限制开发区 2015 年的总量 GDP 为 456.20 亿元，占云南省总量 GDP 的 3.30%，第二产业 GDP 为 131.89 亿元，占云南省第二产业 GDP 的 2.37%。

(4) 楚雄州“云南省层面”限制开发区 2015 年的人均 GDP 为 21363 元，是云南省人均 GDP 的 73.18%。地均 GDP 为 190.04 万元/km²。

(5) 楚雄州城镇化“现有”国土面积为 54.17km²，城镇化“最大”国土面积为 873km²，城镇化“有效”国土面积为 66.632km²。

第十节　红河哈尼族彝族自治州的主体功能区的构成情况

红河哈尼族彝族自治州(简称红河州)所辖的县(市、区)有个旧市、开远市、蒙自市、屏边县、建水县、石屏县、弥勒市、泸西县、元阳县、红河县、金平县、绿春县、河口县，分属于不同的主体功能区(图 15-10)。该州的国土面积为 3.22 万 km²，2015 年年末人口总数为 465.00 万人，总量 GDP 为 1221.08 亿元，地均 GDP 为 379.538 万元/km²，人均 GDP 为 26345 元。2015 年，该州第一产业的 GDP 为 201.99 亿元，占云南省第一产业 GDP 的 9.83%，占本州总量 GDP 的 16.54%，第二产业 GDP 为 552.59 亿元，占云南省第二产业 GDP 的 10.20%，占本州总量 GDP 的 45.25%，第三产业 GDP 为 466.50 亿元，占云南省第三产业 GDP 的 7.59%，占本州总量 GDP 的 38.20%。

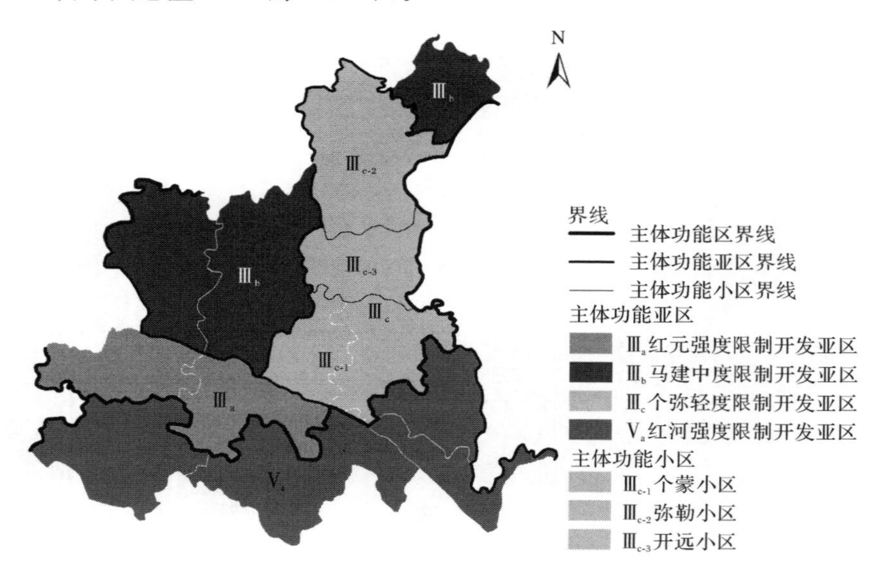

图 15-10　红河州主体功能区构成示意图

一、红河州各县(市、区)的主体功能属性

(1) 个旧市、蒙自市、弥勒市属于“国家层面”的轻度限制开发区类型和“云南

省层面”的重点开发区类型，其面积为 0.77 万 km²，占红河州总面积的24.06%，占红河州有效国土面积的 42.60%，占云南省“国家层面”限制开发区总面积的 2.93%，占“云南省层面”重点开发区总面积的 21.10%。

(2) 建水县、石屏县、泸西县、开远市属于“国家层面”的中度限制开发区类型和“云南省层面”的准重点开发区类型，其面积为 1.03 万 km²，占红河州总面积的 32.19%，占红河州有效国土面积的 4.66%，占云南省“国家层面”限制开发区总面积的 3.91%，占“云南省层面”的限制开发区总面积的 3.56%。

(3) 屏边县、元阳县、红河县、金平县、绿春县、河口县属于“国家层面”的禁止(强限制)开发区类型和“云南省层面”的限制开发区类型，其面积为 1.41 万 km²，占红河州总面积的 43.75%，占红河州有效国土面积的 78.30%，占云南省“国家层面”禁止开发区总面积的 12.44%，占“云南省层面”限制开发区总面积的4.85%。

二、红河州“国家层面”主体功能区的面积构成与社会经济比重

1) 红河州“国家层面”限制开发区的面积构成与社会经济比重

(1) 红河州“国家层面”限制开发区的面积为 1.80 万 km²，占云南省“国家层面”限制开发区总面积的 6.84%。其中，坡度≤8°的土地面积为 3154.310km²，坡度≤15°的土地面积为 7171.930km²，坡度≤25°的土地面积为 13104.160km²，坡度≤35°的土地面积为 16609.300km²，坡度>35°的土地面积为 1932.700km²。

(2) 红河州“国家层面”限制开发区 2015 年年末人口总数为 306.35 万人，占云南省人口总数的 6.46%。人口密度为 170 人/km²。

(3) 红河州“国家层面”限制开发区 2015 年的总量 GDP 为 1025.60 亿元，占云南省总量 GDP 的 7.41%，第二产业 GDP 为 494.96 亿元，占云南省第二产业 GDP 的 8.88%。

(4) 红河州“国家层面”限制开发区 2015 年的人均 GDP 为 33478 元，是云南省人均 GDP 的 1.15 倍。地均 GDP 为 568.359 万元/km²。

(5) 红河州城镇化“现有”国土面积为 152.39km²，城镇化“最大”国土面积为 1704.450km²，城镇化“有效”国土面积为 130.092km²。

2) 红河州“国家层面”禁止开发区的面积构成与社会经济比重

(1) 红河州“国家层面”禁止开发区的面积为 1.41 万 km²，占云南省“国家层面”禁止开发区总面积的 12.44%。其中，坡度≤8°的土地面积为 125.270km²，坡度≤15°的土地面积为 586.720km²，坡度≤25°的土地面积为 5271.770km²，坡度≤35°的土地面积为 12273.410km²，坡度>35°的土地面积为 2115.590km²。

(2) 红河州“国家层面”禁止开发区 2015 年年末人口总数为 158.65 万人，占云南省人口总数的 3.35%。人口密度为 113 人/km²。

(3) 红河州“国家层面”禁止开发区 2015 年的总量 GDP 为 55.63 亿元，占云

南省总量 GDP 的 0.40%，第二产业 GDP 为 66.47 亿元，占云南省第二产业 GDP 的 1.19%。

(4) 红河州“国家层面”禁止开发区 2015 年的人均 GDP 为 3506 元，是云南省人均 GDP 的 12.01%。地均 GDP 为 39.52 万元/km^2。

(5) 红河州城镇化“现有”国土面积为 19.39km^2，城镇化“最大”国土面积为 76.46km^2，城镇化“有效”国土面积为 2.918km^2。

三、红河州“云南省层面”主体功能区的面积构成与社会经济比重

1) 红河州“云南省层面”重点开发区的面积构成与社会经济比重

(1) 红河州“云南省层面”重点开发区的面积为 0.77 万 km^2，占云南省“云南省层面”重点开发区总面积的 21.10%。其中，坡度≤8°的土地面积为 1804.750km^2，坡度≤15°的土地面积为 3283.180km^2，坡度≤25°的土地面积为 5724.120km^2，坡度≤35°的土地面积为 7169.440km^2，坡度>35°的土地面积为 659.560km^2。

(2) 红河州“云南省层面”重点开发区 2015 年年末人口总数为 145.94 万人，占云南省人口总数的 3.08%。人口密度为 190 人/km^2。

(3) 红河州“云南省层面”重点开发区 2015 年的总量 GDP 为 614.86 亿元，占云南省总量 GDP 的 4.44%，第二产业 GDP 为 351.04 亿元，占云南省第二产业 GDP 的 6.30%。

(4) 红河州“云南省层面”重点开发区 2015 年的人均 GDP 为 42131 元，是云南省人均 GDP 的 1.44 倍。地均 GDP 为 798.52 万元/km^2。

(5) 红河州城镇化“现有”国土面积为 86.34km^2，城镇化“最大”国土面积为 805.030km^2，城镇化“有效”国土面积为 267.489km^2。

2) 红河州“云南省层面”限制开发区的面积构成与社会经济比重

(1) 红河州“云南省层面”限制开发区的面积为 2.44 万 km^2，占云南省“云南省层面”限制开发区总面积的 8.41%。其中，坡度≤8°的土地面积为 1474.830km^2，坡度≤15°的土地面积为 4475.470km^2，坡度≤25°的土地面积为 12651.810km^2，坡度≤35°的土地面积为 21713.270km^2，坡度>35°的土地面积为 3388.730km^2。

(2) 红河州“云南省层面”限制开发区 2015 年年末人口总数为 319.06 万人，占云南省人口总数的 6.73%。人口密度为 131 人/km^2。

(3) 红河州“云南省层面”限制开发区 2015 年的总量 GDP 为 613.27 亿元，占云南省总量 GDP 的 4.43%，第二产业 GDP 为 210.39 亿元，占云南省第二产业 GDP 的 3.77%。

(4) 红河州“云南省层面”限制开发区 2015 年的人均 GDP 为 19221 元，是云

南省人均 GDP 的 65.85%。地均 GDP 为 251.105 万元/km^2。

(5) 红河州城镇化“现有”国土面积为 85.44km^2，城镇化“最大”国土面积为 975.880km^2，城镇化“有效”国土面积为 5.836km^2。

第十一节　文山壮族苗族自治州的主体功能区的构成情况

文山壮族苗族自治州（简称文山州）所辖的县（市、区）有文山市、砚山县、西畴县、麻栗坡县、马关县、丘北县、广南县、富宁县，主体功能区如图 15-11 所示。该州的国土面积为 3.14 万 km^2，2015 年年末人口总数为 360.70 万人，总量 GDP 为 670.04 亿元，地均 GDP 为 213.337 万元/km^2，人均 GDP 为 18612 元。2015 年，该州第一产业的 GDP 为 146.45 亿元，占云南省第一产业 GDP 的 7.12%，占本州总量 GDP 的 21.86%；第二产业 GDP 为 240.63 亿元，占云南省第二产业 GDP 的 4.44%，占本州总量 GDP 的 35.91%；第三产业 GDP 为 282.96 亿元，占云南省第三产业 GDP 的 4.60%，占本州总量 GDP 的 42.23%。

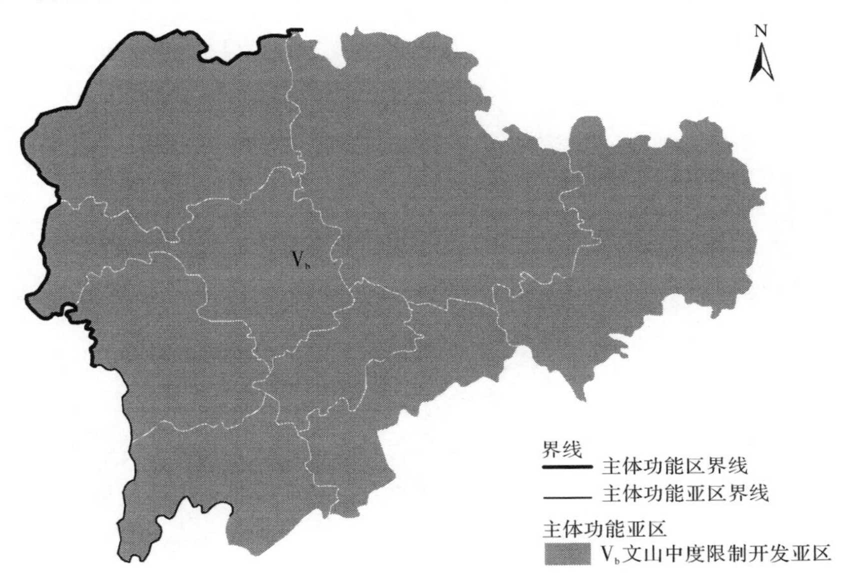

图 15-11　文山州主体功能区构成示意图

一、文山州各县（市、区）的主体功能属性

文山州所辖的县（市、区）文山市、砚山县、西畴县、麻栗坡县、马关县、丘北县、广南县、富宁县属于“国家层面”的中度限制开发区类型和“云南省层面”的限制开发区类型，其面积为 3.14 万 km^2，占云南省“国家层面”限制开发区总面积的

11.91%，占“云南省层面”限制开发区总面积的10.81%。

二、文山州“国家层面”主体功能区的面积构成与社会经济比重

(1) 文山州“国家层面”限制开发区的面积为3.14万km^2，占云南省“国家层面”限制开发区总面积的11.91%。其中，坡度≤8°的土地面积为3022.36km^2，坡度≤15°的土地面积为6439.94km^2，坡度≤25°的土地面积为17697.19km^2，坡度≤35°的土地面积为27315.75km^2，坡度>35°的土地面积为4923.25km^2。

(2) 文山州“国家层面”限制开发区2015年年末人口总数为360.70万人，占云南省人口总数的2.61%，人口密度为115人/km^2。

(3) 文山州“国家层面”限制开发区2015年的总量GDP为668.95亿元，占云南省总量GDP的4.83%，第二产业GDP为240.81亿元，占云南省第二产业GDP的4.32%。

(4) 文山州“国家层面”限制开发区2015年的人均GDP为18546元，占云南省人均GDP的63.53%。地均GDP为212.99万元/km^2。

(5) 文山州城镇化“现有”国土面积为98.34km^2，城镇化“最大”国土面积为862.64km^2，城镇化“有效”国土面积为65.84km^2。

三、文山州“云南省层面”主体功能区的面积构成与社会经济比重

(1) 文山州“云南省层面”限制开发区的面积为3.14万km^2，占云南省“云南省层面”限制开发区总面积的10.81%。其中，坡度≤8°的土地面积为3022.36km^2，坡度≤15°的土地面积为6439.94km^2，坡度≤25°的土地面积为17697.19km^2，坡度≤35°的土地面积为27315.75km^2，坡度>35°的土地面积为4923.25km^2。

(2) 文山州“云南省层面”限制开发区2015年年末人口总数为360.70万人，占云南省人口总数的2.61%，人口密度为115人/km^2。

(3) 文山州“云南省层面”限制开发区2015年的总量GDP为668.95亿元，占云南省总量GDP的4.83%，第二产业GDP为240.81亿元，占云南省第二产业GDP的4.32%。

(4) 文山州“云南省层面”限制开发区2015年的人均GDP为18546元，占云南省人均GDP的63.53%。地均GDP为212.99万元/km^2。

(5) 文山州城镇化“现有”国土面积为98.34km^2，城镇化“最大”国土面积为862.64km^2，城镇化“有效”国土面积为65.84km^2。

第十二节　西双版纳傣族自治州的主体功能区的构成情况

西双版纳傣族自治州(简称西双版纳州)所辖的县(市、区)有景洪市、勐海县、勐

腊县，其主体功能区如图 15-12 所示。该州的国土面积为 1.91 万 km^2，2015 年年末人口总数为 116.40 万人，总量 GDP 为 335.91 亿元，地均 GDP 为 175.906 万元/km^2，人均 GDP 为 28945 元。2015 年，该州第一产业 GDP 为 85.54 亿元，占云南省第一产业 GDP 的 4.16%，占本州总量 GDP 的 25.47%；第二产业 GDP 为 94.63 亿元，占云南省第二产业 GDP 的 1.75%，占本州总量 GDP 的 28.17%；第三产业 GDP 为 155.74 亿元，占云南省第三产业 GDP 的 2.53%，占本州总量 GDP 的 46.36%。

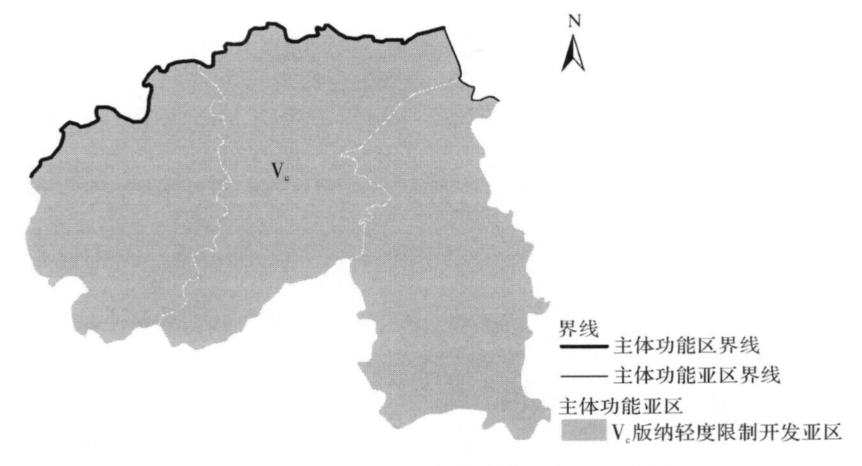

图 15-12　西双版纳州主体功能区构成示意图

一、西双版纳州各县(市、区)的主体功能属性

西双版纳州所辖的县(市、区)景洪市、勐海县、勐腊县在“国家层面”属于轻度限制开发区，在“云南省层面”均属于限制开发区，其面积为 1.91 万 km^2，占云南省“国家层面”限制开发区总面积的 7.24%，占“云南省层面”限制开发区总面积的 6.57%。

二、西双版纳州“国家层面”主体功能区的面积构成与社会经济比重

(1) 西双版纳州“国家层面”限制开发区的面积为 1.91 万 km^2，占云南省“国家层面”限制开发区总面积的 7.24%。其中，坡度≤8°的土地面积为1258.25km^2，坡度≤15°的土地面积为 2981.45km^2，坡度≤25°的土地面积为 12434.61km^2，坡度≤35°的土地面积为 17919.51km^2，坡度>35°的土地面积为 1780.49km^2。

(2) 西双版纳州“国家层面”限制开发区 2015 年年末人口总数为 116.40 万人，占云南省人口总数的 0.84%，人口密度为 61 人/km^2。

(3) 西双版纳州“国家层面”限制开发区 2015 年的总量 GDP 为 335.91 亿元，

占云南省总量GDP的2.43%,第二产业GDP为94.64亿元,占云南省第二产业GDP的1.70%。

(4) 西双版纳州"国家层面"限制开发区2015年的人均GDP为28858.25元,占云南省人均GDP的98.86%。地均GDP为175.906万元/km^2。

(5) 西双版纳州城镇化"现有"国土面积为67.63km^2,城镇化"最大"国土面积为767.12km^2,城镇化"有效"国土面积为58.55km^2。

三、西双版纳州"云南省层面"主体功能区的面积构成与社会经济比重

(1) 西双版纳州"云南省层面"限制开发区的面积为1.91万km^2,占"云南省层面"限制开发区总面积的6.57%。其中,坡度≤8°的土地面积为1258.25km^2,坡度≤15°的土地面积为2981.45km^2,坡度≤25°的土地面积为12434.61km^2,坡度≤35°的土地面积为17919.51km^2,坡度>35°的土地面积为1780.49km^2。

(2) 西双版纳州"云南省层面"限制开发区2015年年末人口总数为116.40万人,占云南省人口总数的0.84%,人口密度为61人/km^2。

(3) 西双版纳州"云南省层面"限制开发区2015年的总量GDP为335.91亿元,占云南省总量GDP的2.43%,第二产业GDP为94.64亿元,占云南省第二产业GDP的1.70%。

(4) 西双版纳州"云南省层面"限制开发区2015年的人均GDP为28858.25元,占云南省人均GDP的98.86%。地均GDP为175.906万元/km^2。

(5) 西双版纳州城镇化"现有"国土面积为67.63km^2,城镇化"最大"国土面积为767.12km^2,城镇化"有效"国土面积为58.55km^2。

第十三节 大理白族自治州的主体功能区的构成情况

大理白族自治州(简称大理州)所辖的县(市、区)有大理市、祥云县、漾濞县、弥渡县、南涧县、巍山县、永平县、云龙县、洱源县、剑川县、鹤庆县、宾川县,分属于不同的主体功能区(图15-13)。该州的国土面积为2.83万km^2,2015年年末人口总数为354.40万人,总量GDP为900.10亿元,地均GDP为318.062万元/km^2,人均GDP为25459元。2015年,该州第一产业GDP为193.39亿元,占云南省第一产业GDP的9.41%,占本州总量GDP的21.49%;第二产业GDP为355.84亿元,占云南省第二产业GDP的6.57%,占本州总量GDP的39.53%;第三产业GDP为350.87亿元,占云南省第三产业GDP的5.71%,占本州总量GDP的38.98%。

一、大理州各县(市、区)的主体功能属性

(1) 云龙县、洱源县、剑川县、鹤庆县、宾川县属于"国家层面"的禁止(强限制)

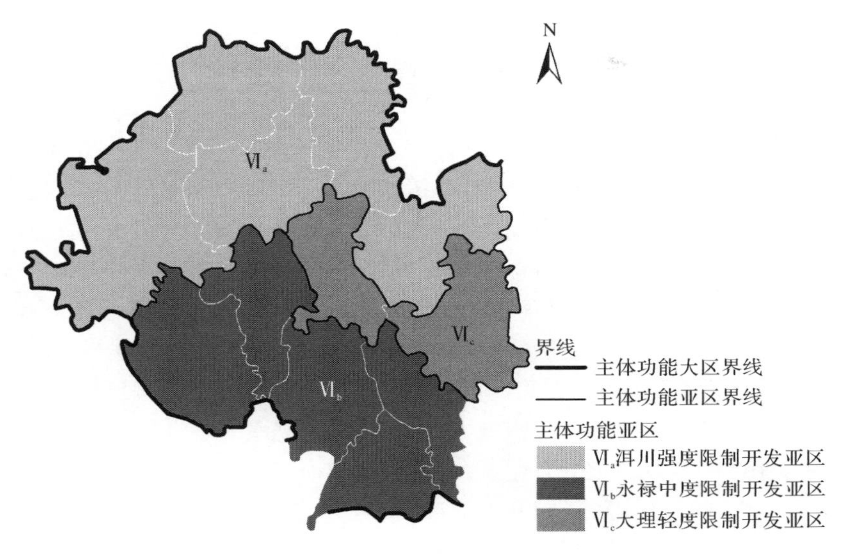

图 15-13 大理州主体功能区构成示意图

开发区类型和“云南省层面”的限制开发区类型，其面积为 1.40 万 km^2，占大理州总面积的 49.59%，占云南省“国家层面”禁止开发区总面积的 12.41%，占“云南省层面”限制开发区总面积的 4.83%。

(2) 漾濞县、弥渡县、南涧县、巍山县、永平县属于“国家层面”的中度限制开发区类型和“云南省层面”的限制开发区类型，其面积为 1.01 万 km^2，占大理州总面积的 35.67%，占云南省“国家层面”限制开发区总面积的 3.83%，占“云南省层面”限制开发区总面积的 3.47%。

(3) 大理市、祥云县属于“国家层面”的轻度限制开发区类型和“云南省层面”的重点开发区类型，其面积为 0.42 万 km^2，占大理州总面积的 14.74%，占云南省“国家层面”限制开发区总面积的 1.58%，占“云南省层面”重点开发区总面积的 11.43%。

二、大理州“国家层面”主体功能区的面积构成与社会经济比重

1) 大理州“国家层面”禁止开发区的面积构成与社会经济比重

(1) 大理州“国家层面”禁止开发区的面积为 1.40 万 km^2，占云南省“国家层面”禁止开发区总面积的 12.41%。其中，坡度≤8°的土地面积为 1660.95km^2，坡度≤15°的土地面积为 3741.93km^2，坡度≤25°的土地面积为 9247.5km^2，坡度≤35°的土地面积为 13102.43km^2，坡度>35°的土地面积为 1910.57km^2。

(2) 大理州“国家层面”禁止开发区 2015 年年末人口总数为 127.56 万人，占云南省人口总数的 2.69%。人口密度为 91 人/km^2。

(3) 大理州“国家层面”禁止开发区 2015 年的总量 GDP 为 266.85 亿元，占云南省总量 GDP 的 1.93%，第二产业 GDP 为 99.59 亿元，占云南省第二产业 GDP 的 1.79%。

(4) 大理州“国家层面”禁止开发区 2015 年的人均 GDP 为 20920 元，只相当于云南省人均 GDP 的 71.66%。地均 GDP 为 190.136 万元/km^2。

(5) 大理州城镇化“现有”国土面积为 37.16km^2，城镇化“最大”国土面积为 1124.4km^2，城镇化“有效”国土面积为 42.912km^2。

2) 大理州“国家层面”限制开发区的面积构成与社会经济比重

(1) 大理州“国家层面”限制开发区的面积为 1.43 万 km^2，占云南省“国家层面”限制开发区总面积的 5.41%。其中，坡度≤8°的土地面积为 1119.96km^2，坡度≤15°的土地面积为 2465.2km^2，坡度≤25°的土地面积为 9154.33km^2，坡度≤35°的土地面积为 12748.97km^2，坡度>35°的土地面积为 1697.03km^2。

(2) 大理州“国家层面”限制开发区 2015 年年末人口数为 226.84 万人，占云南省总人口总数的 4.78%。人口密度为 159 人/km^2。

(3) 大理州“国家层面”限制开发区 2015 年的总量 GDP 为 638.64 亿元，占云南省生产总值的 4.61%，第二产业 GDP 为 257.15 亿元，占云南省第二产业 GDP 的 4.61%。

(4) 大理州“国家层面”限制开发区 2015 年的人均 GDP 为 28154 元，是云南省人均 GDP 的 96.45%。地均 GDP 为 447.705 万元/km^2。

(5) 大理州城镇化“现有”国土面积为 102.18km^2，城镇化“最大”国土面积为 1418.280km^2，城镇化“有效”国土面积为 108.250km^2。

三、大理州“云南省层面”主体功能区的面积构成与社会经济比重

1) 大理州“云南省层面”限制开发区的面积构成与社会经济比重

(1) 大理州“云南省层面”限制开发区的面积为 2.41 万 km^2，占云南省“云南省层面”限制开发区总面积的 8.31%。其中，坡度≤8°的土地面积为2127.52km^2，坡度≤15°的土地面积为 5015.07km^2，坡度≤25°的土地面积为 15739.45km^2，坡度≤35°的土地面积为 22432.63km^2，坡度>35°的土地面积为 3060.37km^2。

(2) 大理州“云南省层面”限制开发区 2015 年年末人口数为 241.04 万，占云南省总人口的 5.08%。人口密度为 100 人/km^2。

(3) 大理州“云南省层面”限制开发区 2015 年的总量 GDP 为 456.94 亿元，占云南省总量 GDP 的 3.30%，第二产业 GDP 为 157.44 亿元，占云南省第二产业 GDP 的 2.82%。

(4) 大理州“云南省层面”限制开发区 2015 年的人均 GDP 为 18957 元，只相当于云南省人均 GDP 的 64.94%。地均 GDP 为 183.379 万元/km^2。

(5) 大理州城镇化“现有”国土面积为 60.34km^2，城镇化“最大”国土面积为 1561.51km^2，城镇化“有效”国土面积为 119.182km^2。

2) 大理州“云南省层面”重点开发区的面积构成与社会经济比重

(1) 大理州“云南省层面”重点开发区的面积为 0.42 万 km^2，占云南省“云南省层面”重点开发区总面积的 11.43%。其中，坡度≤8°的土地面积为653.39km^2，坡度≤15°的土地面积为 1192.06km^2，坡度≤25°的土地面积为 2662.38km^2，坡度≤35°的土地面积为 3418.77km^2，坡度>35°的土地面积为 547.23km^2。

(2) 大理州“云南省层面”重点开发区 2015 年年末总人口为 113.36 万人，占云南省人口总数的 2.39%。人口密度为 272 人/km^2。

(3) 大理州“云南省层面”重点开发区 2015 年的总量 GDP 为 448.55 亿元，占云南省总量 GDP 的 3.24%，第二产业 GDP 为 199.3 亿元，占云南省第二产业 GDP 的 3.57%。

(4) 大理州“云南省层面”重点开发区 2015 年的人均 GDP 为 39569 元，是云南省人均 GDP 的 1.36 倍。地均 GDP 为 1075.38 万元/km^2。

(5) 大理州城镇化“现有”国土面积为 79.00km^2，城镇化“最大”国土面积为 1561.51km^2，城镇化“有效”国土面积为 153.981km^2。

第十四节　德宏傣族景颇族自治州的主体功能区的构成情况

德宏傣族景颇族自治州(简称德宏州)所辖的县(市、区)有瑞丽市、芒市、梁河县、盈江县、陇川县，主体功能区如图 15-14 所示。该州的国土面积为 1.12 万 km^2，2015 年年末人口总数为 127.90 万人，总量 GDP 为 292.32 亿元，地均 GDP 为 261.649 万元/km^2，人均 GDP 为 22990 元。2015 年，该州第一产业 GDP 为 73.42 亿元，占云南省第一产业 GDP 的 3.57%，占本州总量 GDP 的 25.12%；第二产业 GDP 为 71.78 亿元，占云南省第二产业 GDP 的 1.33%，占本州总量 GDP 的 24.56%；第三产业 GDP 为 147.12 亿元，占云南省第三产业 GDP 的 2.39%，占本州总量 GDP 的 50.33%。

一、德宏州各县(市、区)的主体功能属性

德宏州各县(市、区)属于“国家层面”的中度限制开发区类型和“云南省层面”的限制开发区类型，其面积为 1.12km^2，占云南省“国家层面”限制开发区总面积的 4.22%，占“云南省层面”限制开发区总面积的 3.83%。

二、德宏州“国家层面”主体功能区的面积构成与社会经济比重

(1) 德宏州“国家层面”限制开发区的面积为 1.12 万 km^2，占云南省“国家层

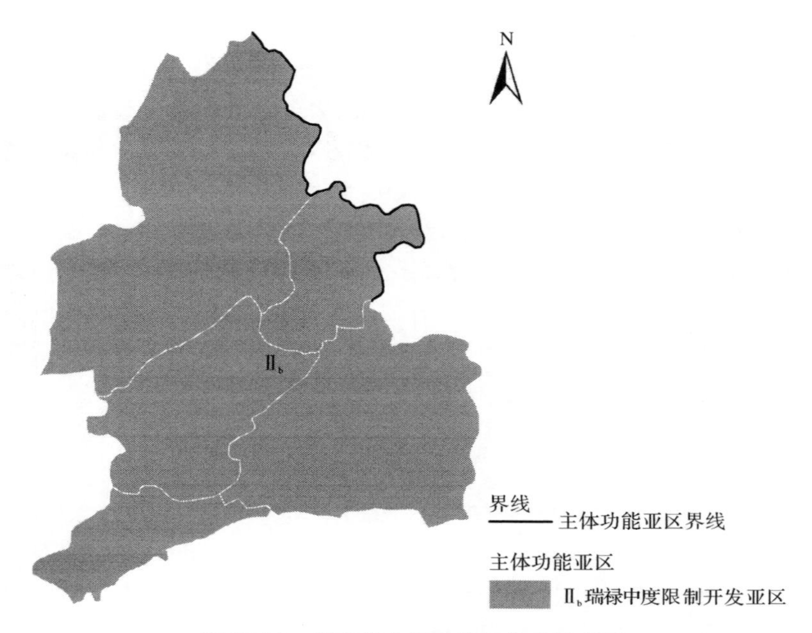

图 15-14 德宏州主体功能区构成示意图

面”限制开发区总面积的 4.22%。其中，坡度≤8°的土地面积为 1672.43km²，坡度≤15°的土地面积为 3559.26km²，坡度≤25°的土地面积为 8454.29km²，坡度≤35°的土地面积为 10593.67km²，坡度>35°的土地面积为 932.33km²。

(2) 德宏州“国家层面”限制开发区 2015 年年末人口总数为 127.90 万人，占云南省人口总数的 2.70%，人口密度为 115 人/km²。

(3) 德宏州“国家层面”限制开发区 2015 年的总量 GDP 为 292.20 亿元，占云南省总量 GDP 的 2.11%，第二产业 GDP 为 71.73 亿元，占云南省第二产业 GDP 的 1.29%。

(4) 德宏州“国家层面”限制开发区 2015 年的人均 GDP 为 22846 元，只相当于云南省人均 GDP 的 78.26%。地均 GDP 为 262.614 万元/km²。

(5) 德宏州城镇化“现有”国土面积为 80.76km²，城镇化“最大”国土面积为 1240.71km²，城镇化“有效”国土面积为 94.697km²。

三、德宏州“云南省层面”主体功能区的面积构成与社会经济比重

(1) 德宏州“云南省层面”限制开发区的面积为 1.11 万 km²，占云南省“云南省层面”限制开发区总面积的 3.83%。其中，坡度≤8°的土地面积为1672.43km²，坡度≤15°的土地面积为 3559.26km²，坡度≤25°的土地面积为 8454.29km²，坡度≤35°的土地面积为 10593.67km²，坡度>35°的土地面积为 932.33km²。

（2）德宏州“云南省层面”限制开发区 2015 年年末人口总数为 127.90 万人，占云南省总人口的 2.70%，人口密度为 115 人/km^2。

（3）德宏州“云南省层面”限制开发区 2015 年的总量 GDP 为 292.20 亿元，占云南省总量 GDP 的 2.11%，第二产业 GDP 为 71.73 亿元，占云南省第二产业 GDP 的 1.29%。

（4）德宏州“云南省层面”限制开发区 2015 年的人均 GDP 为 22846 元，只相当于云南省人均 GDP 的 78.26%。地均 GDP 为 262.614 万元/km^2。

（5）德宏州城镇化“现有”国土面积为 80.76km^2，城镇化“最大”国土面积为 1240.71km^2，城镇化“有效”国土面积为 94.697km^2。

第十五节　怒江傈僳族自治州的主体功能区的构成情况

怒江傈僳族自治州（简称怒江州）所辖的县（市、区）有泸水市、福贡县、贡山县、兰坪县，分属于不同的主体功能区（图 15-15）。该州的国土面积为 1.46 万 km^2，2015 年年末总人口为 54.20 万人，总量 GDP 为 113.15 亿元，地均 GDP 为 77.582 万元/km^2，人均 GDP 为 20895 元。2015 年，该州第一产业 GDP 为 18.79 亿元，占云南省第一产业 GDP 的 0.91%，占本州总量 GDP 的 16.61%；第二产业 GDP 为 34.37 亿元，占云南省第二产业 GDP 的 0.63%，占本州总量 GDP 的 30.38%；第三产业 GDP 为 59.99 亿元，占云南省第三产业 GDP 的 0.98%，占本州总量 GDP 的 53.02%。

一、怒江州各县（市、区）的主体功能属性

（1）兰坪县属于“国家层面”的禁止（强限制）开发区类型和“云南省层面”的限制开发区类型，其面积为 0.44 万 km^2，占怒江州总面积的 30.14%，占云南省“国家层面”禁止开发区总面积的 3.86%，占“云南省层面”限制开发区总面积的 1.51%。

（2）贡山县、福贡县、泸水市属于“国家层面”的禁止（强限制）开发区类型和“云南省层面”的禁止开发区类型，其面积为 1.02 万 km^2，占怒江州国土总面积的 69.86%，占云南省“国家层面”禁止开发区总面积的 9.03%，占“云南省层面”的禁止开发区总面积的 18.59%。

二、怒江州“国家层面”主体功能区的面积构成与社会经济比重

（1）怒江州“国家层面”禁止开发区的面积为 1.46 万 km^2，占云南省“国家层面”禁止开发区总面积的 12.89%。其中，坡度≤8°的土地面积为 93.23km^2，坡度≤15°的土地面积为 458.13km^2，坡度≤25°的土地面积为 2806.81km^2，坡度≤

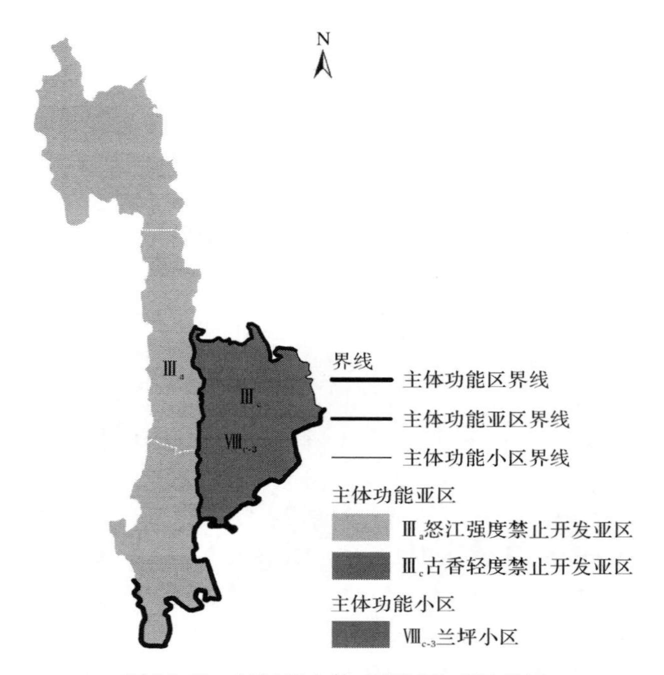

图 15-15　怒江州主体功能区构成示意图

35°的土地面积为 9852.86km²，坡度>35°的土地面积为 4850.14km²。

(2) 怒江州"国家层面"禁止开发区 2015 年年末总人口为 54.20 万，占云南省人口总数的 1.14%。人口密度为 37 人/km²。

(3) 怒江州"国家层面"禁止开发区 2015 年的总量 GDP 为 109.43 亿元，占云南省总量 GDP 的 0.79%，第二产业 GDP 为 35.47 亿元，占云南省第二产业 GDP 的 0.64%。

(4) 怒江州"国家层面"禁止开发区 2015 年的人均 GDP 为 20190，相当于云南省人均 GDP 的 69.17%。地均 GDP 为 75.03 万元/km²。

(5) 怒江州城镇化"现有"国土面积为 12.31km²，城镇化"最大"国土面积为 89.37km²，城镇化"有效"国土面积为 3.411km²。

三、怒江州"云南省层面"主体功能区的面积构成与社会经济比重

1) 怒江州"云南省层面"限制开发区的面积构成与社会经济比重

(1) 怒江州"云南省层面"限制开发区的面积为 0.44 万 km²，占云南省"云南省层面"限制开发区总面积的 1.51%。

(2) 怒江州"云南省层面"禁止开发区 2015 年年末人口总数为 21.60 万，占云南省人口总数的 0.46%。人口密度为 49 人/km²。

(3) 怒江州"云南省层面"禁止开发区 2015 年总量 GDP 为 46.35 亿元,占云南省总量 GDP 的 0.33%,第二产业 GDP 为 17.4 亿元,占云南省第二产业 GDP 的 0.31%。

(4) 怒江州"云南省层面"禁止开发区 2015 年的人均 GDP 为 21454,相当于云南省人均 GDP 的 73.49%。地均 GDP 为 106.011 万元/km^2。

(5) 怒江州城镇化"现有"国土面积为 5.66km^2,城镇化"最大"国土面积为 89.37km^2,城镇化"有效"国土面积为 3.411km^2。

2) 怒江州"云南省层面"禁止开发区的面积构成与社会经济比重

(1) 怒江州"云南省层面"禁止开发区的面积为 1.02 万 km^2,占云南省"云南省层面"禁止开发区总面积的 18.59%。

(2) 怒江州"云南省层面"禁止开发区 2015 年年末总人口为 32.60 万,占云南省人口总数的 0.69%。人口密度为 32 人/km^2。

(3) 怒江州"云南省层面"禁止开发区 2015 年总量 GDP 为 63.08 亿元,占云南省总量 GDP 的 0.46%,第二产业 GDP 为 18.07 亿元,占云南省第二产业 GDP 的 0.32%。

(4) 怒江州"云南省层面"禁止开发区 2015 年的人均 GDP 为 19352 元,相当于云南省人均 GDP 的 66.30%。地均 GDP 为 61.7686 万元/km^2。

(5) 怒江州城镇化"现有"国土面积为 6.65km^2,城镇化"最大"国土面积为 89.37km^2,城镇化"有效"国土面积为 3.411km^2。

第十六节 迪庆藏族自治州的主体功能区的构成情况

迪庆藏族自治州(简称迪庆州)所辖的县(市、区)有香格里拉市、德钦县、维西县,分属于不同的主体功能区(图 15-16)。该州的总面积为 2.32 万 km^2,2015 年年末人口总数为 40.80 万人,总量 GDP 为 161.14 亿元,地均 GDP 为 69.499 万元/km^2,人均 GDP 为 39543 元。2015 年,该州第一产业 GDP 为 10.73 亿元,占云南省第一产业 GDP 的 0.52%,占本州总量 GDP 的 6.66%;第二产业 GDP 为 56.32 亿元,占云南省第二产业 GDP 的 1.04%,占本州总量 GDP 的 34.95%;第三产业 GDP 为 94.09 亿元,占云南省第三产业 GDP 的 1.53%,占本州总量 GDP 的 58.39%。

一、迪庆州各县(市、区)的主体功能属性

德钦县、维西县属于"国家层面"的强度禁止开发区类型,香格里拉市属于"国家层面"的轻度禁止开发区类型;迪庆州各县(市、区)均属于"云南省层面"的禁止开发区类型,其面积为 2.32 万 km^2,占云南省的"国家层面"的禁止开发区总面积

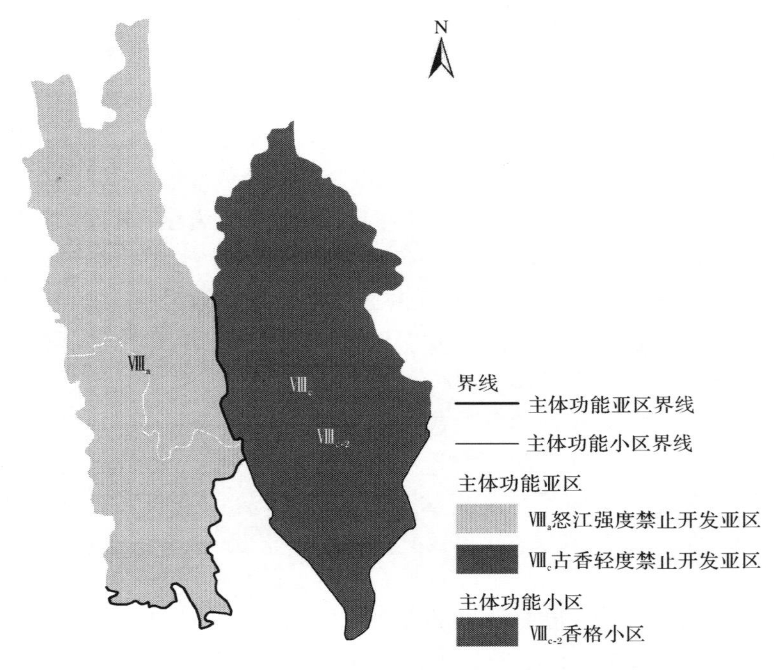

图 15-16　迪庆州主体功能区构成示意图

的 20.49%，占"云南省层面"的禁止开发区总面积的 42.97%。

二、迪庆州"国家层面"主体功能区的面积构成与社会经济比重

(1) 迪庆州"国家层面"禁止开发区的面积为 2.32 万 km^2，占云南省"国家层面"禁止开发区总面积的 20.49%。其中，坡度≤8°的土地面积为 601.44km^2，坡度≤15°的土地面积为 2310.05km^2，坡度≤25°的土地面积为 8007.22km^2，坡度≤35°的土地面积为 17176.61km^2，坡度>35°的土地面积为 6693.39km^2。

(2) 迪庆州"国家层面"禁止开发区 2015 年年末总人口为 40.80 万，占云南省人口总数的 0.86%，人口密度为 18 人/km^2。

(3) 迪庆州"国家层面"禁止开发区 2015 年的总量 GDP 为 160.98 亿元，占云南省总量 GDP 的 1.16%，第二产业 GDP 为 55.97 亿元，占云南省第二产业 GDP 的 1.00%。

(4) 迪庆州"国家层面"禁止开发区 2015 年的人均 GDP 为 39456 元，是云南省人均 GDP 的 135.16 倍。地均 GDP 为 69.43 万元/km^2。

(5) 迪庆州城镇化"现有"国土面积为 24.02km^2，城镇化"最大"国土面积为 78.33km^2，城镇化"有效"国土面积为 2.989km^2。

三、迪庆州“云南省层面”主体功能区的面积构成与社会经济比重

(1) 迪庆州“云南省层面”禁止开发区的面积为 2.32 万 km^2，占云南省“云南省层面”禁止开发区总面积的 42.97%。其中，坡度≤8°的土地面积为601.44km^2，坡度≤15°的土地面积为 2310.05km^2，坡度≤25°的土地面积为 8007.22km^2，坡度≤35°的土地面积为 17176.61km^2，坡度>35°的土地面积为 6693.39km^2。

(2) 迪庆州“云南省层面”禁止开发区 2015 年年末人口总数为 40.80 万，占云南省人口总数的 0.86%，人口密度为 18 人/km^2。

(3) 迪庆州“云南省层面”禁止开发区 2015 年的总量 GDP 为 160.98 亿元，占云南省总量 GDP 的 1.16%，第二产业 GDP 为 55.97 亿元，占云南省第二产业 GDP 的 1.00%。

(4) 迪庆州“云南省层面”禁止开发区 2015 年的人均 GDP 为 39456 元，是云南省人均 GDP 的 135.16 倍。地均 GDP 为 69.43 万元/km^2。

(5) 迪庆州城镇化“现有”国土面积为 24.02km^2，城镇化“最大”国土面积为 78.33km^2，城镇化“有效”国土面积为 2.989km^2。

参考文献

阿尔雷德·赫特纳. 1983. 地理学：它的历史、性质和方法. 北京：商务印书馆.

安树伟，吉新峰，王思薇. 2010. 主体功能区建设中区域利益的协调机制与实现途径研究. 甘肃社会科学，32(2)：85-87.

包振娟，罗光华，贾云鹏. 2008. 主体功能区建设的配套政策研究. 经济纵横，24(5)：22-24.

边丽青，朱丽霞，罗静. 2017. 主体功能区背景下湖北省浠水县村庄布点优化研究. 地理与地理信息科学，33(3)：106-112，2.

曹卫东，曹有挥，吴威，等. 2008. 县域尺度的空间主体功能区划分初探. 水土保持通报，28(2)：93-97，215.

柴剑峰. 2009. 主体功能区人口再分布动力分析. 经济体制改革，27(2)：163-166.

柴剑峰，邓玲. 2008. 主体功能区建设的人口再分布研究. 经济体制改革，26(5)：98-102.

常艳，刘义成，杨柳. 2009. 主体功能区规划与未来区域管理体制构想. 探索，25(5)：133-136.

陈冰波. 2009. 主体功能区生态补偿. 北京：社会科学文献出版社.

陈德昌，张敬一. 2003. 生态经济学. 上海：上海科学技术文献出版社.

陈佳丽. 2007. 关于重点开发区域主体功能定位的思考——以河南省为例. 地域研究与开发，26(5)：48-50.

陈静，张虹鸥，吴旗韬. 2010. 我国生态补偿的研究进展与展望. 热带地理，30(5)：503-509.

陈敏. 2008. 县域主体功能区划分研究——以广东省云安县为例. 人文地理，23(6)：55-59.

陈伟达，景生军. 2010. 基于偏离-份额分析的南京市软件服务业发展模式和对策研究. 东南大学学报(哲学社会科学版)，12(2)：58-63，127.

陈雯，段学军，陈江龙，等. 2004. 空间开发功能区划的方法. 地理学报，59(S1)：53-58.

陈雯，孙伟，段学军，等. 2006. 苏州地域开发适宜性分区. 地理学报，61(8)：839-846.

陈锡才，潘玉君，彭燕梅，等. 2016. 怒江州生态环境基础与社会经济发展研究. 国土与自然资源研究，28(4)：77-81.

陈锡才，彭燕梅，潘玉君，等. 2017. 基于生态环境基础与社会经济发展状态的迪庆藏族自治州区域发展战略研究. 国土与自然资源研究，39(3)：50-54.

陈潇潇，朱传耿. 2006. 试论主体功能区对我国区域管理的影响. 经济问题探索，27(12)：21-25.

陈小良，樊杰，孙威，等. 2013. 地域功能识别的研究现状与思考. 地理与地理信息科学，29(2)：72-79.

陈新业，彭静. 2010. 我国保税港区主体功能定位的四大着力点. 特区经济，24(8)：265-266.

陈学斌. 2010. 我国生态补偿机制进展与建议. 宏观经济管理，26(9)：30-32.

陈耀华，张玮. 2014. 基于传统宇宙观的中华五岳空间景观特征及其启示. 经济地理，34(2)：166-173.

陈旖，邓玲. 2010. 空间优化视阈下的灾区主体功能区建设. 软科学，24(2)：89-91.

陈映. 2010. 四川限制开发区域的主体功能定位及配套政策探讨. 西南民族大学学报(人文社科版)，31(5)：132-136.

程婧瑶,樊杰,陈东.2014.中国省级尺度不同类型主体功能区资金来源结构差异.地理科学进展,33(3):347-355.

程克群,方政,丁爱武.2010.安徽省主体功能区的评价指标设计.统计与决策,26(6):78-81.

程克群,潘成荣,王晓辉.2010.主体功能区的环境评价与政策研究——以安徽省为例.科技进步与对策,27(21):124-128.

程鹏,李伟,王翠红.2014.基于突变级数法的矿区环境承载力研究——以西山矿区为例.环境科学与管理,39(1):47-50.

崔鹏,杨坤,韦方强,等.2002.泥石流灾情综合评估模式.自然灾害学报,11(1):20-27.

崔秀荣.2009.贫困地区农村社会保障建设的机遇、问题与对策——基于主体功能区视角的分析.经济问题,31(3):72-76.

邓玲,杜黎明.2006.主体功能区建设的区域协调功能研究.经济学家,18(4):60-64.

丁四保.2001.试论经济区划的现实意义及其发展.经济地理,21(6):641-644.

丁于思,高阳.2010.重点开发区建设绩效评价指标体系研究.广西民族大学学报(哲学社会科学版),32(2):110-112,150.

丁于思,高阳,周震虹.2010.基于混合聚类的湖南主体功能区划分研究.经济地理,30(3):393-396.

董婷,曹冰玉.2016.湖南省地州市主体功能区划分指标体系构建.中南林业科技大学学报(社会科学版),10(3):24-29.

董小君.2009.主体功能区建设的"公平"缺失与生态补偿机制.国家行政学院学报,11(1):38-41.

董晓峰,史育龙,张志强,等.2005.都市圈理论发展研究.地球科学进展,20(10):1067-1074.

董志凯.2012.投资结构调整与经济结构变迁的回顾与展望——兼及增长方式转变(1950—2010).中国经济史研究,27(1):7-18.

杜德斌,智瑞芝.2004.日本首都圈的建设及其经验.世界地理研究,13(4):9-16.

杜黎明.2007.主体功能区区划与建设:区域协调发展的新视野.重庆:重庆大学出版社.

杜黎明.2008.主体功能区建设政策均衡研究.开发研究,24(1):5-9.

杜黎明.2014.我国主体功能区民生供给研究.区域经济评论,2(3):115-119.

杜平.2008.推进形成主体功能区的政策导向.经济纵横,24(8):42-46.

段进.2011."十二五"深入开展国家级空间整体规划的建言.城市规划,35(3):9-11.

段七零.2010.县域尺度的国土主体功能区划研究——以江苏省海安县为例.国土与自然资源研究,32(2):18-19.

段学军,陈雯.2005.省域空间开发功能区划方法探讨.长江流域资源与环境,14(5):540-545.

樊杰.2004.地理学的综合性与区域发展的集成研究.地理学报,59(1):33-40.

樊杰.2006.基于国家"十一五"规划解析经济地理学科建设的社会需求与新命题.经济地理,26(4):545-550.

樊杰.2007.解析我国区域协调发展的制约因素探究全国主体功能区规划的重要作用.中国科学院院刊,22(3):194-201.

樊杰.2007.我国主体功能区划的科学基础.地理学报,62(4):339-350.

樊杰. 2013. 主体功能区战略与优化国土空间开发格局. 中国科学院院刊,28(2):193-206.
樊杰. 2015. 中国主体功能区划方案. 地理学报,70(2):186-201.
樊杰. 2016. 决策背景复杂化态势与智库建设科学应对的探讨. 中国科学院院刊,31(12):1366-1374.
樊杰. 2016. 我国国土空间开发保护格局优化配置理论创新与"十三五"规划的应对策略. 中国科学院院刊,31(1):1-12.
樊杰. 2016. 中国人文与经济地理学者的学术探究和社会贡献. 北京:商务印书馆.
樊杰. 2017. 我国空间治理体系现代化在"十九大"后的新态势. 中国科学院院刊,32(4):396-404.
樊杰,等. 2016. 中国人文与经济地理学者的学术探索和社会贡献. 北京:商务印书馆.
樊杰,郭锐. 2015. 面向"十三五"创新区域治理体系的若干重点问题. 经济地理,35(1):1-6.
樊杰,洪辉. 2012. 现今中国区域发展值得关注的问题及其经济地理阐释. 经济地理,32(1):1-6.
樊杰,杨晓光. 2000. 扶持我国落后地区经济发展的新观念——以西部开发战略为重点. 地理研究,10(1):8-14.
樊杰,曹忠祥,张文忠,等. 2001. 中国西部开发战略创新的经济地理学理论基础. 地理学报,56(6):711-721.
樊杰,陈东,孙威,等. 2010. 海西从沿海发展低谷地区迈入国家重点开发区域的战略重点选择. 中国科学院院刊,25(6):612-620.
樊杰,刘毅,陈田,等. 2013. 优化我国城镇化空间布局的战略重点与创新思路. 中国科学院院刊,28(1):20-27.
樊杰,孙威,陈东. 2009. "十一五"期间地域空间规划的科技创新及对"十二五"规划的政策建议. 中国科学院院刊,24(6):601-609.
樊杰,王亚飞,陈东,等. 2015. 长江经济带国土空间开发结构解析. 地理科学进展,34(11):1336-1344.
樊杰,王亚飞,汤青,等. 2015. 全国资源环境承载能力监测预警(2014 版)学术思路与总体技术流程. 地理科学,35(1):1-10.
樊杰,钟林生,李建平,等. 2017. 建设第三极国家公园群是西藏落实主体功能区大战略、走绿色发展之路的科学抉择. 中国科学院院刊,32(9):932-944.
樊杰,周侃,陈东. 2013. 生态文明建设中优化国土空间开发格局的经济地理学研究创新与应用实践. 经济地理,33(1):1-8.
樊杰,周侃,孙威,等. 2013. 人文-经济地理学在生态文明建设中的学科价值与学术创新. 地理科学进展,32(2):147-149.
樊杰,周侃,王亚飞. 2017. 全国资源环境承载能力预警(2016 版)的基点和技术方法进展. 地理科学进展,36(3):266-276.
樊杰芦. 2014. 山地震灾后恢复重建资源环境承载能力评价. 北京:科学出版社.
方创琳. 2000. 区域发展规划论. 北京:科学出版社.
方中权,余国扬. 2010. 优化开发区域的空间协调机制——以珠江三角洲为例. 北京:中国经济出版社.

方忠权. 2008. 主体功能区建设面临的问题及调整思路. 地域研究与开发,27(6):29-33.
冯德显,张莉,杨瑞霞,等. 2008. 基于人地关系理论的河南省主体功能区规划研究. 地域研究与开发,27(1):1-5.
冯利华. 2000. 基于神经网络的洪水预报研究. 自然灾害学报,9(2):45-48.
傅伯杰,刘国华,孟庆华. 2000. 中国西部生态区划及其区域发展对策. 干旱区地理,23(4):289-297.
高庆彦,潘玉君,朱海燕,等. 2015. 基于多尺度空间单元的省域可持续发展功能区划——以云南省 129 个县区为例. 经济地理,35(7):14-20.
高庆彦,潘玉君,朱海燕,等. 2015. 基于熵思想的民族区城市生态系统研究——以云南省 16 个市州为例. 地域研究与开发,34(2):148-153.
高全成. 2009. 把握国家划分主体功能区的机遇调整陕西产业布局. 理论导刊,31(4):73-74,77.
高新才,王云峰. 2010. 主体功能区补偿机制市场化:生态服务交易视角. 经济问题探索,31(6):72-76.
葛全胜,赵名茶,郑景云,等. 2002. 中国陆地表层系统分区初探. 地理学报,57(5):515-522.
龚霄侠. 2009. 推进主体功能区形成的区域补偿政策研究. 兰州大学学报(社会科学版),37(4):72-76.
郭锐,樊杰. 2015. 城市群规划多规协同状态分析与路径研究. 城市规划学刊,59(2):24-30.
郭显光. 1998. 改进的熵值法及其在经济效益评价中的应用. 系统工程理论与实践,18(12):99-103.
国家发展和改革委员会. 2015. 全国及各地区主体功能区规划. 北京:人民出版社.
国家发展和改革委员会发展规划司. 2006. 国家及各地区国民经济和社会发展"十一五"规划纲要. 北京:中国市场出版社.
国家计划委员会. 1986-03-29. 三个经济地带的划分. 人民日报,(2).
国务院发展研究中心课题组. 2008. 主体功能区形成机制和分类管理政策研究. 北京:中国发展出版社.
韩青. 2010. 空间规划协调理论研究综述. 城市问题,29(4):28-30,37.
韩青,顾朝林,袁晓辉. 2011. 城市总体规划与主体功能区规划管制空间研究. 城市规划,35(10):44-50.
韩学丽. 2009. 以主体功能区建设促区域协调发展. 改革与战略,25(4):51-54.
郝大江. 2012. 主体功能区形成机制研究——基于要素适宜度视角的分析. 经济学家,14(6):19-27.
何广顺,王晓惠,赵锐,等. 2010. 海洋主体功能区划方法研究. 海洋通报,29(3):334-341.
何宜,刘周阳. 2011. 基于偏离-份额分析法的滇、桂、黔工业竞争力分析. 学术探索,(6):6-10.
何英彬,陈佑启,常欣,等. 2004. 基于 GIS 的自然生态与社会经济综合区划——以黄土高原延河流域为例. 中国农业资源与区划,25(4):39-43.
何悦强,朱良生,黄小平. 1995. 沿海环境功能区划分方法探讨. 热带海洋,14(3):90-95.
河北省生态与灾害研究课题组. 2003. 河北省生态区划研究. 地理与地理信息科学,19(5):82-85.

洪辉，杨庆媛，陈展图. 2009. 论主体功能区的耕地保护——基于农地发展权转移视角. 农村经济，17(5)：23-26.

胡鞍钢. 2004. 中国：新发展观. 杭州：浙江人民出版社.

胡宝清，刘顺生，木士春，等. 2000. 山区生态经济综合区划的新方法探讨——以湖南怀化市为例. 长江流域资源与环境，9(4)：430-436.

胡序威. 1994. 组织大经济区和加强省区间规划协调. 地理研究，13(1)：16-22.

华红莲，潘玉君. 2005. 可持续发展评价方法评述. 云南师范大学学报(自然科学版)，47(3)：65-70.

黄秉维，郑度，赵名茶，等. 1999. 现代自然地理. 北京：科学出版社.

黄光宇. 1984. 区域规划概论. 北京：中国建筑工业出版社.

黄金川，林浩曦，漆潇潇. 2017. 面向国土空间优化的三生空间研究进展. 地理科学进展，36(3)：378-391.

黄静波，肖海平. 2012. 湘粤赣省际边界禁止开发区域生态旅游环境质量综合评价. 经济地理，32(10)：152-157.

黄孟复. 2011. 经济转型首先要投资转型. 经济研究参考，33(37)：8-10.

黄映晖，刘松，田超，等. 2014. 北京山区林下经济发展研究. 中国农学通报，30(11)：83-89.

黄占俊，王雍君. 2009. 能化主体功能区建设财政对策研究——基于庆阳的视角. 北京：经济科学出版社.

贾康，马衍伟. 2008. 推动我国主体功能区协调发展的财税政策研究. 财会研究，29(1)：7-17.

江若辰，谢小平. 2016. 基于可持续发展背景的县域主体功能研究——以广西合浦县为例. 城市地理，11(16)：49-52.

姜莉. 2017. 我国主体功能区理论研究进展与述评——"一带一路"分类区域调控的启示. 哈尔滨商业大学学报(社会科学版)，33(1)：69-78.

蒋万芳，邓毛颖，肖大威. 2012. 基于区市合一战略的增城经济技术开发区发展方略. 城市问题，31(7)：92-95，102.

蒋艳灵，刘春腊，周长青，等. 2015. 中国生态城市理论研究现状与实践问题思考. 地理研究，34(12)：2222-2237.

解维敏，方红星. 2011. 金融发展、融资约束与企业研发投入. 金融研究，33(5)：171-183.

冷志明，唐银. 2010. 省区交界地域主体功能区建设的运行机制研究——以湘鄂渝黔边区为例. 经济地理，30(10)：1601-1604，1618.

黎洁，邰秀军. 2009. 西部山区农户贫困脆弱性的影响因素：基于分层模型的实证研究. 当代经济科学，31(5)：110-115，128.

李德仁. 1993 地理信息系统导论. 北京：测绘出版社.

李德一，张树文，吕学军，等. 2011. 主体功能区情景下的土地系统变化模拟. 地理与地理信息科学，27(3)：50-53，113.

李国平，吴爱芝，孙铁山. 2012. 中国区域空间结构研究的回顾及展望. 经济地理，32(4)：6-11.

李淮春. 1996. 马克思主义哲学全书. 北京：中国人民大学出版社.

李镜，张丹丹，陈秀兰，等. 2008. 岷江上游生态补偿的博弈论. 生态学报，28(6)：2792-2798.

李军,胡云锋,任旺兵,等. 2013. 国家主体功能区空间型监测评价指标体系. 地理研究,32(1):123-132.

李娜,陈克龙. 2011. 青海省限制开发区人口容量研究. 中国人口·资源与环境,21(S1):9-12.

李齐云. 2003. 分级财政体制研究. 北京:经济科学出版社.

李涛,廖和平,潘卓,等. 2015. 主体功能区国土空间开发利用效率评估——以重庆市为例. 经济地理,35(9):157-164.

李涛,陶卓民,刘锐,等. 2015. 江苏省农业旅游发展演化研究. 自然资源学报,30(8):1391-1402.

李雯燕,米文宝. 2008. 地域主体功能区划研究综述与分析. 经济地理,28(3):357-361.

李小建. 1999. 经济地理学. 北京:高等教育出版社.

李学全,李松仁,韩旭里. 1997. AHP 理论与方法研究:一致性检验与权重计算. 系统工程学报,13(2):113-119.

李艳双,曾珍香,张闽,等. 1999. 主成分分析法在多指标综合评价方法中的应用. 河北工业大学学报,28(1):96-99.

连玉明. 2002. 战略中国. 北京:光明日报出版社.

廖灵芝,李显华. 2012. 林下经济发展的制约因素及对策建议——基于云南省大关县的调查. 中国林业经济,10(1):10-12.

廖晓慧,李松森. 2016. 完善主体功能区生态补偿财政转移支付制度研究. 经济纵横,32(1):108-113.

林华山. 2012. 海岛旅游小镇规划方法与路径——以东山岛铜陵镇控制性详细规划为例. 规划师,28(2):39-43.

林坚,许超诣. 2014. 土地发展权、空间管制与规划协同. 城市规划,38(1):26-34.

林锦耀,黎夏. 2014. 基于空间自相关的东莞市主体功能区划分. 地理研究,33(2):349-357.

刘桂文. 2010. 主体功能区视角下的县域城镇化发展路径探析. 热带地理,30(2):194-199.

刘国华,傅伯杰. 1998. 生态区划的原则及其特征. 环境科学进展,19(6):68-73.

刘红. 2010. 主体功能区的土地权益补偿机制构建. 商业时代,29(9):101-102.

刘慧,樊杰,李扬. 2013. "美国 2050"空间战略规划及启示. 地理研究,32(1):90-98.

刘慧,高晓路,刘盛和. 2008. 世界主要国家国土空间开发模式及启示. 世界地理研究,17(2):38-46,37.

刘纪远,刘文超,匡文慧,等. 2016. 基于主体功能区规划的中国城乡建设用地扩张时空特征遥感分析. 地理学报,71(3):355-369.

刘南威,郭有立. 2000. 综合自然地理学. 北京:科学出版社.

刘庆林,白洁. 2005. 日本都市圈理论及对我国的启示. 山东社会科学,19(12):72-74.

刘卫东,陆大道. 2005. 新时期我国区域空间规划的方法论探讨——以"西部开发重点区域规划前期研究"为例. 地理学报,60(6):16-24.

刘卫东,金凤君,张文忠,等. 2011. 中国经济地理学研究进展与展望. 地理科学进展,30(12):1479-1487.

刘小明. 2001. 财政转移支付制度研究. 北京:中国财政经济出版社.

刘欣英,安树伟. 2014. 基于主体功能区的西部城市化地区评价及发展研究. 经济问题,36(3):

121-124.
刘彦随,刘玉,陈玉福. 2011. 中国地域多功能性评价及其决策机制. 地理学报,66(10):1379-1389.
刘艳芳. 2006. 经济地理学. 北京:科学出版社.
刘燕华,郑度,葛全胜,等. 2005. 关于开展中国综合区划研究若干问题的认识. 地理研究,24(3):321-329.
刘银喜,任梅. 2010. 生态补偿机制中优化开发区和重点开发区的角色分析——基于市场机制与利益主体的视角. 中国行政管理,26(4):16-19.
刘咏梅,李谦,符海月,等. 2009. 3S技术在衔接主体功能区规划与土地利用管理中的应用. 长江流域资源与环境,18(11):1003-1007.
刘雨林. 2008. 关于西藏主体功能区建设中的生态补偿制度的博弈分析. 干旱区资源与环境,22(1):7-15.
刘玉,张川,唐秀美,等. 2017. 基于偏离份额模型的北京市四大功能区产业增长分析. 经济地理,37(8):122-128.
刘正广,马忠玉,殷平. 2010. 省级主体功能区人口分布格局探讨——以宁夏回族自治区为例. 中国人口·资源与环境,20(5):169-174.
刘正桥,王良健. 2013. 国家主体功能区战略背景下东北地区城市经济增长的动力与路径——基于城市暂住人口视角. 地理研究,32(4):683-690.
柳杨. 2014. 基于主体功能区建设的湖北区域均衡发展探讨. 统计与决策,30(11):166-168.
龙拥军,杨庆媛. 2012. 重庆城市经济空间影响力研究. 经济地理,32(5):71-76.
陆百明. 2003. 中国土地利用与生态特征区划. 北京:气象出版社.
陆成林. 2009. 支持辽宁主体功能区建设的财政政策取向. 财会研究,30(13):6-8.
陆大道. 1991. 地理学的发展与区域开发研究. 地理科学,11(3):197-206.
陆大道. 1995. 区域发展及其空间结构. 北京:科学出版社.
陆大道. 2002. 关于地理学的"人-地系统"理论研究. 地理研究,21(2):135-145.
陆大道. 2004. 科学发展观及我国的可持续发展问题. 安徽师范大学学报(自然科学版),27(3):237-241.
陆大道. 2004. 中国国家地理:国民读本. 郑州:海燕出版社.
陆大道. 2004. 中国国家地理图鉴. 郑州:大象出版社.
陆大道. 2004. 环球国家地理. 郑州:大象出版社.
陆大道. 2005. 区域发展和城市化的几个问题. 决策咨询通讯,16(4):54-55.
陆大道. 2005. 环球国家地理百科. 太原:山西教育出版社.
陆大道. 2008. 区域经济的理论创新——评郝寿义教授的区域经济学丛书. 天津城市建设学院学报,24(1):1-2.
陆大道. 2009. 大都市区的发展及其规划. 经济地理,29(10):1585-1587.
陆大道. 2009. 2050:中国的区域发展:中国至2050年区域科技发展线路图研究报告. 北京:科学出版社.
陆大道. 2010. 中国至2050年区域科技发展路线图. 北京:科学出版社.

陆大道.2011.经济地理学的发展及其战略咨询作用.经济地理,31(4):529-535.
陆大道.2011.中国地域空间功能及其发展.北京:中国大地出版社.
陆大道.2013.关于区域性规划环评的基本内容和要求.经济地理,33(8):1-4.
陆大道.2017.科学认识“一带一路”.北京:科学出版社.
陆大道.2018.我国区域经济大格局不宜谋求大调整.环境经济,15(Z1):66-67.
陆大道.2018.我国新区新城发展及区域创新体系构建问题.河北经贸大学学报,39(1):1-3.
陆大道,等.1988.1997中国区域发展报告.北京:商务印书馆.
陆大道,陈明星.2015.关于“国家新型城镇化规划(2014—2020)”编制大背景的几点认识.地理学报,70(2):179-185.
陆大道,樊杰.2012.区域可持续发展研究的兴起与作用.中国科学院院刊,27(3):290-300,319.
陆大道,郭来喜.1998.地理学的研究核心——人地关系地域系统——论吴传钧院士的地理学思想与学术贡献.地理学报,53(2):3-11.
陆大道,刘毅,樊杰.1999.我国区域政策实施效果与区域发展的基本态势.地理学报,54(6):496-508.
吕拉昌,黄茹.2013.人地关系认知路线图.经济地理,33(8):5-9.
吕明元,陈维宣.2016.中国产业结构升级对能源效率的影响研究——基于1978-2013年数据.资源科学,38(7):1350-1362.
罗海平,宋炎.2015.基于偏离-份额法的我国粮食主产区农业产值结构与增长效益研究:1980年～2012年.经济经纬,32(6):29-34.
罗庆,李小建,杨慧敏.2014.中国县域经济空间分布格局及其演化研究:1990年～2010年.经济经纬,31(1):1-7.
罗思明.2016.从规划编制和协调机制角度谈对推进“多规合一”工作的建议.城市地理,11(22):9.
罗雅丽,李同昇,张常新,等.2016.乡镇地域多功能性评价与主导功能定位——以金湖县为例.人文地理,31(3):94-101.
罗元华,张梁,张业成.1998.地质灾害风险评估方法.北京:地质出版社.
罗志刚.2008.全国城镇体系、主体功能区与“国家空间系统”.城市规划学刊,51(3):1-10.
马海滨.2009.推进主体功能区建设的财政政策探讨——以河南省为例.河南社会科学,17(3):204-206.
马海霞,李慧玲.2009.西部地区主体功能区划分与建设若干问题的思考——以新疆为例.地域研究与开发,28(3):12-16.
马利邦,牛叔文,石培基,等.2015.天水市国土空间功能区划与未来空间发展格局——基于主体功能区划框架.经济地理,35(6):68-77.
马仁锋,王筱春,张猛,等.2010.主体功能区划方法体系建构研究.地域研究与开发,29(4):10-15.
马仁锋,王筱春,张猛,等.2011.云南省地域主体功能区划分实践及反思.地理研究,30(7):1296-1308.
马随随,朱传耿,仇方道.2011.基于主体功能区视角的县域规划创新研究.世界地理研究,

20(3):73-81.
毛汉英,余丹林. 2001. 区域承载力定量研究方法探讨. 地球科学进展,20(4):549-555.
蒙吉军,周平,艾木入拉,等. 2011. 鄂尔多斯主体功能区划分及其土地可持续利用模式分析. 资源科学,33(9):1674-1683.
蒙吉军. 2005. 综合自然地理学. 北京:北京大学出版社
孟召宜,朱传耿,渠爱雪. 2007. 主体功能区管治思路研究. 经济问题探索,28(9):9-14.
孟召宜,朱传耿,渠爱雪,等. 2008. 我国主体功能区生态补偿思路研究. 中国人口·资源与环境,18(2):139-144.
米文宝,等. 2010. 西北地区国土主体功能区划研究. 北京:中国环境科学出版社.
米文宝,侯雪,米楠,等. 2010. 西北地区主体功能区划方案. 经济地理,30(10):1595-1600.
苗长虹. 2004. 变革中的西方经济地理学:制度、文化、关系与尺度转向. 人文地理,19(4):68-76.
乜堪雄. 2005. 重庆经济区划及分区发展问题研究. 地域研究与开发,24(6):34-38.
念沛豪,蔡玉梅,张文新,等. 2014. 面向综合区划的国土空间地理实体分类与功能识别. 经济地理,34(12):9-14.
牛乔丽. 2013. 我国粮食主产区主要粮食作物生产能力区域比较优势分析. 当代经济,29(9):76-78.
牛叔文,李永华,马利邦,等. 2009. 甘肃省主体功能区划中生态系统重要性评价. 中国人口·资源与环境,19(3):119-124.
牛叔文,张馨,董建梅,等. 2010. 基于主体功能分区的空间分析——以甘肃省为例. 经济地理,30(5):732-737.
牛雄. 2009. 主体功能区构建的人口政策研究. 改革与战略,25(4):42-47.
潘玉君. 1995. 地理科学. 哈尔滨:哈尔滨地图出版社.
潘玉君. 2002. 云南省生态环境建设的思路、布局和机制. 吉首大学学报(自然科学版),23(4):22-25.
潘玉君,等. 2018. 中国自然资源通典·云南. 呼和浩特:内蒙古教育出版社.
潘玉君,武友德. 2003. 全面建设小康社会与人文地理学的崇高使命. 云南师范大学学报(哲学社会科学版),45(6):122-126.
潘玉君,武友德. 2007. 区域发展研究:发展阶段与约束条件. 北京:科学出版社.
潘玉君,武友德. 2014. 地理科学导论. 2 版. 北京:科学出版社.
潘玉君,姚辉. 2017. 县域义务教育资源配置结构及空间差异实证——以云南 25 个边境县为例. 学术探索,24(4):151-156.
潘玉君,罗明东. 2007. 义务教育发展区域均衡系统研究:区域教育发展及其差距实证研究. 北京:北京大学出版社.
潘玉君,张谦舵. 2003. 区域生态环境建设补偿问题的初步探讨. 经济地理,23(4):520-523.
潘玉君,丁文荣,武友德. 2004. 地理哲学与数学方法论. 云南师范大学学报(哲学社会科学版),36(4):1-4,142.
潘玉君,武友德,华红莲. 2007. 区域现代化实证研究. 北京:科学出版社.
潘玉君,张谦舵,华红莲. 2007. 试论可持续发展的地域公平性. 中国人口·资源与环境,17(1):

41-43.
潘悦，程超，洪亮平. 2017. 基于规划协同的市(县)空间管制区划研究. 城市发展研究，24(3)：1-8.
彭震伟. 1998. 区域研究与规划. 上海：同济大学出版社.
齐亚彬. 2005. 资源环境承载力研究进展及其主要问题剖析. 中国国土资源经济，23(5)：7-11，46.
祁豫玮，顾朝林. 2010. 市域开发空间区划方法与应用——以南京市为例. 地理研究，29(11)：2035-2044.
秦伟山，张义丰. 2013. 国内外海岛经济研究进展. 地理科学进展，32(9)：1401-1412.
清华大学中国发展规划研究中心课题组. 2009. 中国主题功能区政策研究. 北京：经济科学出版社.
邱道持，王力. 1993. 综合自然地理学. 重庆：西南师范大学出版社.
全国科学技术名词审定委员会审定. 2007. 地理学名词. 2版. 北京：科学出版社.
冉瑞栋. 2017. 经济发展新常态下产业结构优化调整特征与策略探析. 经济界，12(4)：39-42.
任保平，宋文月. 2014. 中国经济增速放缓与稳增长的路径选择. 社会科学研究，36(3)：22-27.
任美锷，杨纫章，包浩生. 1979. 中国自然区划纲要. 北京：商务印书馆.
沈坤荣. 2013. 中国经济增速趋缓的成因与对策. 学术月刊，45(6)：95-100.
盛科荣，樊杰，杨昊昌. 2016. 现代地域功能理论及应用研究进展与展望. 经济地理，36(12)：1-7.
盛科荣，樊杰. 2016. 主体功能区作为国土开发的基础制度作用. 中国科学院院刊，31(1)：44-50.
盛中杰，闫伟. 2017. 天津市地理国情普查基本统计探索与实践. 环球人文地理，8(7)：31.
石刚. 2010. 我国主体功能区的划分与评价——基于承载力视角. 城市发展研究，17(3)：44-50，55.
石意如. 2015. 主体功能区生态预算绩效评价基本框架研究. 经济问题，37(4)：116-120.
石玉林，于贵瑞，王浩，等. 2015. 中国生态环境安全态势分析与战略思考. 资源科学，37(7)：1305-1313.
宋学红. 2006. 规范我国政府间转移支付制度的几点思考. 税务与经济(长春税务学院学报)，(5)：39-41.
宋永永，米文宝，仲俊涛，等. 2016. 宁夏限制开发生态区人地耦合系统脆弱性空间分异及影响因素. 干旱区资源与环境，30(11)：85-91.
宋永永，薛东前，米文宝，等. 2017. 宁夏限制开发生态区村域发展的模式与机理. 经济地理，37(4)：167-175，189.
苏芳，蒲欣冬，徐中民，等. 2009. 生计资本与生计策略关系研究——以张掖市甘州区为例. 中国人口·资源与环境，19(6)：119-125.
孙超，刘玉，唐秀美，等. 2016. 基于偏离-份额分析法的北京生态涵养发展区主导产业选择. 北京大学学报(自然科学版)，52(6)：1085-1092.
孙健. 2009. 主体功能区建设中的基本公共服务均等化问题研究. 西北师大学报(社会科学版)，46(2)：65-69.
孙久文，彭薇. 2007. 主体功能区建设研究述评. 中共中央党校学报，11(6)：67-70.

孙娟,崔功豪.2002.国外区域规划发展与动态.城市规划汇刊,46(2):48-50,80.
孙俊,潘玉君,赫维人,等.2015.人文主义地理学与地理学人本传统的复兴.人文地理,30(1):1-8,39.
孙俊,潘玉君,汤茂林.2014.中国地理学史研究的理路分析——兼论中国地理学传统的流变.地理研究,33(3):589-600.
孙俊,潘玉君,汤茂林,等.2014.中国地理学史编史方法论考察.地理研究,33(8):1557-1568.
孙俊,潘玉君,武友德,等.2014.地理学史研究范式——科学地理学史与知识地理学史.地理学报,69(9):1369-1384.
孙俊,武友德,骆华松,等.2016.基于多样性指数的云南省民族人口发展态势分析.南方人口,31(6):31-39.
孙平军,丁四保,修春亮.2012.中国城镇建设用地投入非协调性的动态演变研究.地理科学,32(9):1047-1054.
孙茜,张捍卫,张小虎.2015.河南省资源环境承载力测度及障碍因素诊断.干旱区资源与环境,29(7):33-38.
孙威,胡望舒,闫梅,等.2014.限制开发区域农户薪柴消费的影响因素分析——以云南省怒江州为例.地理研究,33(9):1694-1705.
孙威,李佳洺,李洪省.2016.京津冀地区空间结构的基本类型与划分方法.经济地理,36(12):211-217.
汤青,徐勇,李扬.2013.黄土高原农户可持续生计评估及未来生计策略——基于陕西延安市和宁夏固原市1076户农户调查.地理科学进展,32(2):161-169.
唐常春.2011.流域主体功能区划方法与指标体系构建——以长江流域为例.地理研究,30(12):2173-2185.
唐常春,刘华丹.2015.长江流域主体功能区建设的政府绩效考核体系建构.经济地理,35(11):36-44.
唐琳,陈耀华,王利伟,等.2015.风景名胜区空间演进的动力机制及调控对策——以庐山国家级风景名胜区为例.城市发展研究,22(3):73-79.
童道友,等.1999.转移支付概论.武汉:湖北人民出版社.
涂文明.2009.中国特色新型工业化道路的区域实现及其与主体功能区的耦合.现代经济探讨,28(5):44-47.
王成超.2011.关于我国农村社区增权的理论探讨.农村经济,29(2):23-26.
王程.2016.口岸小城镇总体规划编制创新——以南坪镇为例.城市地理,11(18):12.
王传胜,方明,刘毅.2016.长江经济带国土空间结构优化研究.中国科学院院刊,31(1):80-91.
王传胜,杨晓光,赵海英,等.2007.长江金沙江段生态屏障建设的功能区划——以昭通市为例.山地学报,35(3):309-316.
王传胜,赵海英,孙贵艳,等.2010.主体功能优化开发县域的功能区划探索——以浙江省上虞市为例.地理研究,29(3):481-490.
王传胜,朱珊珊,樊杰,等.2012.主体功能区规划监管与评估的指标及其数据需求.地理科学进展,31(12):1678-1684.

王殿华. 2004. 当代俄罗斯经济区划研究. 世界地理研究,13(3):37-42.

王贵明,匡耀求. 2008. 基于资源承载力的主体功能区与产业生态经济. 改革与战略,24(4):109-111,147.

王建. 2001. 现代自然地理学. 北京:高等教育出版社.

王金秀. 2006. 我国政府间转移支付制度的内在缺陷及其完善. 华中师范大学学报(人文社会科学版),45(1):36-43.

王静. 2006. 完善政府间转移支付制度实现公共服务均等化. 华东经济管理,21(5):48-51.

王俊,何正国. 2011. "三规合一"基础地理信息平台研究与实践——以云浮市"三规合一"地理信息平台建设为例. 城市规划,35(S1):74-78.

王磊,沈建法. 2013. 空间规划政策在中国五年计划/规划体系中的演变. 地理科学进展,32(8):1195-1206.

王磊,沈建法. 2017. 规划管理、空间管制机制与规划协调——以S市规划体制改革试点为例. 城市规划,41(2):18-26.

王立和. 2015. 基于不同主体功能区的生态文明建设实践路径比较研究. 生态经济,31(10):160-162.

王倩. 2007. 主体功能区绩效评价研究. 经济纵横,23(13):21-23.

王强,伍世代,李永实,等. 2009. 福建省域主体功能区划分实践. 地理学报,64(6):725-735.

王青云. 1997. 国家对省级区域经济管理研究. 经济问题,19(7):8-11.

王姝,石培基,李巍. 2010. 甘南黄河重要水源补给生态功能区城乡协调发展研究. 国土与自然资源研究,32(2):50-51.

王双正,要雯. 2007. 构建与主体功能区建设相协调的财政转移支付制度研究. 中央财经大学学报,27(8):15-20.

王素娟,吴殿廷,赵林,等. 2014. 辽宁省新型城镇化进程评价. 城市发展研究,21(3):21-27.

王晓玲,周国富. 2016. 影响主体功能区综合发展水平的财政因素研究. 区域经济评论,4(1):113-119.

王兴中. 2011.《地理科学导论》及其学术基础. 人文地理,26(5):158-159.

王亚飞,郭锐,樊杰. 2016. 中国城市化、农业发展、生态安全和自然岸线格局的空间解析. 中国科学院院刊,31(1):59-69.

王亚运,蔡银莺,朱兰兰. 2017. 农业补贴政策的区域效应及影响因素分析——以湖北省武汉、荆门、黄冈等典型主体功能区为实证. 华中农业大学学报(社会科学版),37(1):8-15,140.

王昱,王荣成. 2008. 我国区域生态补偿机制下的主体功能区划研究. 东北师大学报(哲学社会科学版),58(4):17-21.

王昱,丁四保,王荣成. 2009. 主体功能区划及其生态补偿机制的地理学依据. 地域研究与开发,28(1):17-21,26.

王云才,吕东,彭震伟,等. 2015. 基于生态网络规划的生态红线划定研究——以安徽省宣城市南漪湖地区为例. 城市规划学刊,59(3):28-35.

王振波,徐建刚. 2010. 主体功能区划问题及解决思路探讨. 中国人口·资源与环境,20(8):126-131.

王振波,方创琳,徐建刚,等.2012.淮河流域空间开发区划研究.地理研究,31(8):1387-1398.
王振波,张蔷,张晓瑞,等.2013.基于资源环境承载力的合肥市增长边界划定.地理研究,32(12):2302-2311.
王铮,孙翊.2013.中国主体功能区协调发展与产业结构演化.地理科学,33(6):641-648.
王铮,孙翊,顾春香.2014.枢纽-网络结构:区域发展的新组织模式.中国科学院院刊,29(3):376-382.
王智,蒋明康,秦卫华,等.2009.对“禁止开发区”规划和管理的几点思考.生态与农村环境学报,25(4):110-113.
魏广君,董伟,孙晖.2012.“多规整合”研究进展与评述.城市规划学刊,56(1):76-82.
温琰茂,柯雄侃,王峰.1999.人地系统可持续发展评价体系与方法研究.地球科学进展,14(1):53-57.
邬伦,任伏虎,谢昆青,等.1994.地理信息系统教程.北京:北京大学出版社.
吴超,魏清泉.2005.美国的“都市区域主义”及其引发的思考.地域研究与开发,24(1):6-11.
吴传钧.1991.论地理学的研究核心——人地关系地域系统.经济地理,11(3):1-6.
吴传钧.1994.国土整治和区域开发.地理学与国土研究,10(3):1-12.
吴传钧.1998.人地关系与经济布局.北京:学苑出版社.
吴传钧.1998.中国经济地理.北京:科学出版社.
吴殿廷,丛东来,杜霞.2016.区域地理学原理.南京:东南大学出版社.
吴缚龙.2002,市场经济转型中的中国城市管治.城市规划,26(9):33-35.
吴箐,汪金武.2009.主体功能区划的研究现状与思考.热带地理,29(6):532-538.
吴绍洪,杨勤业,郑度.2002.生态地理区域界线划分的指标体系.地理科学进展,21(4):302-310.
吴绍洪,杨勤业,郑度.2003.生态地理区域系统的比较研究.地理学报,58(5):686-694.
吴绍洪,赵东升,尹云鹤.2016.自然地理学综合研究理论与实践之继承与创新.地理学报,71(9):1484-1493.
吴绍洪.1998.综合区划的初步设想——以柴达木盆地为例.地理研究,18(4):32-39.
吴艳娟,杨艳昭,杨玲,等.2016.基于“三生空间”的城市国土空间开发建设适宜性评价——以宁波市为例.资源科学,38(11):2072-2081.
奚雪松,许立言,陈义勇.2013.中国文物保护单位的空间分布特征.人文地理,28(1):75-79.
席承藩,张俊民,丘宝剑,等.1984.中国自然区划纲要.北京:科学出版社.
席建超,葛全胜.2015.长江国际黄金旅游带对区域旅游创新发展的启示.地理科学进展,34(11):1449-1457.
席建超,王首琨,张瑞英.2016.旅游乡村聚落“生产-生活-生态”空间重构与优化——河北野三坡旅游区苟各庄村的案例实证.自然资源学报,31(3):425-435.
向喜琼,黄润秋.2000.地质灾害风险评价与风险管理.地质灾害与环境保护,11(1):38-41.
谢冰.2000.中国过渡区域经济运行协调和发展机制分析.地域研究与开发,19(1):37-41.
谢忱.2016.基于主体功能区视角下的武汉城市化战略研究.城市地理,11(12):51.
熊芳.2016.主体功能区战略下农业生态价值实现的对策.经济纵横,32(9):84-87.

熊丽君. 2010. 上海市浦东北部区域主体功能区划研究. 环境科学学报, 30(10): 2116-2124.
熊鹰, 李艳梅. 2010. 湖南省主体功能区划分及发展策略研究. 软科学, 24(1): 80-84.
徐波. 1994. 土地区划整理——日本的城市规划之母. 国外城市规划, 26(2): 25-34.
徐东辉. 2014. "三规合一"的市域城乡总体规划. 城市发展研究, 21(8): 30-36.
徐莉萍, 孙文明. 2013. 主体功能区生态预算系统: 环境、结构与合作. 经济学家, 25(9): 43-51.
徐莉萍, 孙文明. 2013. 主体功能区生态预算系统合作机理研究. 中国工业经济, 30(7): 18-30.
徐明, 杜黎明. 2009. 协同推进四川灾后重建与主体功能区建设的发展路径. 财经科学, 53(9): 117-124.
徐姗, 王开泳, 邓羽. 2016. 区域发展模式知识库的理论阐释与顶层设计. 城市发展研究, 23(7): 13-17.
徐勇, 汤青, 樊杰, 等. 2010. 主体功能区划可利用土地资源指标项及其算法. 地理研究, 29(7): 1223-1232.
许开鹏, 王晶晶, 迟妍妍, 等. 2015. 基于主体功能区的环境红线管控体系初探. 环境保护, 43(23): 31-34.
许永涛, 唐富茜. 2015. 下城镇空间分布研究——以大理州为例. 城市地理, 10(16): 48.
薛俊菲, 陈雯, 曹有挥. 2013. 中国城市密集区空间识别及其与国家主体功能区的对接关系. 地理研究, 32(1): 146-156.
鄢一龙, 唐娜, 王亚华. 2009. 如何推进省级主体功能区建设——以青海省为例. 生产力研究, 24(21): 121-122, 135.
燕守广, 沈渭寿, 邹长新, 等. 2010. 重要生态功能区生态补偿研究. 中国人口·资源与环境, 20(S1): 1-4.
杨朝兴. 2011. 基于主体功能区战略的山区生态经济研究——以河南省山区为例. 生态经济, 27(7): 68-70.
杨建利, 靳文学. 2012. 粮食主产区和主销区利益平衡机制探析. 农业现代化研究, 33(2): 129-134.
杨玲. 2016. 基于空间管制的"多规合一"控制线系统初探——关于县(市)域城乡全覆盖的空间管制分区的再思考. 城市发展研究, 23(2): 8-15.
杨美玲, 李同昇, 米文宝, 等. 2014. 宁夏限制开发区生态脆弱性评价及分类发展模式. 水土保持通报, 34(4): 236-242.
杨庆, 余鹏, 蒋旭东, 等. 2014. 基于 OGCWebService 的主体功能区规划支撑平台研究. 测绘通报, 60(5): 110-114.
杨伟民. 2007. 关于推进形成主体功能区的几个问题. 中国经贸导刊, 28(2): 23.
杨伟民. 2008. 推进形成主体功能区优化国土开发格局. 经济纵横, 24(5): 17-21.
杨伟民. 2015. 关于"十三五"规划要研究的十个重大问题. 全球化, 5(6): 23-24.
杨伟民, 袁喜禄, 张耕田, 等. 2012. 实施主体功能区战略, 构建高效、协调、可持续的美好家园——主体功能区战略研究总报告. 管理世界, (10): 1-17, 30.
杨文凤, 杜莉, 朱桂丽. 2015. 基于产业演进的西藏产业发展路径分析. 农业现代化研究, 36(5): 741-747.

杨文凤,段晶,宋连久,等.2016.基于主体功能区的西藏生态旅游区划.中国农业资源与区划,37(6):106-114.
杨吾扬,梁进社.1992.中国的十大经济区探讨.经济地理,12(3):14-20.
杨玉文,李慧明.2009.我国主体功能区规划及发展机理研究.经济与管理研究,30(6):67-71.
杨忠武.2008.西部主体功能区建设与财政体制改革.国家行政学院学报,10(6):83-85.
杨子力.2015.地理国情监测内容及方法研究.城市地理,10(18):285-286.
杨子生,赵乔贵,辛玲,等.2014.云南土地资源.北京:中国科学技术出版社.
姚辉,温爱花,潘玉君.2016.中国省域高等教育结构演进及其类型差异评价.云南师范大学学报(哲学社会科学版),48(6):120-127.
叶家斌.2017.主体功能区建设试点县政策配套研究.时代经贸,15(3):37-38.
殷江滨,李郇.2012.产业转移背景下县域城镇化发展——基于地方政府行为的视角.经济地理,32(8):71-77.
余波,彭燕梅.2017.云南省主体功能区生态补偿机制构建研究.南方农业,11(4):31-36.
俞孔坚.1998.可持续环境与发展规划的途径及其有效性.自然资源学报,13(1):8-15.
俞肇元,宗真,陆玉麒,等.2012.基于模糊关系识别的多要素空间离散化方法——以江苏阜宁人口与经济分析为例.人文地理,27(3):67-72.
云南省人民政府.2014.云南省主体功能区规划.云南:云南省人民政府办公厅.
云南省人民政府办公厅,云南省统计局.2007.云南领导干部经济工作手册.昆明:云南人民出版社.
昝国江,安树伟.2011.主体功能区建设与区域利益的协调——以河北省为例.城市问题,30(11):45-50.
曾菊新,刘传明.2006.构建新时期的中国区域规划体系.学习与实践,(11):23-27.
曾铮.2011.亚洲国家和地区经济发展方式转变研究——基于"中等收入陷阱"视角的分析.经济学家,(6):48-55.
张百平,陆大道,马小丁,等.2006.国家生态特区构想及其科学基础.地理科学进展,25(2):8-16,139.
张成军.2009.绿色GDP核算的主体功能区生态补偿.求索,30(12):16-18.
张成军.2010.协同推进主体功能区和生态城市建设研究.经济纵横,26(5):56-58.
张改清,高明国.2012.中原经济区农业主体功能区划及其区际比较.经济地理,32(10):121-126.
张广海,李雪.2007.山东省主体功能区划分研究.地理与地理信息科学,23(4):57-61.
张海霞,牛叔文,齐敬辉,等.2016.基于乡镇尺度的河南省人口分布的地统计学分析.地理研究,35(2):325-336.
张弘力.1999.中国过渡期财政转移支付.北京:中国财政经济出版社.
张化楠,葛颜祥,接玉梅.2017.主体功能区的流域生态补偿机制研究.现代经济探讨,26(4):83-87.
张继英.2008.主体功能区格局下的甘肃省产业结构调整.兰州大学学报(社会科学版),36(6):140-143.

张雷. 2001. 21世纪中国西部矿产资源开发的战略思考. 国土资源通讯,1(8):38-45.
张雷,刘毅,等. 2006. 中国区域发展的资源环境基础. 北京:科学出版社.
张莉,冯德显. 2007. 河南省主体功能区划分的主导因素研究. 地域研究与开发,26(2):30-34.
张明东,陆玉麒. 2009. 我国主体功能区划的有关理论探讨. 地域研究与开发,28(3):7-11.
张善儒. 1986. 日本经济圈的形成与作用. 世界经济,9(8):60-65.
张伟娜,胡佰林,卢庆沙. 2014. 基于主体功能区划方法的长株潭城市群核心区交通优势度评价. 经济地理,34(11):63-68.
张文东,易铁虎. 2005. 复杂系统多目标综合评价方法的比较研究. 青岛大学学报(自然科学版),18(4):85-90.
张文忠. 2012. 国家战略制定的理论和实践基础解析——评《中原经济区科学发展研究》. 地理研究,31(5):964.
张晓东,池天河. 2001. 90年代中国省级区域经济与环境协调度分析. 地理研究,20(4):506-515.
张晓瑞,宗跃光. 2001. 区域主体功能区规划模型、方法和应用研究——以京津地区为例. 地理科学,30(5):728-734.
张杏梅. 2008. 加强主体功能区建设促进区域协调发展. 经济问题探索,29(4):17-21.
张秀生,王鹏. 2015. 经济发展新常态与产业结构优化. 经济问题,37(4):46-49,82.
张耀光,张岩,刘桓. 2011. 海岛(县)主体功能区划分的研究——以浙江省玉环县、洞头县为例. 地理科学,31(7):810-816.
张耀军,陈伟,张颖. 2010. 区域人口均衡:主体功能区规划的关键. 人口研究,34(4):8-19.
张永姣,曹鸿. 2015. 基于"主体功能"的新型村镇建设模式优选及聚落体系重构——藉由"图底关系理论"的探索. 人文地理,30(6):83-88.
张玉春,任剑翔,任仲平. 2012. 甘肃省工业竞争力研究——基于灰色关联分析方法. 商场现代化,41(14):69-71.
张志斌,陆慧玉. 2010. 基于主体功能区思想的密集区空间结构优化——以兰州—西宁城镇密集区为例. 西北师范大学学报(自然科学版),46(4):101-106.
张志斌,陆慧玉. 2010. 主体功能区视角下的兰州—西宁城镇密集区空间结构优化. 干旱区资源与环境,24(10):13-18.
张志卫,丰爱平,李培英,等. 2012. 基于能值分析的无居民海岛承载力:以青岛市大岛为例. 海洋环境科学,31(4):572-575,585.
赵荣钦,张帅,黄贤金,等. 2014. 中原经济区县域碳收支空间分异及碳平衡分区. 地理学报,69(10):1425-1437.
赵亚莉,吴群,龙开胜. 2009. 基于模糊聚类的区域主体功能分区研究——以江苏省为例. 水土保持通报,29(5):127-130.
赵作权. 2013. 全国国土规划与空间经济分析. 城市发展研究,20(7):7-13,43.
郑度. 2012. 地理区划与规划词典. 北京:中国水利水电出版社.
郑度,傅小锋. 1999. 关于综合地理区划若干问题的探讨. 地理科学,19(3):193-197.
郑度,葛全胜,张雪芹,等. 2005. 中国区划工作的回顾与展望. 地理研究,24(3):330-344.
郑荣宝,刘毅华,董玉祥,等. 2009. 基于主体功能区划的广州市土地资源安全评价. 地理学报,

64(6):654-664.
郑延涛. 2008. 优化国土开发格局推动区域协调发展. 理论探索,25(2):101-102.
中国科学院可持续发展战略研究组. 2002. 中国现代化进程战略构想. 北京:科学出版社.
中国科学院南京地理与湖泊研究所,水利部太湖流域管理局. 1991. 太湖流域自然资源地图集. 北京:科学出版社.
钟昌标. 2003. 中国区域产业整合与分工的政策研究. 数量经济技术经济研究,20(6):59-63.
钟高峥. 2010. 湘鄂渝黔边多省际边缘生态区域协同研究——基于主体功能区划视角. 贵州民族研究,31(3):132-136.
钟高峥. 2011. 主体功能限制开发区域的空间功能区划研究——以湘西州为例. 经济地理,31(5):839-843.
钟海燕,赵小敏,黄宏胜. 2011. 土地利用分区与主体功能区协调的实证研究——以环鄱阳湖区为例. 经济地理,31(9):1523-1527,1551.
钟水映. 2005. 人口资源与环境经济学. 北京:科学出版社.
钟兆站,李克煌. 1998. 山地平原交界带自然灾害与资源环境评价. 资源科学,22(3):34-41.
仲俊涛,米文宝,候景伟,等. 2014. 改革开放以来宁夏区域差异与空间格局研究——基于人口、经济和粮食重心的演变特征及耦合关系. 经济地理,34(5):14-20,47.
周侃. 2016. 中国环境污染的时空差异与集聚特征. 地理科学,36(7):989-997.
周蕾,王登科. 2010. 主体功能区框架下宁夏农业特色优势产业发展战略研究. 安徽农业科学,38(29):16583-16585.
周立三. 1993. 中国农业区划的理论与实践. 北京:中国科学技术出版社.
周树旺. 2015,地理国情监测内容及方法研究. 城市地理,10(18):45-46.
朱传耿,仇方道,渠爱雪. 2004. 试论我国经济地理学对发展观演变的响应. 经济地理,24(6):733-737.
朱传耿,马晓东,孟召宜,等. 2007. 地域主体功能区划理论·方法·实证. 北京:科学出版社.
朱红琼. 区域财政研究. 2005. 北京:中国财政经济出版社.
朱宏任. 2014. 新形势下产业结构转型升级的路径探讨. 中国中小企业,21(11):24-31.
朱丽萌. 2012. 欠发达地区主体功能分区实证研究——以江西省为例. 经济地理,32(4):19-24.
朱天舒,秦晓微. 2012. 城镇化路径:转变土地利用方式的根本问题. 地理科学,32(11):1348-1352.
庄海燕. 2017. 黑龙江省主体功能区人口与经济协调发展模型分析. 统计与咨询,33(1):28-31.
宗跃光,张晓瑞,何金廖,等. 2011. 空间规划决策支持系统在区域主体功能区划分中的应用. 地理研究,30(7):1285-1295.
邹军,王兴海,张伟,等. 2003. 日本首都圈规划构想及其启示. 国外城市规划,25(2):34-36.
邹军,朱杰. 2011. 经济转型和新型城市化背景下的城市规划应对. 城市规划,35(2):9-10.
邹彦林. 2008. 构建安徽"三沿"城市经济圈优化主体功能区布局——安徽城市经济圈发展的战略思考. 开放导报,17(3):45-48,67.
Bailey R G. 1989. Explanatory supplement to ecoregions map of the continents. Environmental Conservation,16(4):307-309.

Brenner N. 1999. Globalisation as reteritorialisation the rescaling of urban governance in the European Union. Urban Studies,21(3):431.

Carrara A, Cardinali M, Guzzetti F. 1992. Uncertainty in assessing landslide hazard risk. ITC Journal,6(2):172-183.

Chen G J. 2000. Economic conditions and approaches to development in mountain regions in South Central China. Mountain Research and Development,20(4):300-305.

Devogele T. 1998. On spatial database integration. International Journal of Geographical Information Science,12(4):335-352.

Erlet C. 1995. Environment contradictions in sustainable tourism. The Geographical Journal, 161(1):21-28.

Luzar E J,Diagne A,Gan C E C,et al. 1998. Profiling the nature-based tourist—a multi-nominal logit approach. Journal of Travel Research,37(1):48-55.

Majia-Navarro M,Wohl E E. 1994. Geological hazard and risk evaluation using GIS:Methodology and model applied to medellin. Bulletin of the Association of Engineering Geologist,10(4): 459-481.

Wallis A D. 1994. Evolving structures and challenges of metropolitan regions. National Civic Review,(1):40-53.

Whitford V, Ennos A R,Handkey J F. 2001. City form and natural process-indicators for the ecological performance of urban areas and their application to Merseyside U K. Landscape and Urban Planning,(57):91-103.

附　　录

附录1　云南省主体功能区规划

一、云南省重点开发区名录

附表 1-1　集中连片重点开发区域

级别	数量	县(市、区)和乡镇名录
国家级	27 个县(市、区)和 12 个乡镇	五华区、盘龙区、官渡区、西山区、呈贡区、晋宁区、富民县、嵩明县(不包括滇源镇、阿子营镇)、寻甸县、安宁市、麒麟区、马龙区、富源县、沾益区、宣威市、红塔区、澄江县、华宁县、江川区、通海县、易门县、峨山县、楚雄市(不包括三街镇、八角镇、中山镇、新村镇、树苴乡、大过口乡、大地基乡、西舍路乡)、牟定县(不包括蟠猫乡)、南华县(不包括五顶山乡、马街镇、兔街镇、一街乡、罗五庄乡、红土坡镇)、武定县(不包括已衣乡、万德乡、东坡乡、环州乡、发窝乡)、禄丰县(不包括黑井镇、妥安乡、高峰乡) 宜良县匡远镇、北古城镇、狗街镇,石林县鹿阜镇、禄劝县屏山镇、转龙镇,师宗县丹凤镇、竹基镇,罗平县罗雄镇、阿岗镇、九龙镇,双柏县妥甸镇
省级	16 个县(市、区)	隆阳区、昭阳区、鲁甸县、古城区、华坪县、思茅区、临翔区、个旧市、开远市、蒙自市、河口县、砚山县、大理市、祥云县、弥渡县、瑞丽市

附表 1-2　其他重点开发的城镇

类别	数量	乡镇名录
重点县城	41 个	陆良县中枢镇、会泽县金钟镇、施甸县甸阳镇、龙陵县龙山镇、腾冲市腾越镇、昌宁县田园镇、宁洱县宁洱镇、景谷县威远镇、墨江县联珠镇、澜沧县勐朗镇、景东县锦屏镇、永胜县永北镇、盐津县盐井镇、镇雄县乌峰镇、威信县扎西镇、彝良县角奎镇、水富县向家坝镇、凤庆县凤山镇、云县爱华镇、大姚县金碧镇、永仁县永定镇、元谋县元马镇、姚安县栋川镇、石屏县异龙镇、泸西县中枢镇、元阳县南沙镇、建水县临安镇、弥勒市弥阳镇、屏边县玉屏镇、鹤庆县云鹤镇、宾川县金牛镇、剑川县金华镇、南涧县南涧镇、文山市开化镇、丘北县锦屏镇、富宁县新华镇、芒市芒市镇、勐海县勐海镇、景洪市允景洪街道、泸水市六库镇、香格里拉市建塘镇

续表

类别	数量	乡镇名录
重点小镇	24 个	石林县西街口镇、陆良县召夸镇、会泽县者海镇、新平县嘎洒镇、新平县杨武镇、施甸县水长乡、彝良县洛泽河镇、大关县寿山镇、元谋县黄瓜园镇、双柏县大庄镇、永仁县莲池乡、大姚县六苴镇、洱源县邓川镇、鹤庆县西邑镇、巍山县永建镇、云龙县漕涧镇、盈江县平原镇、文山市马塘镇、文山市古木镇、芒市轩岗镇、芒市风平镇、景洪市嘎洒镇、景洪市勐养镇、兰坪县通甸镇
重点口岸镇	15 个	腾冲市猴桥镇、江城县康平乡、镇康县南伞镇、耿马县孟定镇、沧源县勐董镇、孟连县勐马镇、盈江县那邦镇、陇川县章凤镇、金平县金水河镇、马关县都龙镇、富宁县剥隘镇、麻栗坡县天保镇、勐海县打洛镇、勐腊县磨憨镇、泸水市片马镇

二、云南省限制开发区名录

附表 1-3　农产品主产区

级别	数量	县市名录
国家级	48 个县(市、区)	宜良县(不包括匡远镇、北古城镇和狗街镇)、石林县(不包括鹿阜街道)、禄劝县(不包括屏山镇和转龙镇)、陆良县、师宗县(不包括丹凤镇和竹基镇)、罗平县(不包括罗雄镇、阿岗镇和九龙镇)、会泽县、新平县、元江县、元谋县、姚安县、施甸县、腾冲市、龙陵县、昌宁县、宁洱县、墨江县、景谷县、江城县、澜沧县、凤庆县、云县、永德县、镇康县、双江县、耿马县、沧源县、建水县、弥勒市、石屏县、泸西县、元阳县、绿春县、红河县、丘北县、宾川县、巍山县、洱源县、鹤庆县、云龙县、永胜县、芒市、梁河县、盈江县、陇川县、镇雄县、彝良县、威信县

附表 1-4　重点生态功能区

级别	数量	县(市、区)和乡镇名录
国家级	18 个县(市、区)	玉龙县、屏边县、金平县、文山市、西畴县、马关县、广南县、富宁县、勐海县、勐腊县、剑川县、泸水市、福贡县、贡山县、兰坪县、香格里拉市、德钦县、维西县
省级	20 个县(市、区)和 25 个乡镇	东川区、大姚县、永仁县、双柏县(不包括妥甸镇)、巧家县、盐津县、大关县、永善县、绥江县、水富县、宁蒗县、景东县、镇沅县、孟连县、西盟县、麻栗坡县、景洪市、南涧县、漾濞县、永平县;嵩明县滇源镇、阿子营镇,楚雄市三街镇、八角镇、中山镇、新村镇、树苴乡、大过口乡、大地基乡、西舍路乡,牟定县蟠猫乡、南华县五顶山乡、马街镇、兔街镇、一街乡、罗五庄乡、红土坡镇,武定县已衣乡、万德乡、东坡乡、环州乡、发窝乡,禄丰县黑井镇、妥安乡、高峰乡

三、云南省禁止开发区名录①

附表 1-5　自然保护区

级别	序号	名称	所在县(市、区)	面积/km²	主要保护对象
国家级	1	轿子山	东川区、禄劝县	164.56	寒温性针叶林、中山湿性常绿阔叶林生态系统,珍稀野生动植物
	2	会泽黑颈鹤	会泽县	129.11	黑颈鹤及其越冬栖息的高原湿地生态系统
	3	哀牢山	新平县、楚雄市、南华县、双柏县、景东县、镇沅县	677.00	以云南特有树种为优势的中山湿性常绿阔叶林生态系统和黑冠长臂猿等珍稀动植物、候鸟迁徙地
	4	元江	元江县	223.79	干热河谷稀树灌木草丛,亚热带森林生态系统
	5	大山包黑颈鹤	昭阳区	192.00	黑颈鹤及其越冬栖息的高原湿地生态系统
	6	药山	巧家县	201.41	原生典型半湿润常绿阔叶林和亚高山沼泽化草甸湿地生态系统,珍稀野生动植物和野生药用植物资源
	7	无量山	景东县、南涧县	309.38	黑冠长臂猿种群及其栖息环境——以云南特有树种为优势的中山湿性常绿阔叶林
	8	永德大雪山	永德县	175.41	以中山温性常绿阔叶林为代表的南亚热带山地垂直自然生态系统及珍稀特有野生动植物,我国纬度最南的苍山冷山林
	9	南滚河	沧源县、耿马县	508.87	亚洲象、印支虎、白掌长臂猿、豚鹿等珍稀野生动物及其栖息的热带森林生态系统
	10	大围山	屏边县、河口县、个旧市、蒙自市	439.93	热带季雨林、山地雨林、季风常绿阔叶林生态系统的多种苏铁科等珍稀野生植物
	11	金平分水岭	金平县	420.27	山地苔藓常绿阔叶林生态系统和珍稀野生动植物
	12	黄连山	绿春县	618.60	热带季雨林、山地雨林、季风常绿阔叶林、山地苔藓常绿阔叶林生态系统和绿春苏铁、白颊长臂猿、黑长臂猿、印支虎、马来熊等为代表的珍稀濒危物种及其栖息地生态环境
	13	文山	文山市、西畴县	268.67	以兰科植物为标志的滇东南岩溶中山南亚热带季风常绿阔叶林原始类型和亚热带山地苔藓常绿阔叶林原始自然景观,以及珍稀濒危动植物种

① 禁止开发区名录截至 2013 年 10 月 30 日,此后新设立的自然保护区、世界遗产、风景名胜区、森林公园、地质公园、城市饮用水源保护区、湿地公园、水产种质资源保护区自动进入禁止开发区域名录。

续表

级别	序号	名称	所在县(市、区)	面积/km²	主要保护对象
国家级	14	西双版纳	景洪市、勐海县、勐腊县	2425.10	热带雨林、热带季雨林、季风性常绿阔叶林森林生态系统和亚洲象、望天树等珍稀野生动植物
	15	纳板河流域	景洪市、勐海县	266.00	热带雨林、热带季雨林、热带竹林和季风常绿阔叶林生态系统
	16	苍山洱海	大理市、漾濞县	797.00	高原湖泊、森林植被、冰川遗迹和珍稀野生植物,以及名胜古迹
	17	云龙天池	云龙县	144.75	滇金丝猴为旗舰种的珍稀濒危野生动物资源及其栖息环境
	18	高黎贡山	隆阳区、腾冲市、泸水市、福贡县、贡山县	4055.50	中山湿性常绿阔叶林、季风常绿阔叶林生态系统和羚羊、白眉长臂猿、多种兰科植物等珍稀野生动植物
	19	白马雪山	德钦县、维西县	2816.40	滇金丝猴及其栖息的多种冷杉属树种为优势的寒温性针叶林生态系统
	20	长江上游珍稀特有鱼类(云南段)	镇雄县、威信县	1.36	白鲟、达式鲟、胭脂鱼、大鲵、水獭等
省级	1	乌蒙山	永善县、彝良县、大关县、盐津县	261.87	山地湿性常绿阔叶林生态系统及野生天麻种质基地,毛竹、水竹、罗汉竹、小熊猫、珙桐等动植物
	2	铜壁关	盈江县、陇川县、瑞丽市	516.51	阿萨姆婆罗双、东京龙脑香、羯布罗香、白眉长臂猿等珍稀特有野生动植物及其栖息的热带雨林、季雨林、季风常绿阔叶林森林生态系统
	3	梅树村	晋宁区	0.58	震旦—寒武系地层界限国际剖面
	4	十八连山	富源县	12.13	云南山茶种质基地、野山茶群落生态系统
	5	驾车	会泽县	82.82	华山松种质资源
	6	海峰	沾益区	266.10	岩溶湿地生态系统、特殊的岩溶天坑森林
	7	珠江源	沾益区、宣威市	1179.34	珠江源头水源涵养林,发育于喀斯特地貌的湿地生态系统
	8	帽天山	澄江县	4.50	古生物化石产地
	9	北海湿地	腾冲市	16.29	火山堰塞湖湿地生态系统、珍稀濒危动植物
	10	小黑山	龙陵县、隆阳区	58.05	中山湿性长绿阔叶林、桫椤林,以及白眉长臂猿、绿孔雀、灰叶猴、疣粒野生稻、长蕊木兰、桫椤、云南红豆杉等野生动植物
	11	拉市海高原湿地	玉龙县	65.23	高原湖泊、季节性湖泊,珍稀水禽及栖息地
	12	玉龙雪山	玉龙县	260.00	温性、寒温性针叶林生态系统,高山自然垂直带植被景观,现代冰川

续表

级别	序号	名称	所在县(市、区)	面积/km²	主要保护对象
省级	13	泸沽湖	宁蒗县	81.33	高原深水湖泊(我国第三大深水湖泊)、特有裂腹鱼和海菜花为主的野生水生植物,及湖周山地多种寒温性针叶林生态系统
	14	太阳河	普洱市	70.35	热带雨林、季风常绿阔叶林及珍稀野生动植物
	15	糯扎渡	普洱市	189.97	北热带南缘雨林、季雨林、季风常绿阔叶林和热性竹林生态系统
	16	墨江桫椤	墨江县	62.22	中华桫椤及其生境
	17	威远江	景谷县	77.04	思茅松种质资源及思茅松森林生态系统
	18	竜山	孟连县	0.54	小花龙血树及其生境
	19	澜沧江	凤庆县、临翔区、云县、双江县、耿马县	895.04	完整的中山湿性常绿阔叶林和季风常绿阔叶林生态系统及栖息其间的黑长臂猿等珍稀动植物、野生古茶树群落
	20	南捧河	镇康县	369.70	亚热带季风常绿阔叶林、中山湿性常绿阔叶林生态系统。珍稀濒危野生动植物资源
	21	紫溪山	楚雄市	160.00	亚热带半湿润常绿阔叶林及云南松林生态系统、古山茶树及文化古迹
	22	雕翎山	禄丰县	6.13	原始森林、珍稀动物
	23	燕子洞白腰雨燕	建水县	16.01	溶洞山地地貌景观、白腰雨燕繁殖种群及其栖息环境
	24	观音山	元阳县	161.87	热带山地雨林、亚热带季风常绿阔叶林、山地苔藓常绿阔叶林生态系统
	25	阿姆山	红河县	147.56	山地苔藓常绿阔叶林和季风常绿阔叶林生态系统
	26	老君山	麻栗坡县、马关县	45.09	季风常绿阔叶林、山地苔藓常绿阔叶林生态系统
	27	老山	麻栗坡县	205.00	滇东南热带山地季风常绿阔叶林、珍稀动植物
	28	古林箐	马关县	68.32	热带季雨林、雨林、石灰山季雨林及珍稀野生动植物
	29	普者黑	丘北县	107.46	岩溶湖群湿地及景观
	30	八宝	广南县	52.32	独特的河谷峰丛、峰林岩溶地貌
	31	驮娘江	富宁县	191.28	驮娘江流域湿地及岩溶山地热区森林生态系统
	32	青华绿孔雀	巍山县	10.00	绿孔雀及其栖息环境
	33	金光寺	永平县	91.93	半湿润常绿阔叶林生态系统
	34	剑湖湿地	剑川县	46.30	高原湿地生态系统及湿地野生动植物
	35	云岭	兰坪县	758.94	滇金丝猴、红豆杉等珍稀濒危物种,原始季风常绿阔叶林生态系统

续表

级别	序号	名称	所在县(市、区)	面积/km²	主要保护对象
省级	36	碧塔海	香格里拉市	141.33	特有的中甸重唇鱼、黑颈鹤等珍稀野生动物及湖周寒温性针叶林生态系统
	37	哈巴雪山	香格里拉市	219.08	温性寒性针叶林生态系统，高山自然垂直带植被景观，现代冰川遗迹
	38	纳帕海	香格里拉市	24.00	高原季节性湖泊、沼泽草甸，黑颈鹤、黑鹳等候鸟及其越冬栖息地
	39	寻甸黑颈鹤	寻甸县	72.17	黑颈鹤及其栖息地
州市级	1	双河磨南德	安宁市	235.03	半湿润常绿阔叶林及云南松林
	2	牛栏江鱼类	马龙区、沾益区、宣威市、会泽县	25.00	长薄鳅、金线鲃等特有土著鱼类
	3	多依河鱼类	罗平县	1.72	金线鲃、暗色唇鲮等特有土著鱼类
	4	牛街河鱼类	罗平县	1.20	金线鲃、暗色唇鲮等特有土著鱼类
	5	五洛河鱼类	师宗县	1.60	金线鲃、暗色唇鲮等特有土著鱼类
	6	北盘江鱼类	沾益区、宣威市、富源县	5.00	金线鲃、暗色唇鲮等特有土著鱼类
	7	菌子山	师宗县	495.18	杜鹃
	8	万峰山	罗平县	474.91	森林植被及水源涵养林
	9	红塔山	玉溪市	56.96	森林植被及水源涵养林
	10	龙泉	易门县	113.67	水源林
	11	玉白顶	峨山县	69.62	水源林
	12	白老林	盐津县	22.00	云豹、红豆杉及森林植被
	13	老黎山	盐津县	2.97	天然林
	14	五莲峰	永善县	354.20	森林及云南红豆杉及云豹、黑熊等野生动物
	15	二十四岗	绥江县	109.89	天然林
	16	以拉	镇雄县	6.85	南方红豆杉及其生境
	17	袁家湾	镇雄县	16.34	森林及珍稀野生动植物
	18	大雪山	威信县	21.53	森林及珙桐、岩羊、黑熊等珍稀动植物
	19	铜锣坝	水富县	24.84	森林及野生动植物
	20	西山	楚雄市	35.50	森林资源及自然景观
	21	三峰山	楚雄市	471.30	水源林及珍稀动物
	22	白竹山	双柏县	83.84	森林生态系统及珍稀动物
	23	恐龙河	双柏县	95.21	水源涵养林
	24	化佛山	牟定县	6.67	森林生态系统及珍稀动物
	25	白马山	牟定县	158.38	森林生态系统及珍稀动物

续表

级别	序号	名称	所在县(市、区)	面积/km²	主要保护对象
州市级	26	大尖山	姚安县	101.34	水源林及珍稀动物
	27	花椒园	姚安县	370.61	水源林及珍稀动物
	28	昙华山	大姚县	12.31	森林及自然风景
	29	方山	永仁县	7.33	森林及自然风景
	30	土林	元谋县	19.92	土林地质遗迹
	31	狮子山	武定县	13.60	森林及自然风景
	32	樟木箐	禄丰县	36.31	森林及珍稀动物
	33	南溪河水生野生动物	河口县	1.75	鼋、水獭、斑鳖、山瑞鳖等水生野生动物
	34	澜沧江—涠公河流域鼋、双孔鱼	景洪市、勐海县、勐腊县	0.67	鼋、双孔鱼及其生境
	35	罗梭江鱼类	景洪市、勐海县、勐腊县	7.20	水生野生动物及其生境
	36	布龙	景洪市、勐海县	354.85	热带野生动植物资源
	37	凤阳	大理市	0.67	鹭鸶鸟、古榕树
	38	蝴蝶泉	大理市	5.00	蝴蝶及其生境
	39	雪山河	漾濞县	10.00	常绿阔叶林及野生核桃林
	40	水目山	祥云县	15.00	古山茶及森林植被
	41	大黑山	弥渡县	92.00	森林植被及野生动物
	42	天生营	弥渡县	130.00	森林、野生动植物及历史文化遗址
	43	太极顶	弥渡县	26.73	水源涵养林、针阔叶林
	44	大龙潭	南涧县	10.73	水源涵养林
	45	凤凰山	南涧县	0.25	迁徙候鸟及其生境
	46	南涧土林	南涧县	5.00	地质地貌景观
	47	隆庆鸟道雄关	巍山县	10.80	森林植被及迁徙候鸟
	48	巍宝山	巍山县	20.00	森林及风景资源
	49	博南山	永平县	45.00	森林及古树名木、文物遗迹
	50	永国寺	永平县	21.87	华山松、野茶树、小熊猫
	51	茈碧湖	洱源县	8.00	湖泊及水生生物
	52	西湖	洱源县	7.00	湿地生态系统
	53	海西海	洱源县	140.00	水源涵养林及野生动植物
	54	黑虎山	洱源县	90.00	森林植被及野生动物
	55	鸟吊山	洱源县	9.00	迁徙候鸟及自然景观

续表

级别	序号	名称	所在县(市、区)	面积/km²	主要保护对象
州市级	56	西罗坪	洱源县	100.00	森林植被及野生动物
	57	石宝山	剑川县	28.00	原始阔叶林、风景资源
	58	朝霞	鹤庆县	8.00	地貌景观及地下水资源
	59	龙华山	鹤庆县	25.00	十八寺遗址及原始森林植被
	60	母屯海湿地	鹤庆县	4.00	湿地生态系统及越冬水禽
	61	小岩方	永善县	96.98	天然山地湿性常绿阔叶林及珍稀动植物
县级	1	九乡麦田河	宜良县	18.67	半湿润常绿阔叶林
	2	汤池老爷山	宜良县	13.33	半湿润常绿阔叶林
	3	竹山总山神	宜良县	9.33	半湿润常绿阔叶林
	4	翠峰山	麒麟区	11.29	半湿润常绿阔叶林
	5	朗目山	麒麟区	9.00	半湿润常绿阔叶林及古建筑群
	6	廖郭山	麒麟区	14.50	半湿润常绿阔叶林
	7	五台山	麒麟区	13.50	森林景观
	8	青峰山	麒麟区	11.10	阔叶林及古建筑
	9	潇湘谷原始森林生态	麒麟区	25.79	植物资源
	10	黄草坪水源	马龙区	29.50	饮用水源
	11	彩色沙林	陆良县	52.80	彩色沙林地貌景观
	12	翠云山	师宗县	0.11	半湿润常绿阔叶林
	13	大堵水库	师宗县	1.60	饮用水源
	14	丁累大箐	师宗县	2.93	野生动植物
	15	东风水库	师宗县	49.60	森林及饮用水源
	16	鲁布革	罗平县	70.00	野生动植物
	17	鲁纳黄杉	会泽县	17.45	黄杉及其生境
	18	秀山	通海县	92.69	半湿性常绿阔叶林
	19	大龙潭	江川区	66.89	水源涵养林
	20	梁王山	澄江县	22.85	森林生态系统、水源林
	21	登楼山	华宁县	61.44	野生动植物
	22	脚家店恐龙化石	易门县	10.00	恐龙化石
	23	易门翠柏	易门县	78.00	古翠柏林、黄杉林及半湿润常绿阔叶林
	24	磨盘山	新平县	74.53	中山湿润常绿阔叶林、云南松林
	25	新平哀牢山	新平县	102.36	中山湿性常绿阔叶林、半湿性常绿阔叶林

续表

级别	序号	名称	所在县(市、区)	面积/km²	主要保护对象
县级	26	火山热海	腾冲市	129.90	地热火山等自然景观
	27	天坛山	昌宁县	63.50	森林生态系统及野生动植物
	28	黄杉、铁杉	鲁甸县	0.08	黄杉、铁杉
	29	马树	巧家县	4.03	黑颈鹤及其越冬湿地生态系统
	30	金沙江绥江段特有鱼类	绥江县	10.24	白鲟、胭脂鱼、岩原鲤等水生野生动物
	31	宁洱松山	宁洱县	27.00	水源林及动植物
	32	坝卡河	墨江县	35.00	饮用水源
	33	湾河水源	镇沅县	50.00	饮用水源
	34	牛倮河	江城县	47.53	森林生态系统及野生动物
	35	南垒河水生生物	孟连县	2.00	水生野生动物
	36	佛殿山	西盟县	13.50	水源林
	37	南朗河水生生物	澜沧县	5.20	鼋、山瑞鳖、红瘰蝾螈等水生野生动物
	38	澜沧江水生生物	澜沧县	15.60	鼋、山瑞鳖、红瘰蝾螈、云南闭壳龟、双孔鱼等水生野生动物
	39	竹塘蜘蛛蟹	澜沧县	20.00	蜘蛛蟹等珍稀土著水生动物
	40	黑河水生生物	澜沧县	4.40	鼋、山瑞鳖、红瘰蝾螈等水生野生动物
	41	南康河勐梭河生生物	西盟县	0.38	云纹花鳗、巨魾、保山四须鲃等水生野生动物
	42	勐梭龙潭	西盟县	42.00	饮用水源
	43	德党后山水源林	永德县	73.33	亚热带常绿阔叶林
	44	董棕林	个旧市	1.60	董棕林
	45	南洞	开远市	2.67	水源涵养林
	46	景洪	景洪市	441.43	热带雨林
	47	勐科河流域	梁河县	30.70	水源涵养林
	48	翠坪山	兰坪县	86.00	森林生态、自然景观及历史遗迹
	49	澜沧江	昌宁县	303.54	湿地生态系统、珍稀濒危野生动植物
	50	五台山	禄丰县	35.27	水源林

附表 1-6　世界文化自然遗产

名称	遗产种类	面积/km²
云南丽江古城	文化遗产	3.8
云南三江并流保护区	自然遗产	17097.3
中国南方喀斯特—石林	自然遗产	350
云南澄江化石地	自然遗产	7.32
红河哈尼梯田	文化遗产	461.31

附表 1-7　国家风景名胜区

级别	序号	名称	面积/km²
国家级	1	石林风景名胜区	350
	2	大理风景名胜区	1012
	3	西双版纳风景名胜区	1147.9
	4	三江并流风景名胜区	9650.1
	5	昆明滇池风景名胜区	355.16
	6	玉龙雪山风景名胜区	957
	7	腾冲地热火山风景名胜区	115.35
	8	瑞丽江—大盈江风景名胜区	672.31
	9	九乡风景名胜区	167.14
	10	建水风景名胜区	151.56
	11	普者黑风景名胜区	152
	12	阿庐风景名胜区	12.7
省级	1	通海秀山风景名胜区	67.4
	2	文山老君山风景名胜区	94
	3	广南八宝风景名胜区	68.3
	4	曲靖珠江源风景名胜区	50
	5	抚仙—星云湖泊风景名胜区	252
	6	武定狮子山风景名胜区	13.6
	7	威信风景名胜区	110
	8	罗平多依河—鲁布革风景名胜区	42.92
	9	砚山浴仙湖风景名胜区	109
	10	楚雄紫溪山风景名胜区	850
	11	元谋风景名胜区	295.66
	12	禄丰风景名胜区	50
	13	永仁方山风景名胜区	34
	14	弥勒白龙洞风景名胜区	30
	15	屏边大围山风景名胜区	50
	16	漾濞石门关风景名胜区	115
	17	孟连大黑山风景名胜区	160
	18	景东漫湾—哀牢山风景区	160

续表

级别	序号	名称	面积/km^2
省级	19	玉溪九龙池风景名胜区	5
	20	峨山锦屏山风景名胜区	120
	21	保山博南古道风景名胜区	120
	22	临沧大雪山风景名胜区	160
	23	轿子雪山风景名胜区	253
	24	牟定化佛山风景名胜区	30
	25	彩色沙林风景名胜区	50.2
	26	思茅茶马古道风景名胜区	264
	27	景谷威远江风景名胜区	200
	28	镇源千家寨风景名胜区	44
	29	普洱风景名胜区	64
	30	沧源佤山风景名胜区	147.34
	31	云县大朝山—干海子风景名胜区	190.8
	32	永德大雪山风景名胜区	174
	33	耿马南汀河风景名胜区	146
	34	剑川剑湖风景名胜区	19
	35	洱源西湖风景名胜区	80
	36	兰坪罗古箐风景名胜区	100
	37	麻栗坡老山风景名胜区	180
	38	盐津豆沙关风景名胜区	70
	39	大姚县华山风景名胜区	110
	40	双柏白竹山—鄂嘉风景区	100
	41	会泽以礼河风景名胜区	50
	42	宣威东山风景名胜区	27.5
	43	河口南溪河风景名胜区	100
	44	个旧蔓耗风景名胜区	148
	45	石屏异龙湖风景名胜区	150
	46	元阳观音山风景名胜区	97
	47	大关黄连河风景名胜区	107
	48	鹤庆黄龙风景名胜区	92
	49	马龙马过河风景名胜区	28
	50	师宗南丹山风景名胜区	60
	51	富宁驮娘江风景名胜区	120
	52	彝良小草坝风景名胜区	43.1
	53	弥渡县太极山风景名胜区	26.69
	54	昆明阳宗海风景名胜区	34

附表 1-8　国家森林公园

级别	序号	名称	面积/km²	所在地
国家级	1	巍宝山	12.55	巍山县
	2	天星	74.20	威信县
	3	清华洞	98.55	祥云县
	4	东山	62.82	弥渡县
	5	来凤山	64.67	腾冲市
	6	花鱼洞	31.43	河口县
	7	磨盘山	242.00	新平县
	8	龙泉	10.00	易门县
	9	太阳河	66.67	思茅区
	10	金殿	20.00	盘龙区
	11	章凤	70.00	陇川县
	12	十八连山	20.78	富源县
	13	鲁布格	48.67	罗平县
	14	珠江源	43.76	曲靖市
	15	五峰山	24.92	陆良县
	16	钟灵山	5.40	寻甸县
	17	棋盘山	9.20	西山区
	18	灵宝山	8.11	南涧县
	19	铜锣坝	32.37	水富县
	20	小白龙	6.25	宜良县
	21	五老山	36.04	临翔区
	22	紫金山	17.00	楚雄市
	23	飞来寺	34.31	德钦县
	24	圭山	32.06	石林县
	25	新生桥	26.16	兰坪县
	26	宝台山	10.47	永平县
	27	西双版纳	18.02	景洪市
省级	1	小道河	36.04	临翔区
	2	大浪坝	24.01	双江县
	3	罗汉山	18.67	文山市
	4	鸡冠山	20.00	西畴县
	5	南安	3.33	双柏县
	6	五台山	35.53	禄丰县
	7	象鼻温泉	33.33	华宁县
	8	小黑江	62.45	普洱县
	9	分水岭	95.91	宣威市
	10	大围山	10.17	屏边县
	11	锦屏山	67.33	弥勒市
	12	太保	4.86	隆阳区
	13	金钟山	5.44	会泽县
	14	畹町	19.89	瑞丽市

附表 1-9　国家地质公园

级别	序号	名称	面积/km^2
世界级	1	石林岩溶峰林国家地质公园	350
国家级	1	云南腾冲火山国家地质公园	830
	2	云南禄丰恐龙国家地质公园	170
	3	云南玉龙黎明—老君山国家地质公园	1110
	4	云南大理苍山国家地质公园	577
	5	云南澄江动物古生物国家地质公园	18
	6	云南玉龙雪山冰川国家地质公园	340
	7	云南九乡峡谷洞穴国家地质公园	53.36
	8	云南罗平生物群国家地质公园	78.87
	9	云南泸西阿庐国家地质公园	38.70

附表 1-10　城市饮用水源保护区

序号	城市	名称	类型	水环境功能	面积/km^2
1	昆明市	松华坝水库	湖库	Ⅱ类	286.26
2		云龙水库	湖库	Ⅱ类	333.64
3		清水海	湖库	Ⅱ类	314.81
4		宝象河水库	湖库	Ⅱ类	79.31
5		大河水库	湖库	Ⅱ类	45.58
6		柴河水库	湖库	Ⅱ类	106.00
7		自卫村水库	湖库	Ⅱ类	17.49
8	曲靖市	潇湘水库	湖库	Ⅱ类	18.00
9		西河水库	湖库	Ⅱ类	16.30
10		独木水库	湖库	Ⅱ类	146.00
11	玉溪市	东风水库	湖库	Ⅲ类	205.85
12	保山市	龙泉门	湖库	Ⅱ类	101.87
13		龙王塘	湖库	Ⅱ类	9.08
14		北庙水库	湖库	Ⅱ类	22.56
15	昭通市	渔洞水库	湖库	Ⅱ类	709.00
16	丽江市	黑龙潭	湖库	Ⅱ类	5.02
17		清溪水库	湖库	Ⅱ类	4.32
18		三束河	湖库	Ⅱ类	16.36

续表

序号	城市	名称	类型	水环境功能	面积/km²
19	普洱市	箐门口水库	湖库	Ⅱ类	7.50
20		纳贺水库	湖库	Ⅱ类	2.67
21		木乃河水库	湖库	Ⅱ类	3.91
22		大箐河水库	湖库	Ⅱ类	3.36
23		信房水库	湖库	Ⅱ类	8.00
24	临沧市	中山水库	湖库	Ⅱ类	18.81
25	楚雄市	九龙甸水库	湖库	Ⅱ类	168.16
26		西静河水库	湖库	Ⅱ类	50.22
27		团山水库	湖库	Ⅲ类	14.90
28	蒙自市	五里冲水库	湖库	Ⅱ类	56.93
29	文山市	暮底河水库	湖库	Ⅱ类	7.89
30	景洪市	澜沧江	河流	Ⅱ类	14.66
31	大理市	洱海一水厂	湖库	Ⅱ类	13.28
32		洱海二水厂	湖库	Ⅱ类	11.02
33		洱海三水厂	湖库	Ⅱ类	28.43
34		洱海四水厂	湖库	Ⅱ类	22.84
35		洱海凤仪水厂	湖库	Ⅱ类	24.57
36		鸡舌箐五水厂	河流	Ⅱ类	2.37
37	芒市	勐板河水库	湖库	Ⅱ类	43.79
38	六库镇	玛布河	河流	Ⅱ类	5.91
39		赖茂河	河流	Ⅱ类	6.01
40	香格里拉	龙潭水库	湖库	Ⅱ类	2.53
41		桑那水库	湖库	Ⅱ类	21.11
42	安宁市	车木河水库	湖库	Ⅱ类	53.59
43	个旧市	白云-花果山水库	湖库	Ⅱ类	6.36
44		牛坝荒水库	湖库	Ⅱ类	1.34
45		石门坎水库	湖库	Ⅱ类	1.27
46		兴龙水库	湖库	Ⅱ类	1.25
47	开远市	南洞	河流	Ⅱ类	14.13
48	宣威市	偏桥水库	湖库	Ⅰ类	15.28
49	瑞丽市	姐勒水库	湖库	Ⅱ类	54.80

附表 1-11 国家湿地公园

序号	名称	面积/km²	所在地
1	哈尼梯田国家湿地公园	130.12	红河州
2	洱源西湖国家湿地公园	13.53	洱源县
3	普者黑喀斯特国家湿地公园	11.07	丘北县
4	普洱五湖国家湿地公园	11.48	思茅区

附表 1-12 水产种质资源保护区

级别	序号	名称	位置	面积/km²	主要保护对象
国家级	1	弥苴河大理裂腹鱼	洱源县	20.00	大理裂腹鱼
	2	南捧河四须鲃	镇康县	7.50	保山四须鲃、巨魾、大刺鳅、云纹鳗鲡、水獭等
	3	元江鲤	元江县	6.00	元江鲤(华南鲤)、江鳅、甲鱼等
	4	槟榔江黄斑褶鮡拟鱼晏	腾冲市	8.73	黄斑褶鮡、拟鱼晏(俗称"上树鱼")等
	5	澜沧江短须鱼芒、中华刀鲶、叉尾鲶	澜沧县	20.00	短须鱼芒、中华刀鲶、叉尾鲶等
	6	滇池	昆明市	18.65	滇池金线鲃、昆明裂腹鱼、云南光唇鱼、云南盘鮈等
	7	白水江特有鱼类	昭通市	2.14	大鲵
	8	抚仙湖特有鱼类	澄江县、江川区、华宁县	105.80	鱇白鱼、云南倒刺鲃、抚仙金线鲃等
	9	怒江中上游特有鱼类	怒江州	63.74	贡山裂腹鱼、贡山鮡、短体拟鳗等
	10	程海湖特有鱼类	永胜县	9.00	程海白鱼、程海红鲌
	11	南腊河特有鱼类	勐腊县	5.41	裂峡鲃、斑腰单孔鲀、厚背鲈鲤、双孔鱼
	12	谷拉河特有鱼类	富宁县	11.00	卷口鱼、叶结鱼、暗色唇鲮、长臀鮠、斑鳠
	13	官寨河特有鱼类	丘北县	4.41	丘北盲高原鳅、鹰喙角金线鲃、暗色唇鲮、长尾鮡、多鳞倒刺鲃
	14	普文河特有鱼类	景洪市	7.57	细纹似鱤、丝尾鳠、红鳍方口鲃、中国结鱼、后背鲈鲤
省级	1	漾弓江流域小裂腹鱼	鹤庆县	1.20	小裂腹鱼、秀丽高原鳅
	2	南滚河特有鱼类	沧源县	6.50	云纹鳗鲡、无斑异齿鰋、少斑褶鮡、异斑南鳅

附表 1-13　牛栏江流域上游保护区水源保护核心区

序号	涉及县区	涉及乡镇	面积/km²
1	官渡区	大板桥街道	1.10
2	嵩明县	杨林镇、牛栏江镇、小街镇	78.29
3	寻甸县	塘子镇、七星乡、河口乡	137.96
4	沾益区	大坡乡、菱角乡、德泽乡	103.70
5	会泽县	田坝乡	22.87
合计	5 个县区	11 个乡镇	343.92

附录 2　云南省资源环境载荷类型评价

一、资源环境承载能力载荷类型评价的科学内涵

资源环境承载能力载荷类型是在陆域与海域(云南仅含陆域评价)的基础评价与专项评价的基础上,遴选出集成指标,采用“短板效应”的原理确定出一类、二类、三类 3 种载荷类型,继而校验各项载荷类型,最终形成资源环境承载力载荷类型划分方案。就本研究涉及的陆域评价而言,集成指标中的基础评价包含土地资源、水资源、环境、生态 4 项指标;集成指标中的专项评价包含城市化地区、农产品主产区种植区、农产品主产区牧业地区、重点生态功能区 4 项指标。上述 8 项集成指标中,任意 2 项三类或 3 项及 3 项以上二类,其类型确定为三类地区;任意 1 项三类、2 项二类或 1 项三类且 1 项二类区,其类型确定为二类地区;其余类型则为一类地区。

二、资源环境承载能力三类类型评价的基本结论

(一) 资源环境承载能力三类类型的总体评价

云南省资源环境承载能力集成评价是集基础评价与专项评价的评价结果综合得出的评价。其中,基础评价包含土地资源、水资源、环境、生态 4 个方面的评价;专项评价包含城市化地区、农产品主产区、重点生态功能区 3 个方面的评价。从附图 2-1 中反映的云南省资源环境三类载荷类型来看,一类载荷类型的县区数量较少,主要分布在滇中的昆明、曲靖一带和滇西的大理一带;三类载荷类型的县区主要分布在滇东北的昭通一带、滇东曲靖的部分县区、滇东南文山的大部分县区、滇西北的丽江一带和滇西的临沧一带;其余则为二类载荷类型县区,这一类型区涵盖的县区分布最多最广。

具体而言,云南省资源环境承载能力集成评价中三类载荷类型的划分如附

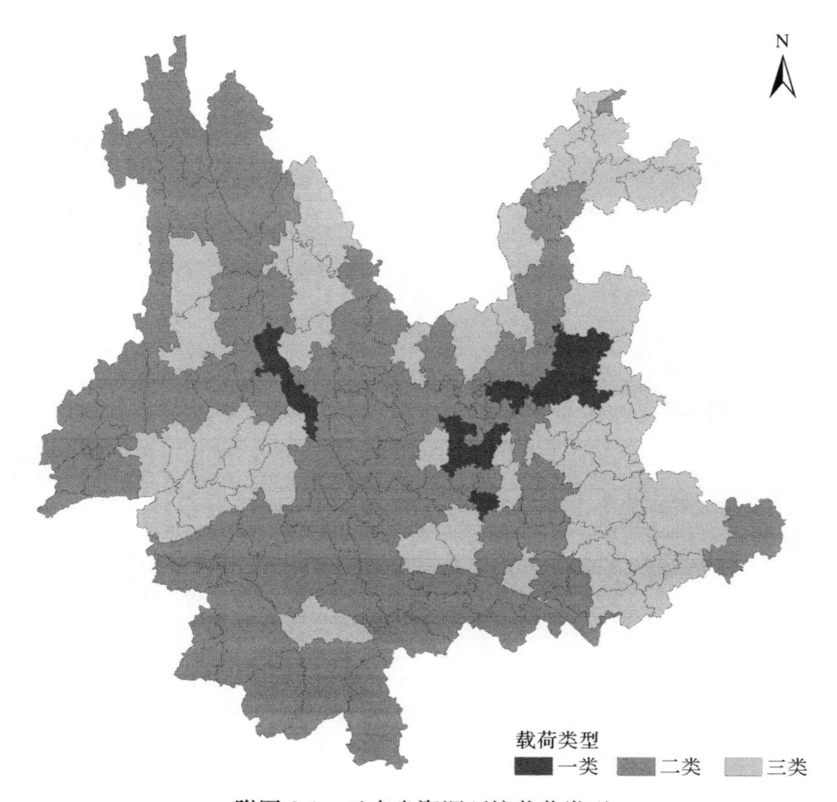

附图 2-1　云南省资源环境载荷类型

表 2-1 所示，其中一类载荷类型的县(市、区)包括呈贡区、晋宁区、嵩明县、安宁市、麒麟区、马龙区、沾益区、通海县、大理市、宾川县共 10 个；二类载荷类型的县(市、区)包括五华区、盘龙区、官渡区等 73 个；三类载荷类型的县(市、区)包括东川区、石林县、禄劝县等 46 个。云南省资源环境承载能力总体上呈现出以二类为主的态势；三类载荷类型区也有较多的数量，该类型区基本上和《云南省主体功能区规划》中的限制开发区吻合，同时参考了《云南省申报调整为国家级重点生态功能区的县市区名录》，进一步验证了三类载荷类型划分的科学性与合理性。

(二) 资源环境承载能力三类类型的分项评价

1) 基础评价

(1) 土地资源评价。

土地资源评价的结果如附表 2-1 所示，土地资源压力大(三类)的县(市、区)有东川区、宜良县、石林区等 95 个；土地资源压力中等(二类)的县(市、区)有五华区、盘龙区、西山区等 17 个；土地资源压力小(一类)的县(市、区)有官渡区、呈贡区、晋宁区等17个。总体而言，云南省土地资源呈现土地资源承载力较为紧张的态势。

(2) 水资源评价。

水资源评价的结果如附表2-1所示，水资源为三类的县(市、区)有五华区、盘龙区、官渡区、西山区共4个县区；水资源为二类的县(市、区)为东川区；水资源为一类的县(市、区)有呈贡区、晋宁区、富民县等124个。总体而言，云南省水资源呈现水资源承载力盈余的态势。

(3) 环境评价。

环境评价的结果如附表2-1所示，环境指数超标(三类)的县(市、区)有峨山县、永胜县、石屏县、马关县、祥云县共5个；污染物浓度超标指数接近超标(二类)的县(市、区)有陆良县、师宗县、宣威市等16个；污染物浓度超标指数不超标(一类)的县(市、区)有108个。总体而言，云南省环境呈现环境资源承载能力较好的态势。

(4) 生态评价。

生态评价的结果如附表2-1所示，生态指数低(三类)的县(市、区)有东川区、石林县、禄劝县等36个；生态系统健康度中等(二类)的县(市、区)有五华区、富民县、宜良县等56个；生态系统健康度高(一类)的县(市、区)有盘龙区、官渡区、西山区等37个。总体而言，云南省生态呈现生态资源承载力较为紧张的态势。

2) 专项评价

(1) 城市化地区。

城市化地区评价的结果如附表2-1所示，城市化地区指数为三类的县(市、区)有红塔区、易门县、隆阳区等11个；城市化地区指数为二类的县(市、区)有江川区、澄江县、通海县等6个；城市化地区指数为一类的县(市、区)有五华区、盘龙区、官渡区等26个。总体而言，云南省城市化地区呈现城市化地区资源承载力较为缓和的态势。

(2) 农产品主产区。

① 种植业地区。

种植业地区评价的结果如附表2-1所示，种植业地区指数为二类的县(市、区)有石林县、禄劝县、罗平县等17个；种植业地区为一类的县(市、区)有宜良县、陆良县、师宗县等31个。总体而言，云南省农产品主产区的种植业地区呈现种植业地区资源承载力较好的态势。

② 牧业地区。

牧业地区评价的结果如附表2-1所示，牧业地区指数为三类的县(市、区)有陆良县、昌宁县、彝良县等5个；牧业地区指数为二类的县(市、区)有石林县、师宗县、龙陵县等 6 个;牧业地区指数为一类的县(市、区)有彝良县、禄劝县、罗平县等 37 个。总体而言,云南省农产品主产区的牧业地区呈现牧业地区资源承载力较好的态势。

(3) 重点生态功能区。

重点生态功能区评价的结果如附表 2-1 所示,重点生态功能区指数为低等的县(市、区)为文山市;重点生态功能区指数为中等(二类)的县(市、区)有东川区、巧家县、盐津县等 17 个;重点生态功能区指数为高等的县(市、区)有绥江县、玉龙县、宁蒗县等 20 个。总体而言,云南省重点生态功能区呈现重点生态功能区资源承载力较好的态势。

附表 2-1　云南省资源环境承载能力集成评价

项目 县(市、区)	基础评价				专项评价				资源环境载荷类型
	土地资源	水资源	环境	生态	城市化地区	农产品主产区		重点生态功能区	
						种植业地区	牧业地区		
五华区	二类	三类	一类	二类	一类	—	—	—	二类
盘龙区	二类	三类	一类	一类	一类	—	—	—	二类
官渡区	一类	三类	一类	一类	一类	—	—	—	二类
西山区	二类	三类	一类	一类	一类	—	—	—	二类
东川区	三类	二类	一类	三类	—	—	—	二类	三类
呈贡区	一类	一类	一类	一类	一类	—	—	—	一类
晋宁区	一类	一类	一类	一类	一类	—	—	—	一类
富民县	二类	一类	一类	二类	一类	—	—	—	二类
宜良县	三类	一类	一类	二类	—	一类	一类	—	二类
石林县	三类	一类	一类	三类	—	二类	二类	—	三类
嵩明县	一类	一类	一类	二类	一类	—	—	—	一类
禄劝县	三类	一类	一类	三类	—	二类	一类	—	三类
寻甸县	二类	一类	一类	二类	一类	—	—	—	二类
安宁市	二类	一类	一类	一类	一类	—	—	—	一类
麒麟区	一类	一类	一类	一类	一类	—	—	—	一类
马龙区	一类	一类	一类	一类	一类	—	—	—	一类
陆良县	三类	一类	二类	二类	—	一类	三类	—	三类
师宗县	三类	一类	二类	二类	—	一类	二类	—	三类
罗平县	三类	一类	一类	三类	—	二类	一类	—	三类

续表

项目 县(市、区)	基础评价				专项评价				资源环境载荷类型
	土地资源	水资源	环境	生态	城市化地区	农产品主产区		重点生态功能区	
						种植业地区	牧业地区		
富源县	三类	一类	一类	三类	一类	—	—	—	三类
会泽县	三类	一类	一类	二类	—	一类	一类	—	二类
沾益区	一类	一类	一类	二类	一类	—	—	—	一类
宣威市	二类	一类	二类	二类	一类	—	—	—	三类
红塔区	二类	一类	一类	一类	三类	—	—	—	二类
江川区	三类	一类	一类	二类	二类	—	—	—	二类
澄江县	三类	一类	一类	三类	二类	—	—	—	三类
通海县	一类	一类	一类	一类	二类	—	—	—	一类
华宁县	三类	一类	一类	三类	一类	—	—	—	三类
易门县	二类	一类	一类	三类	三类	—	—	—	三类
峨山县	二类	一类	三类	二类	一类	—	—	—	二类
新平县	三类	一类	一类	二类	—	一类	一类	—	二类
元江县	三类	一类	一类	三类	—	二类	一类	—	三类
隆阳区	二类	一类	一类	二类	三类	—	—	—	二类
施甸县	三类	一类	一类	三类	—	二类	一类	—	三类
龙陵县	三类	一类	二类	二类	—	一类	二类	—	三类
昌宁县	三类	一类	一类	二类	—	一类	三类	—	三类
腾冲市	三类	一类	一类	一类	—	一类	一类	—	二类
昭阳区	一类	一类	二类	二类	一类	—	—	—	二类
鲁甸县	二类	一类	一类	三类	一类	—	—	—	二类
巧家县	三类	一类	一类	三类	—	—	—	二类	三类
盐津县	三类	一类	一类	三类	—	—	—	二类	三类
大关县	三类	一类	一类	三类	—	—	—	二类	三类
永善县	三类	一类	一类	三类	—	—	—	二类	三类
绥江县	三类	一类	一类	三类	—	—	—	一类	三类
镇雄县	三类	一类	二类	三类	—	二类	二类	—	三类
彝良县	三类	一类	一类	三类	—	二类	三类	—	三类
威信县	三类	一类	一类	三类	—	二类	二类	—	三类
水富县	三类	一类	一类	二类	—	—	—	二类	二类

续表

项目 县(市、区)	基础评价				专项评价				资源环境载荷类型
	土地资源	水资源	环境	生态	城市化地区	农产品主产区		重点生态功能区	
						种植业地区	牧业地区		
古城区	三类	一类	一类	三类	一类	—	—	—	三类
玉龙县	三类	一类	一类	二类	—	—	—	一类	二类
永胜县	三类	一类	三类	二类	—	一类	一类	—	三类
华坪县	二类	一类	一类	三类	一类	—	—	—	二类
宁蒗县	三类	一类	一类	三类	—	—	—	一类	三类
思茅区	三类	一类	一类	二类	三类	—	—	—	三类
宁洱县	三类	一类	一类	一类	—	一类	一类	—	二类
墨江县	三类	一类	一类	二类	—	一类	一类	—	二类
景东县	三类	一类	一类	一类	—	—	—	一类	二类
景谷县	三类	一类	一类	一类	—	一类	一类	—	二类
镇沅县	三类	一类	一类	二类	—	—	—	一类	二类
江城县	三类	一类	一类	一类	—	一类	一类	—	二类
孟连县	三类	一类	一类	二类	—	—	—	一类	二类
澜沧县	三类	一类	一类	二类	—	一类	一类	—	二类
西盟县	三类	一类	一类	二类	—	—	—	一类	二类
临翔区	三类	一类	二类	二类	三类	—	—	—	二类
凤庆县	三类	一类	一类	三类	—	二类	一类	—	三类
云　县	三类	一类	一类	三类	—	二类	一类	—	三类
永德县	三类	一类	一类	三类	—	二类	一类	—	三类
镇康县	三类	一类	一类	三类	—	二类	一类	—	三类
双江县	三类	一类	一类	二类	—	一类	一类	—	二类
耿马县	三类	一类	二类	三类	—	二类	一类	—	二类
沧源县	三类	一类	二类	二类	—	一类	一类	—	二类
楚雄市	二类	一类	一类	二类	三类	—	—	—	二类
双柏县	三类	一类	一类	二类	—	—	—	一类	二类
牟定县	一类	一类	一类	二类	三类	—	—	—	二类
南华县	二类	一类	一类	二类	三类	—	—	—	二类
姚安县	三类	一类	一类	一类	—	一类	一类	—	二类
大姚县	三类	一类	一类	二类	—	—	—	一类	二类

续表

项目 县（市、区）	基础评价				专项评价				资源环境载荷类型
	土地资源	水资源	环境	生态	城市化地区	农产品主产区		重点生态功能区	
						种植业地区	牧业地区		
永仁县	三类	一类	一类	一类	—	—	—	一类	二类
元谋县	三类	一类	一类	三类	—	二类	一类	—	三类
武定县	一类	一类	一类	二类	三类	—	—	—	二类
禄丰县	二类	一类	一类	二类	三类	—	—	—	二类
个旧市	二类	一类	一类	二类	二类	—	—	—	三类
开远市	三类	一类	一类	二类	一类	—	—	—	二类
蒙自市	一类	一类	一类	二类	二类	—	—	—	二类
弥勒市	三类	一类	一类	二类	—	一类	一类	—	二类
屏边县	三类	一类	一类	二类	—	—	—	二类	二类
建水县	三类	一类	一类	二类	—	一类	一类	—	二类
石屏县	三类	一类	三类	二类	—	一类	一类	—	三类
泸西县	三类	一类	一类	二类	—	一类	三类	—	三类
元阳县	三类	一类	一类	一类	—	一类	二类	—	二类
红河县	三类	一类	一类	一类	—	一类	一类	—	二类
金平县	三类	一类	一类	二类	—	—	—	二类	二类
绿春县	三类	一类	一类	一类	—	一类	一类	—	二类
河口县	三类	一类	一类	一类	一类	—	—	—	二类
文山市	三类	一类	一类	三类	—	—	—	三类	三类
砚山县	一类	一类	二类	二类	二类	—	—	—	三类
西畴县	三类	一类	一类	三类	—	—	—	二类	三类
麻栗坡县	三类	一类	一类	三类	—	—	—	二类	三类
马关县	三类	一类	三类	三类	—	—	—	二类	三类
丘北县	三类	一类	二类	三类	—	二类	三类	—	三类
广南县	三类	一类	二类	二类	—	—	—	二类	三类
富宁县	三类	一类	一类	二类	—	—	—	一类	二类
景洪市	三类	一类	一类	一类	—	—	—	二类	二类
勐海县	三类	一类	一类	一类	—	—	—	二类	二类
勐腊县	三类	一类	一类	一类	—	—	—	二类	二类
大理市	一类	一类	一类	一类	一类	—	—	—	一类

续表

县(市、区)＼项目	基础评价				专项评价				资源环境载荷类型
	土地资源	水资源	环境	生态	城市化地区	农产品主产区		重点生态功能区	
						种植业地区	牧业地区		
漾濞县	三类	一类	二类	二类	—	—	—	一类	二类
祥云县	一类	一类	三类	一类	一类	—	—	—	二类
宾川县	三类	一类	一类	三类	—	二类	一类	—	三类
弥渡县	一类	一类	一类	一类	一类	—	—	—	一类
南涧县	三类	一类	二类	二类	—	—	—	二类	三类
巍山县	三类	一类	二类	二类	—	一类	一类	—	二类
永平县	三类	一类	一类	一类	—	—	—	一类	二类
云龙县	三类	一类	一类	三类	—	二类	一类	—	三类
洱源县	三类	一类	一类	一类	—	一类	一类	—	二类
剑川县	三类	一类	一类	一类	—	—	—	一类	二类
鹤庆县	三类	一类	一类	二类	—	一类	一类	—	二类
瑞丽市	一类	一类	二类	一类	三类	—	—	—	二类
芒市	三类	一类	一类	一类	—	一类	一类	—	二类
梁河县	三类	一类	一类	一类	—	一类	一类	—	二类
盈江县	三类	一类	一类	一类	—	一类	一类	—	二类
陇川县	三类	一类	一类	一类	—	一类	一类	—	二类
泸水市	三类	一类	一类	二类	—	—	—	一类	二类
福贡县	三类	一类	一类	一类	—	—	—	一类	二类
贡山县	三类	一类	一类	一类	—	—	—	二类	二类
兰坪县	三类	一类	一类	三类	—	—	—	一类	三类
香格里拉市	三类	一类	一类	二类	—	—	—	一类	二类
德钦县	三类	一类	一类	二类	—	—	—	一类	二类
维西县	三类	一类	一类	二类	—	—	—	一类	二类

附录3　云南省资源环境承载能力预警类型评价

一、资源环境承载能力预警类型评价的科学内涵

资源环境承载能力预警，是指结合对资源环境三类状况的检测和评价，对区域可持续发展状态进行诊断和预判，确定区域资源环境承载能力预警等级。具体

评价内容包括:针对三类载荷类型开展过程评价,根据资源环境耗损类型,并进一步确定预警等级。

二、资源环境承载能力预警类型评价的基本结论

(一) 资源环境承载能力预警类型评价的总体结果

综合集成云南省资源环境三类状况和云南省资源环境耗损类型,形成了云南省资源环境承载能力预警类型划分,得到附表 3-1 和附图 3-1。

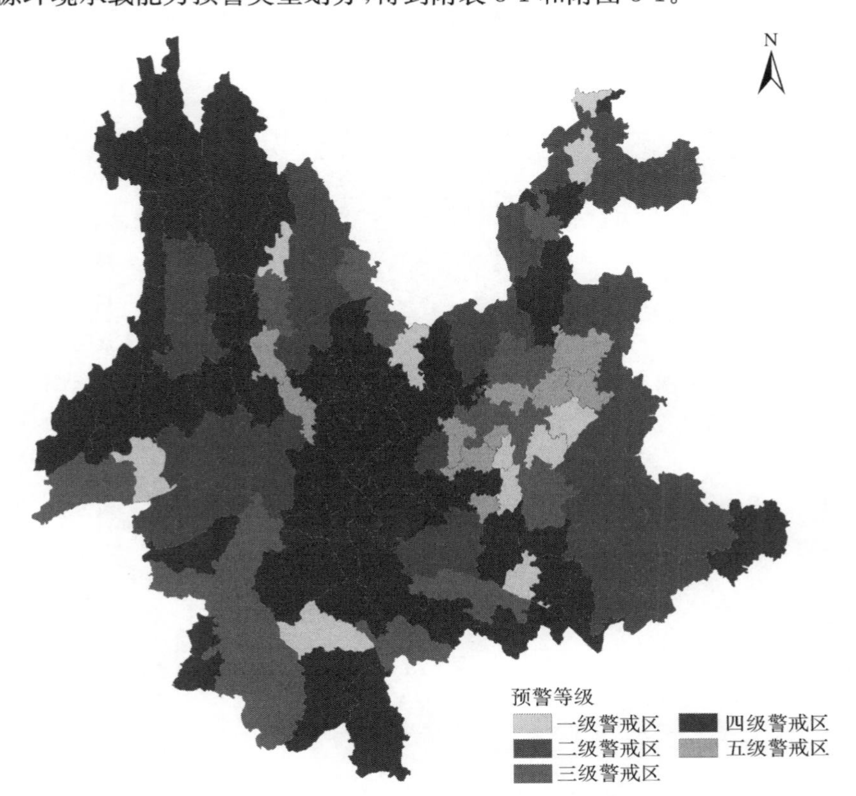

附图 3-1　云南省资源环境承载能力预警等级

如附表 3-1 所示:第一,云南省资源环境承载能力预警类型为一级预警的有石林县、陆良县、澄江县、华宁县、龙陵县等 11 个县(市、区);第二,云南省资源环境承载能力预警类型为二级预警的有东川区、禄劝县、师宗县、富源县、易门县等 35 个县(市、区);第三,云南省资源环境承载能力预警类型为三级的有五华区、盘龙区、官渡区、西山区、临翔区等 23 个县(市、区);第四,云南省资源环境承载能力预警类型为四级预警区的县(市、区)有富民县、会泽县、红塔区、江川区、峨山县等 50

个县(市、区);第五,云南省资源环境承载能力预警类型为五级无警型的有呈贡区、晋宁区、嵩明县、安宁市、麒麟区等 10 个县(市、区)。

如附图 3-1 所示,云南省资源环境承载能力预警等级适中,其被大面积的四级、二级、三级的中等预警色占据。第一,11 个一级预警县区在云南省呈零散分布;第二,35 个二级预警县区在云南省东部和西南部集中连片分布;第三,23 个三级预警区分布在云南省南部和中部;第四,50 个四级预警区分布在云南省西部和中部;第五,10 个五级无警区在云南省为零散分布。

附表 3-1 云南省资源环境承载能力预警等级

县(市、区)	资源环境载荷类型	资源环境耗损程度	预警等级
五华区	二类	一类	三级预警区
盘龙区	二类	一类	三级预警区
官渡区	二类	一类	三级预警区
西山区	二类	一类	三级预警区
东川区	三类	二类	二级警戒区
呈贡区	一类	一类	五级无警区
晋宁区	一类	一类	五级无警区
富民县	二类	二类	四级警戒区
宜良县	二类	一类	三级预警区
石林县	三类	一类	一级警戒区
嵩明县	一类	一类	五级无警区
禄劝县	三类	二类	二级警戒区
寻甸县	二类	一类	三级预警区
安宁市	一类	一类	五级无警区
麒麟区	一类	一类	五级无警区
马龙区	一类	一类	五级无警区
陆良县	三类	一类	一级警戒区
师宗县	三类	二类	二级警戒区
罗平县	三类	二类	二级警戒区
富源县	三类	二类	二级警戒区
会泽县	二类	二类	四级警戒区
沾益区	一类	一类	五级无警区
宣威市	三类	二类	二级警戒区
红塔区	二类	二类	四级警戒区

续表

县(市、区)	资源环境载荷类型	资源环境耗损程度	预警等级
江川区	二类	二类	四级警戒区
澄江县	三类	一类	一级警戒区
通海县	一类	二类	五级无警区
华宁县	三类	一类	一级警戒区
易门县	三类	二类	二级警戒区
峨山县	二类	二类	四级警戒区
新平县	二类	二类	四级警戒区
元江县	三类	二类	二级警戒区
隆阳区	二类	二类	四级警戒区
施甸县	三类	二类	二级警戒区
龙陵县	三类	一类	一级警戒区
昌宁县	三类	二类	二级警戒区
腾冲市	二类	二类	四级警戒区
昭阳区	二类	二类	四级警戒区
鲁甸县	二类	一类	三级预警区
巧家县	三类	二类	二级警戒区
盐津县	三类	二类	二级警戒区
大关县	三类	一类	一级警戒区
永善县	三类	二类	二级警戒区
绥江县	三类	一类	一级警戒区
镇雄县	三类	二类	二级警戒区
彝良县	三类	二类	二级警戒区
威信县	三类	二类	二级警戒区
水富县	二类	二类	四级警戒区
古城区	三类	一类	一级警戒区
玉龙县	二类	二类	四级警戒区
永胜县	三类	二类	二级警戒区
华坪县	二类	一类	三级预警区
宁蒗县	三类	二类	二级警戒区
思茅区	三类	一类	一级警戒区
宁洱县	二类	二类	四级警戒区

续表

县(市、区)	资源环境载荷类型	资源环境耗损程度	预警等级
墨江县	二类	二类	四级警戒区
景东县	二类	二类	四级警戒区
景谷县	二类	一类	三级警戒区
镇沅县	二类	二类	四级警戒区
江城县	二类	一类	三级预警区
孟连县	二类	二类	四级警戒区
澜沧县	二类	一类	三级预警区
西盟县	二类	二类	四级警戒区
临翔区	二类	一类	三级预警区
凤庆县	三类	二类	二级警戒区
云县	三类	二类	二级警戒区
永德县	三类	二类	二级警戒区
镇康县	三类	二类	二级警戒区
双江县	二类	一类	三级预警区
耿马县	二类	二类	四级警戒区
沧源县	二类	一类	三级预警区
楚雄市	二类	二类	四级警戒区
双柏县	二类	二类	四级警戒区
牟定县	二类	二类	四级警戒区
南华县	二类	二类	四级警戒区
姚安县	二类	二类	四级警戒区
大姚县	二类	二类	四级警戒区
永仁县	二类	一类	三级预警区
元谋县	三类	一类	一级警戒区
武定县	二类	二类	四级警戒区
禄丰县	二类	二类	四级警戒区
个旧市	三类	一类	一级警戒区
开远市	二类	二类	四级警戒区
蒙自市	二类	二类	四级警戒区
弥勒市	二类	一类	三级预警区
屏边县	二类	二类	四级警戒区

续表

县(市、区)	资源环境载荷类型	资源环境耗损程度	预警等级
建水县	二类	二类	四级警戒区
石屏县	三类	二类	二级警戒区
泸西县	三类	二类	二级警戒区
元阳县	二类	一类	三级预警区
红河县	二类	一类	三级预警区
金平县	二类	二类	四级警戒区
绿春县	二类	二类	四级警戒区
河口县	二类	二类	四级警戒区
文山市	三类	二类	二级警戒区
砚山县	三类	二类	二级警戒区
西畴县	三类	二类	二级警戒区
麻栗坡县	三类	二类	二级警戒区
马关县	三类	二类	二级警戒区
丘北县	三类	二类	二级警戒区
广南县	三类	二类	二级警戒区
富宁县	二类	二类	四级警戒区
景洪市	二类	二类	四级警戒区
勐海县	二类	一类	三级预警区
勐腊县	二类	二类	四级警戒区
大理市	一类	二类	五级无警区
漾濞县	二类	二类	四级警戒区
祥云县	二类	二类	四级警戒区
宾川县	三类	二类	二级警戒区
弥渡县	一类	二类	五级无警区
南涧县	三类	二类	二级警戒区
巍山县	二类	二类	四级警戒区
永平县	二类	二类	四级警戒区
云龙县	三类	二类	二级警戒区
洱源县	二类	二类	四级警戒区
剑川县	二类	二类	四级警戒区
鹤庆县	二类	一类	三级预警区

续表

县(市、区)	资源环境载荷类型	资源环境耗损程度	预警等级
瑞丽市	二类	一类	三级预警区
芒市	二类	一类	三级预警区
梁河县	二类	二类	四级警戒区
盈江县	二类	二类	四级警戒区
陇川县	二类	一类	三级预警区
泸水市	二类	二类	四级警戒区
福贡县	二类	二类	四级警戒区
贡山县	二类	二类	四级警戒区
兰坪县	三类	二类	二级警戒区
香格里拉市	二类	二类	四级警戒区
德钦县	二类	二类	四级警戒区
维西县	二类	二类	四级警戒区

(二) 资源环境承载能力的分项结果

1) 资源环境耗损类型

由附表 3-2 云南省资源环境耗损类型可知，云南省 129 个县(市、区)中，资源耗损类型为一类的有五华区、官渡区、麒麟区、马龙区等 41 个，资源耗损类型为二类的有东川区、富民县、禄劝县、师宗县、罗平县、富源县等 88 个。如附图 3-2 云南省县域资源耗损类型图所示：第一，一类县(市、区)集中分布在滇中地区和滇中南地区，零散分布在滇东北、滇西南和滇西北地区；第二，二类县(市、区)广泛分布在云南省。

附表 3-2　云南省资源环境耗损程度集成

项目 / 县(市、区)	资源利用效率变化		污染物排放强度		生态质量变化		资源环境耗损类型
	类别	指向	类别	指向	类别	指向	
五华区	二类	一类	二类	二类	二类	二类	一类
盘龙区	一类	一类	二类	二类	二类	二类	一类
官渡区	二类	一类	二类	二类	二类	二类	一类
西山区	二类	一类	二类	二类	二类	二类	一类
东川区	二类	一类	二类	二类	一类	一类	二类
呈贡区	一类	一类	二类	二类	二类	二类	一类

续表

项目 / 县(市、区)	资源利用效率变化		污染物排放强度		生态质量变化		资源环境耗损类型
	类别	指向	类别	指向	类别	指向	
晋宁区	二类	一类	二类	二类	二类	二类	一类
富民县	二类	一类	二类	二类	一类	一类	二类
宜良县	二类	一类	二类	二类	二类	二类	一类
石林县	二类	一类	二类	二类	二类	二类	一类
嵩明县	二类	一类	二类	二类	二类	二类	一类
禄劝县	一类	一类	二类	二类	一类	一类	二类
寻甸县	二类	一类	二类	二类	二类	二类	一类
安宁市	二类	一类	二类	二类	二类	二类	一类
麒麟区	二类	一类	二类	二类	二类	二类	一类
马龙区	二类	一类	二类	二类	二类	二类	一类
陆良县	二类	一类	二类	二类	二类	二类	一类
师宗县	一类	一类	二类	二类	一类	一类	二类
罗平县	二类	一类	二类	二类	一类	一类	二类
富源县	二类	一类	一类	二类	一类	一类	二类
会泽县	二类	一类	一类	一类	一类	一类	二类
沾益区	二类	一类	二类	二类	二类	二类	一类
宣威市	二类	一类	二类	二类	一类	一类	二类
红塔区	二类	一类	一类	一类	一类	二类	二类
江川区	二类	一类	一类	二类	一类	一类	二类
澄江县	二类	一类	二类	二类	二类	二类	一类
通海县	二类	一类	一类	二类	一类	一类	二类
华宁县	一类	一类	一类	二类	二类	二类	一类
易门县	一类	一类	一类	二类	一类	一类	二类
峨山县	二类	一类	一类	二类	一类	一类	二类
新平县	一类	一类	一类	二类	一类	一类	二类
元江县	一类	一类	一类	二类	一类	一类	二类
隆阳区	二类	一类	一类	一类	一类	一类	二类
施甸县	一类	一类	一类	一类	二类	二类	二类
龙陵县	一类	一类	一类	二类	二类	二类	一类

续表

项目 县(市、区)	资源利用效率变化		污染物排放强度		生态质量变化		资源环境耗损类型
	类别	指向	类别	指向	类别	指向	
昌宁县	一类	一类	一类	二类	一类	一类	二类
腾冲市	一类	一类	一类	二类	一类	一类	二类
昭阳区	二类	一类	二类	二类	一类	一类	二类
鲁甸县	一类	一类	二类	二类	二类	二类	一类
巧家县	二类	一类	二类	二类	一类	一类	二类
盐津县	二类	一类	二类	二类	一类	一类	二类
大关县	一类	一类	二类	二类	一类	二类	一类
永善县	一类	一类	二类	二类	一类	一类	二类
绥江县	二类	一类	二类	二类	二类	二类	一类
镇雄县	二类	一类	二类	二类	一类	一类	二类
彝良县	二类	一类	二类	二类	一类	一类	二类
威信县	二类	一类	二类	二类	一类	一类	二类
水富县	二类	一类	二类	二类	一类	一类	二类
古城区	二类	一类	二类	二类	二类	二类	一类
玉龙县	一类	一类	二类	二类	一类	一类	二类
永胜县	一类	一类	二类	二类	一类	一类	二类
华坪县	二类	一类	二类	二类	二类	二类	一类
宁蒗县	一类	一类	二类	二类	一类	一类	二类
思茅区	一类	一类	一类	二类	二类	二类	一类
宁洱县	二类	一类	一类	二类	一类	一类	二类
墨江县	一类	一类	一类	二类	一类	一类	二类
景东县	一类	一类	一类	二类	一类	一类	二类
景谷县	一类	一类	二类	二类	二类	二类	一类
镇沅县	一类	一类	二类	二类	一类	一类	二类
江城县	二类	一类	一类	二类	二类	二类	一类
孟连县	一类	一类	一类	二类	一类	一类	二类
澜沧县	一类	一类	一类	二类	二类	二类	一类
西盟县	一类	一类	一类	二类	一类	一类	二类
临翔区	一类	一类	一类	二类	二类	二类	一类

续表

项目 县(市、区)	资源利用效率变化		污染物排放强度		生态质量变化		资源环境耗损类型
	类别	指向	类别	指向	类别	指向	
凤庆县	一类	一类	一类	二类	一类	一类	二类
云县	二类	一类	一类	一类	一类	一类	二类
永德县	一类	一类	一类	二类	一类	一类	二类
镇康县	一类	一类	一类	一类	一类	一类	二类
双江县	一类	一类	一类	二类	二类	二类	一类
耿马县	一类	一类	一类	二类	一类	一类	二类
沧源县	一类	一类	一类	二类	一类	二类	一类
楚雄市	二类	一类	一类	二类	一类	一类	二类
双柏县	一类	一类	一类	二类	一类	一类	二类
牟定县	二类	一类	一类	二类	一类	一类	二类
南华县	一类	一类	一类	二类	一类	一类	二类
姚安县	二类	一类	一类	一类	一类	一类	二类
大姚县	一类	一类	一类	一类	一类	一类	二类
永仁县	一类	一类	一类	二类	二类	二类	一类
元谋县	一类	一类	一类	二类	二类	二类	一类
武定县	一类	一类	一类	二类	一类	一类	二类
禄丰县	二类	一类	一类	一类	一类	一类	二类
个旧市	二类	一类	二类	二类	一类	二类	一类
开远市	二类	一类	二类	二类	一类	一类	二类
蒙自市	二类	一类	二类	二类	一类	一类	二类
弥勒市	二类	一类	一类	二类	一类	二类	一类
屏边县	一类	一类	二类	二类	一类	一类	二类
建水县	二类	一类	二类	二类	一类	一类	二类
石屏县	一类	一类	二类	二类	一类	一类	二类
泸西县	一类	一类	二类	二类	一类	一类	二类
元阳县	一类	一类	二类	二类	二类	二类	一类
红河县	一类	一类	二类	二类	一类	二类	一类
金平县	一类	一类	二类	二类	一类	一类	二类
绿春县	一类	一类	二类	二类	一类	一类	二类

续表

项目 县(市、区)	资源利用效率变化		污染物排放强度		生态质量变化		资源环境耗损类型
	类别	指向	类别	指向	类别	指向	
河口县	一类	一类	二类	二类	一类	一类	二类
文山市	二类	一类	一类	二类	一类	一类	二类
砚山县	二类	一类	一类	二类	一类	一类	二类
西畴县	一类	一类	一类	二类	一类	一类	二类
麻栗坡县	一类	一类	一类	二类	一类	一类	二类
马关县	一类	一类	一类	二类	一类	一类	二类
丘北县	一类	一类	二类	二类	一类	一类	二类
广南县	一类	一类	二类	二类	一类	一类	二类
富宁县	一类	一类	一类	二类	一类	一类	二类
景洪市	二类	一类	一类	二类	一类	一类	二类
勐海县	一类	一类	一类	二类	二类	二类	一类
勐腊县	二类	一类	一类	一类	一类	一类	二类
大理市	二类	一类	一类	一类	二类	二类	二类
漾濞县	二类	一类	一类	一类	一类	一类	二类
祥云县	二类	一类	一类	二类	一类	一类	二类
宾川县	二类	一类	一类	二类	一类	一类	二类
弥渡县	二类	一类	一类	二类	一类	一类	二类
南涧县	一类	一类	二类	二类	一类	一类	二类
巍山县	一类	一类	一类	二类	一类	一类	二类
永平县	一类	一类	一类	二类	一类	一类	二类
云龙县	一类	一类	二类	二类	一类	一类	二类
洱源县	一类	一类	一类	二类	一类	一类	二类
剑川县	二类	一类	一类	二类	一类	一类	二类
鹤庆县	一类	一类	一类	二类	一类	二类	一类
瑞丽市	一类	一类	一类	二类	二类	二类	一类
芒　市	二类	一类	一类	一类	二类	二类	一类
梁河县	二类	一类	一类	二类	一类	一类	二类
盈江县	一类	一类	一类	二类	一类	一类	二类
陇川县	一类	一类	一类	二类	二类	二类	一类

续表

项目 县(市、区)	资源利用效率变化		污染物排放强度		生态质量变化		资源环境耗损类型
	类别	指向	类别	指向	类别	指向	
泸水市	一类	一类	一类	二类	一类	一类	二类
福贡县	一类	一类	一类	二类	一类	一类	二类
贡山县	一类	一类	二类	二类	一类	一类	二类
兰坪县	一类	一类	一类	一类	一类	一类	二类
香格里拉市	二类	一类	一类	二类	一类	一类	二类
德钦县	一类	一类	二类	二类	一类	一类	二类
维西县	一类	一类	二类	二类	一类	一类	二类

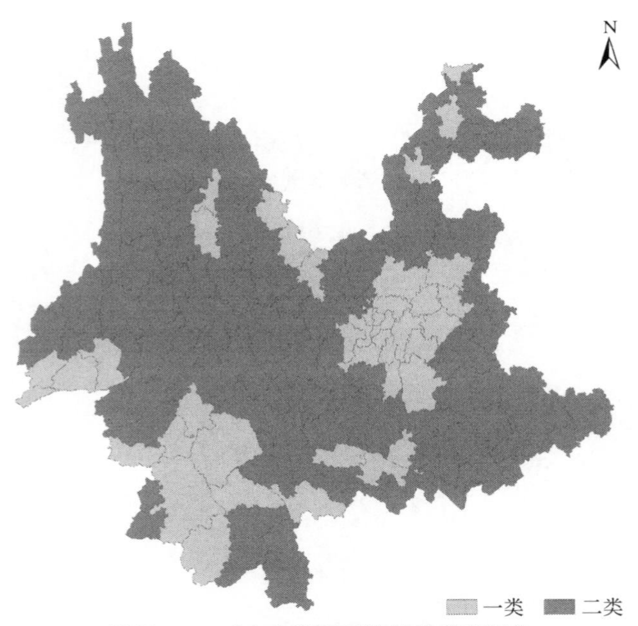

附图 3-2　云南省资源环境耗损程度评价

2) 资源利用效率变化

由附表 3-2 和附图 3-3 可知，云南省资源利用效率变化指向总体为一类。资源利用为一类的县(市、区)略高于二类的县(市、区)，其中资源利用效率变化类别为二类的有五华区、官渡区、西山区、东川区等 60 个，一类的有盘龙区、呈贡区、禄劝县、师宗县等 69 个。如附图 3-4 所示资源利用效率类别为二类的县(市、区)多数分布在云南省西部，资源利用效率类别为一类的县区多分布在云南省中部和东部。

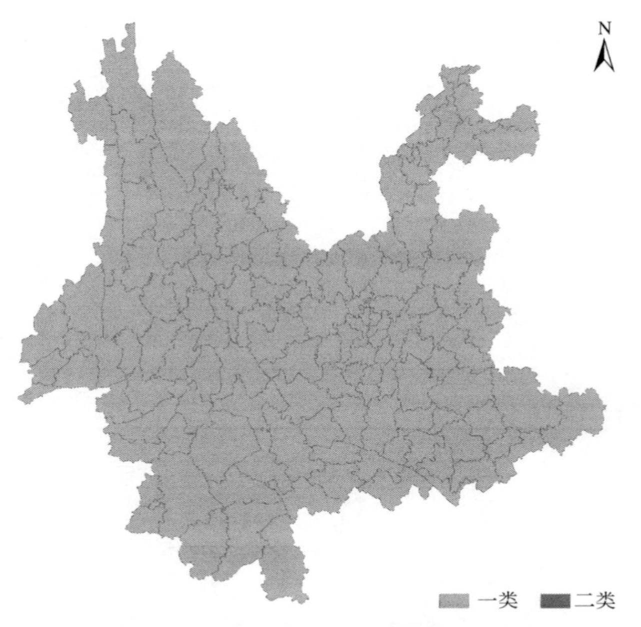

附图 3-3　云南省资源利用效率变化指向

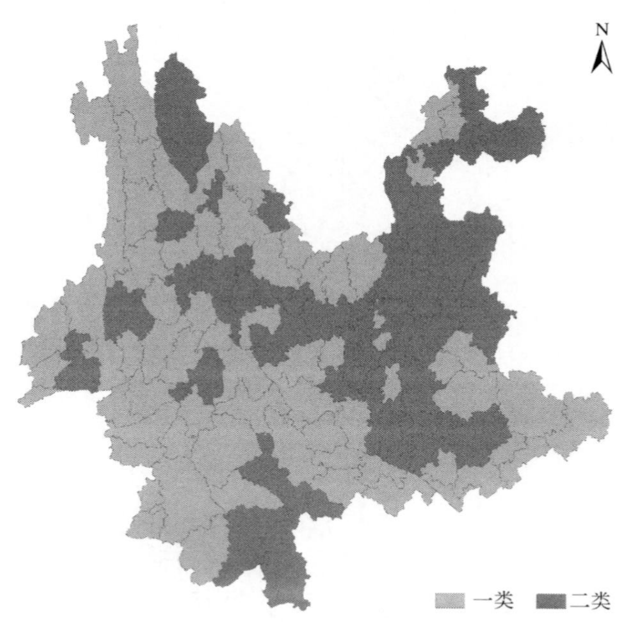

附图 3-4　云南省资源利用效率变化类别

3）污染物排放强度变化

如附图 3-5 所示，云南省污染物排放情况不容乐观，趋于恶化。从附图 3-6 云南省污染物排放指向图可以看出，云南省县域污染物排放情况强度较强的区域主要集中在昆明、曲靖及云南省西北部、东北部、南部地区，西部地区零散分布 14 县（市、区）。从污染物排放强度指向上看，云南省大部分县（市、区）的污染物排放强度都为二类，仅有 4 县（市、区）为一类且零散分布。如附表 3-2 所示，云南省县域污染物排放强度高和低的县（市、区）数量相当，低强度县（市、区）稍多于高强度县（市、区）。另外，云南省绝大部分县（市、区）的污染物排放都趋于严重，只有 14 个的污染物排放趋良。

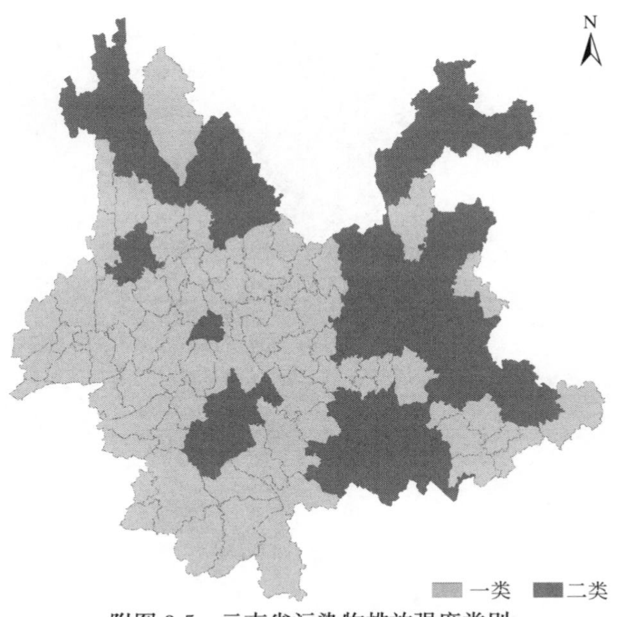

附图 3-5　云南省污染物排放强度类别

4）生态质量变化

由附表 3-2 可知云南省生态质量变化态势总体较好。其中有东川区、富民县、禄劝县、师宗县、罗平县等 85 个县（市、区）生态质量变化趋良，有五华区、盘龙区、官渡区、麒麟区、马龙区等 44 个县（市、区）生态质量趋于下降。同时，在变化类别上，云南省多数县（市、区）的生态质量为一类。其中，有 37 个县（市、区）的生态质量为二类，92 个县（市、区）的生态质量为一类。如附图 3-7 和附图 3-8 所示，云南省生态质量变化指向和变化类别在空间上有明显重叠，即生态质量变化趋良的县（市、区）同时也是生态质量一类县（市、区），生态质量变化趋差的县（市、区）同时也是生态质量为二类县（市、区）。具体表现为：第一，生态质量下降和生态质量为低质量的县（市、区）集中分布在滇中地区和滇南地区，零散分布在滇东北，滇西南和滇西北地区;第二,生态质量变化趋良的县(市、区)和生态质量为一类的县(市、区)广泛分布在云南省。

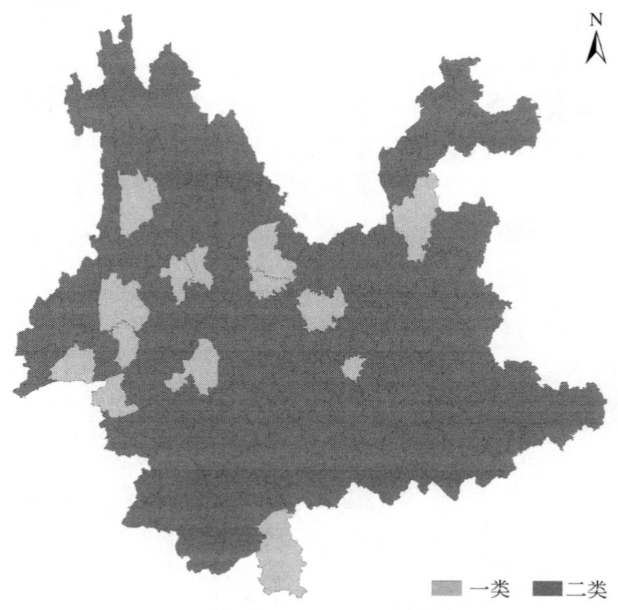

附图 3-6　云南省污染物排放指向

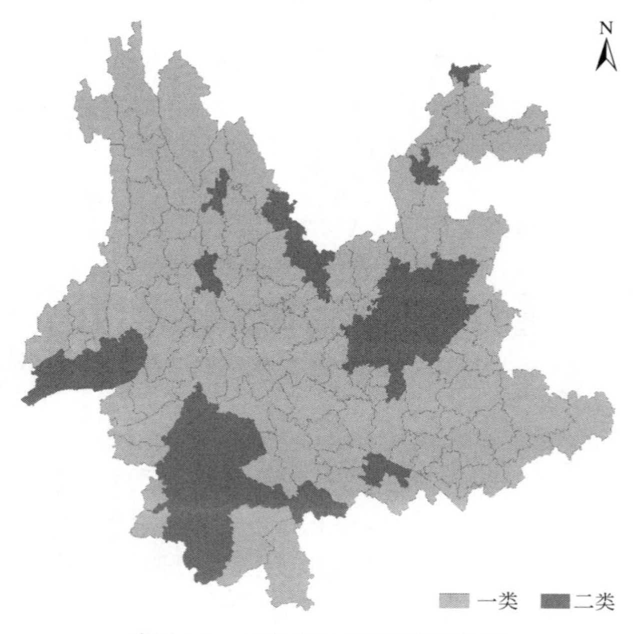

附图 3-7　云南省生态质量变化类别

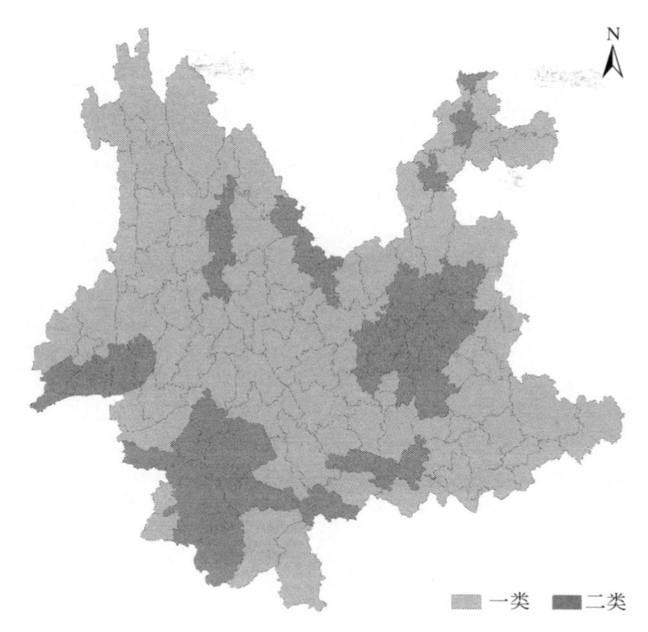

附图 3-8　云南省生态质量变化指向

附录 4　云南省 129 个县(市、区)民族数据

地区		少数民族人口总数	主要少数民族个数	主要少数民族人口数	少数民族人口数占总人口数的比例/%
昆明市	五华区	108547	12	105402	12.64
	盘龙区	81754	11	78754	9.99
	官渡区	86404	10	82547	9.98
	西山区	96244	10	92954	12.52
	东川区	17659	4	16223	6.42
	呈贡区	31059	7	27296	9.65
	晋宁区	28807	3	25245	9.90
	富民县	20720	2	18459	13.91
	宜良县	35935	3	32758	8.44
	石林县	82602	1	79636	32.91
	嵩明县	24285	3	21262	8.35
	禄劝县	118884	7	118004	29.57

续表

地区	指标	少数民族人口总数	主要少数民族个数	主要少数民族人口数	少数民族人口数占总人口数的比例/%
昆明市	寻甸县	99683	3	98961	21.53
	安宁市	46207	7	42733	13.16
曲靖市	麒麟区	36819	6	32991	4.89
	马龙区	14170	3	13550	7.51
	陆良县	10429	2	9508	1.66
	师宗县	67481	5	66840	16.96
	罗平县	73366	4	71726	13.18
	富源县	60893	6	59294	8.32
	会泽县	39121	4	38005	4.25
	沾益区	25782	3	23869	5.85
	宣威市	84435	4	82031	6.40
玉溪市	红塔区	79654	5	74923	15.90
	江川区	18262	2	17018	6.45
	澄江县	10496	2	8994	6.10
	通海县	49798	5	48087	16.22
	华宁县	58408	3	57218	26.92
	易门县	54684	4	53633	30.72
	峨山县	106894	3	105301	65.18
	新平县	194547	5	192995	67.55
	元江县	169989	6	168994	77.27
保山市	隆阳区	129671	8	126162	13.68
	施甸县	23660	3	19955	7.65
	腾冲市	48652	8	47486	7.45
	龙陵县	16490	3	13433	5.87
	昌宁县	38976	4	35935	11.19
昭通市	昭阳区	131185	3	129370	16.36
	鲁甸县	81328	3	80358	20.44
	巧家县	22834	4	22045	4.38
	盐津县	13977	1	13381	3.72
	大关县	21699	3	21479	8.11
	永善县	29769	3	29110	7.43

续表

地区		少数民族人口总数	主要少数民族个数	主要少数民族人口数	少数民族人口数占总人口数的比例/%
昭通市	绥江县	1011	2	751	0.65
	镇雄县	109303	3	108591	8.11
	彝良县	71323	2	70217	13.44
	威信县	43277	2	43055	11.05
	水富县	4155	1	3277	4.02
丽江市	古城区	41570	8	133093	19.46
	玉龙县	62077	7	177095	28.44
	永胜县	120712	8	128611	30.42
	华坪县	53735	5	52148	31.46
	宁蒗县	188203	5	204718	71.70
普洱市	思茅区	108380	10	105746	35.37
	宁洱县	97602	6	95507	51.64
	墨江县	271112	5	268756	74.56
	景东县	171603	6	168979	47.40
	景谷县	134401	6	132170	45.70
	镇沅县	111948	6	110686	53.28
	江城县	91043	6	89808	73.42
	孟连县	107079	5	105420	77.59
	澜沧县	373839	8	372799	75.43
	西盟县	83929	4	82422	91.03
临沧市	临翔区	60525	7	58068	18.45
	凤庆县	134028	6	130382	28.89
	云县	208037	9	205911	45.72
	永德县	72980	7	70615	19.51
	镇康县	46945	9	45518	26.23
	双江县	74409	5	72420	41.57
	耿马县	150087	8	146206	49.86
	沧源县	158322	4	156639	86.51
楚雄州	楚雄市	128611	4	123393	21.66
	双柏县	77491	2	75746	48.07
	牟定县	43049	1	41823	20.34

续表

地区	指标	少数民族人口总数	主要少数民族个数	主要少数民族人口数	少数民族人口数占总人口数的比例/%
楚雄州	南华县	98056	3	97419	40.87
	姚安县	52928	1	51291	26.24
	大姚县	94976	3	93587	34.36
	永仁县	67437	2	66366	60.97
	元谋县	80926	4	79862	37.17
	武定县	143451	5	142255	51.81
	禄丰县	99636	5	98027	23.21
红河州	个旧市	188028	7	186290	40.49
	开远市	177734	5	174010	54.40
	蒙自市	229627	7	227293	54.34
	屏边县	97471	3	95861	62.88
	建水县	205404	5	202895	38.16
	石屏县	177029	3	175016	58.43
	弥勒市	226132	5	224610	41.36
	泸西县	53126	5	52333	13.07
	元阳县	347683	6	347424	86.21
	红河县	283464	4	283187	94.11
	金平县	304694	7	303653	84.17
	绿春县	216749	5	216228	96.08
	河口县	64395	7	63532	60.98
文山州	文山市	249136	5	245726	50.93
	砚山县	305753	5	304171	65.19
	西畴县	49629	3	47533	19.24
	麻栗坡县	116695	7	116258	41.53
	马关县	186362	7	184873	50.10
	丘北县	311792	6	311256	64.51
	广南县	490031	5	488188	61.55
	富宁县	306526	4	395843	74.29
西双版纳州	景洪市	318880	12	317081	60.49
	勐海县	276091	7	273281	82.10
	勐腊县	197813	11	196136	69.29

续表

地区	指标	少数民族人口总数	主要少数民族个数	主要少数民族人口数	少数民族人口数占总人口数的比例/%
大理州	大理市	442207	7	438908	67.10
	漾濞县	69986	4	69361	67.95
	祥云县	81759	3	79206	17.74
	宾川县	77147	3	74048	21.92
	弥渡县	31327	3	30057	9.91
	南涧县	108515	4	107207	50.71
	巍山县	135331	4	134418	44.08
	永平县	73515	5	72752	41.53
	云龙县	169123	6	168181	83.72
	洱源县	184744	4	184007	67.92
	剑川县	159425	5	160125	92.69
	鹤庆县	166659	4	164744	64.60
德宏州	瑞丽市	76376	5	72810	41.06
	芒市	185546	7	182356	46.97
	梁河县	50937	4	48156	32.65
	盈江县	170668	5	168131	55.23
	陇川县	98177	6	96682	53.65
怒江州	泸水市	149550	4	147450	80.40
	福贡县	95424	3	94905	96.39
	贡山县	33901	5	33477	89.21
	兰坪县	187709	5	186963	87.31
迪庆州	香格里拉市	107506	7	133523	61.08
	德钦县	59427	3	58631	88.70
	维西县	113454	6	130964	70.03

附录5 云南省129个县(市、区)义务教育状态

地区	指标	云南省义务教育分指数															义务教育发展总指数		
		教育机会指数			教育质量指数			办学条件指数			师资指数			教育多样性指数					
		指数	类别	位序	指数	类别	位序	指数	类别	位序	指数	类别	位序	指数	类别	位序	指数	类别	位序
昆明市	五华区	1.07931	Ⅳ	7	0.03312	Ⅳ	118	0.96225	Ⅳ	11	0.52308	Ⅳ	51	3.70042	Ⅱ	14	1.25964	Ⅱ	15
	盘龙区	1.08646	Ⅲ	6	0.28617	Ⅱ	83	0.76391	Ⅴ	18	0.52339	Ⅳ	47	3.70042	Ⅱ	14	1.27207	Ⅱ	13
	官渡区	1.08896	Ⅲ	3	0.71870	Ⅰ	3	0.99406	Ⅳ	9	0.52278	Ⅳ	55	0.91706	Ⅵ	31	0.84831	Ⅴ	20
	西山区	1.01297	Ⅵ	42	−0.23799	Ⅶ	127	0.63916	Ⅴ	35	0.52388	Ⅳ	46	3.70042	Ⅱ	14	1.12769	Ⅲ	17
	东川区	1.00519	Ⅵ	52	0.24854	Ⅱ	97	0.36138	Ⅶ	83	0.51877	Ⅴ	84	0.30569	Ⅶ	72	0.48791	Ⅶ	102
	呈贡区	1.09757	Ⅱ	2	−0.18478	Ⅶ	125	0.20126	Ⅷ	119	0.52719	Ⅳ	20	0.30569	Ⅶ	72	0.38939	Ⅷ	126
	晋宁区	1.00583	Ⅵ	50	0.36557	Ⅱ	61	0.40219	Ⅶ	76	0.52647	Ⅳ	25	0.30569	Ⅶ	72	0.52115	Ⅶ	88
	富民县	1.01246	Ⅵ	43	0.29568	Ⅱ	78	0.12507	Ⅷ	128	0.50736	Ⅶ	122	0.30569	Ⅶ	72	0.44925	Ⅷ	115
	宜良县	0.98877	Ⅵ	75	0.50124	Ⅱ	28	0.64944	Ⅴ	32	0.52101	Ⅳ	68	0.91706	Ⅵ	31	0.71550	Ⅵ	30
	石林县	1.06316	Ⅴ	13	−0.14024	Ⅵ	123	0.44567	Ⅵ	67	0.52717	Ⅳ	21	0.61137	Ⅶ	54	0.50143	Ⅶ	99
	嵩明县	1.01671	Ⅵ	39	0.25615	Ⅱ	91	0.55351	Ⅵ	47	0.52249	Ⅳ	58	0.30569	Ⅶ	72	0.53091	Ⅶ	85
	禄劝县	1.03596	Ⅴ	28	0.48091	Ⅱ	33	0.75077	Ⅴ	20	0.51158	Ⅵ	114	0.61137	Ⅶ	54	0.67812	Ⅵ	36
	寻甸县	1.02187	Ⅵ	35	0.14525	Ⅱ	113	0.94494	Ⅳ	13	0.51470	Ⅴ	105	0.61137	Ⅶ	54	0.64763	Ⅵ	48
	安宁市	1.02916	Ⅵ	32	0.22941	Ⅱ	103	0.32457	Ⅶ	92	0.52794	Ⅲ	18	0.30569	Ⅶ	72	0.48335	Ⅶ	105
曲靖市	麒麟区	1.01240	Ⅵ	44	0.73994	Ⅰ	1	1.29538	Ⅱ	5	0.51879	Ⅴ	83	4.31180	Ⅰ	2	1.57566	Ⅰ	2
	马龙区	1.01355	Ⅵ	41	0.58784	Ⅱ	12	0.32999	Ⅶ	89	0.52028	Ⅳ	73	0.30569	Ⅶ	72	0.55147	Ⅶ	76
	陆良县	0.96697	Ⅵ	101	0.35931	Ⅱ	63	0.96782	Ⅳ	10	0.52201	Ⅳ	61	0.30569	Ⅶ	72	0.62436	Ⅵ	51

续表

地区	指标	云南省义务教育分指数															义务教育发展总指数		
		教育机会指数			教育质量指数			办学条件指数			师资指数			教育多样性指数					
		指数	类别	位序	指数	类别	位序	指数	类别	位序	指数	类别	位序	指数	类别	位序	指数	类别	位序
曲靖市	师宗县	1.00164	Ⅵ	56	0.42769	Ⅱ	45	0.69493	Ⅴ	25	0.52062	Ⅳ	71	0.30569	Ⅶ	72	0.59011	Ⅶ	59
	罗平县	1.01787	Ⅵ	36	0.39151	Ⅱ	53	0.58338	Ⅵ	42	0.51972	Ⅴ	77	0.30569	Ⅶ	72	0.56363	Ⅶ	69
	富源县	0.99269	Ⅵ	68	0.33541	Ⅱ	68	0.94285	Ⅳ	14	0.51559	Ⅴ	103	0.30569	Ⅶ	72	0.61845	Ⅵ	55
	会泽县	1.01097	Ⅵ	47	0.47163	Ⅱ	35	0.95929	Ⅳ	12	0.52077	Ⅳ	70	0.30569	Ⅶ	72	0.65367	Ⅵ	44
	沾益区	1.03641	Ⅴ	27	0.55726	Ⅱ	19	0.66400	Ⅴ	28	0.52334	Ⅳ	48	0.30569	Ⅶ	72	0.61734	Ⅵ	56
	宣威市	0.99487	Ⅵ	63	0.57774	Ⅱ	16	1.79457	Ⅰ	1	0.51681	Ⅴ	94	4.31180	Ⅰ	2	1.63916	Ⅰ	1
玉溪市	红塔区	1.06124	Ⅴ	15	0.72560	Ⅰ	2	0.53425	Ⅵ	50	0.52483	Ⅳ	38	4.31180	Ⅰ	2	1.43154	Ⅱ	6
	江川区	1.04566	Ⅴ	22	0.39701	Ⅱ	51	0.24398	Ⅶ	108	0.51210	Ⅵ	111	0.30569	Ⅶ	72	0.50089	Ⅶ	100
	澄江县	1.03663	Ⅴ	26	0.49911	Ⅱ	29	0.18617	Ⅷ	121	0.52131	Ⅳ	66	0.30569	Ⅶ	72	0.50978	Ⅶ	96
	通海县	1.02485	Ⅵ	34	0.35065	Ⅱ	65	0.28012	Ⅶ	98	0.51755	Ⅴ	89	0.30569	Ⅶ	72	0.49577	Ⅶ	101
	华宁县	0.99418	Ⅵ	65	0.29395	Ⅱ	79	0.21723	Ⅷ	115	0.52553	Ⅳ	32	0.30569	Ⅶ	72	0.46732	Ⅷ	109
	易门县	0.99398	Ⅵ	66	0.55725	Ⅱ	20	0.21873	Ⅷ	114	0.52308	Ⅳ	52	0.91706	Ⅵ	31	0.64202	Ⅵ	49
	峨山县	1.06586	Ⅴ	11	0.57915	Ⅱ	15	0.25881	Ⅶ	103	0.52230	Ⅳ	59	0.61137	Ⅶ	54	0.60750	Ⅵ	57
	新平县	0.99164	Ⅵ	70	0.27098	Ⅱ	88	0.47096	Ⅵ	59	0.52571	Ⅳ	30	0.61137	Ⅶ	54	0.57413	Ⅶ	65
	元江县	0.98897	Ⅵ	74	0.36824	Ⅱ	58	0.26129	Ⅶ	102	0.52571	Ⅳ	31	0.61137	Ⅶ	54	0.55112	Ⅶ	77
保山市	隆阳区	0.98541	Ⅵ	79	0.46338	Ⅱ	36	1.30065	Ⅱ	4	0.51697	Ⅴ	93	4.31180	Ⅰ	2	1.51564	Ⅰ	3
	施甸县	0.95073	Ⅵ	112	0.32272	Ⅱ	71	0.51828	Ⅵ	52	0.52440	Ⅳ	41	0.30569	Ⅶ	72	0.52436	Ⅶ	87
	腾冲市	1.00956	Ⅵ	48	0.61034	Ⅱ	7	1.02761	Ⅳ	7	0.52323	Ⅳ	49	0.91706	Ⅵ	31	0.81756	Ⅴ	23
	龙陵县	0.93859	Ⅵ	121	0.55158	Ⅱ	22	0.45532	Ⅵ	61	0.52261	Ⅳ	57	0.30569	Ⅶ	72	0.55476	Ⅶ	75
	昌宁县	0.95745	Ⅵ	109	0.53296	Ⅱ	24	0.53752	Ⅵ	49	0.52055	Ⅳ	72	0.30569	Ⅶ	72	0.57083	Ⅶ	67

续表

地区		云南省义务教育分指数															义务教育发展总指数		
		教育机会指数			教育质量指数			办学条件指数			师资指数			教育多样性指数					
		指数	类别	位序	指数	类别	位序	指数	类别	位序	指数	类别	位序	指数	类别	位序	指数	类别	位序
昭通市	昭阳区	1.00340	Ⅵ	53	0.29889	Ⅱ	76	0.75248	Ⅴ	19	0.51186	Ⅵ	112	4.31180	Ⅰ	2	1.37569	Ⅱ	8
	鲁甸县	0.93081	Ⅵ	125	0.03534	Ⅳ	116	0.41120	Ⅶ	74	0.51677	Ⅴ	95	0.30569	Ⅶ	72	0.43996	Ⅷ	119
	巧家县	0.96317	Ⅵ	105	0.25394	Ⅱ	94	0.65597	Ⅴ	31	0.51004	Ⅵ	115	0.30569	Ⅶ	72	0.53776	Ⅶ	80
	盐津县	0.95838	Ⅵ	107	0.32421	Ⅱ	70	0.48841	Ⅵ	56	0.51747	Ⅴ	90	0.30569	Ⅶ	72	0.51883	Ⅶ	90
	大关县	0.98531	Ⅵ	80	0.00602	Ⅳ	120	0.31036	Ⅶ	93	0.51262	Ⅵ	109	0.30569	Ⅶ	72	0.42400	Ⅷ	122
	永善县	0.93496	Ⅵ	122	0.25509	Ⅱ	93	0.54034	Ⅵ	48	0.51781	Ⅴ	87	0.30569	Ⅶ	72	0.51078	Ⅶ	94
	绥江县	0.98500	Ⅵ	81	0.24660	Ⅱ	99	0.16801	Ⅷ	122	0.51564	Ⅴ	102	0.30569	Ⅶ	72	0.44419	Ⅷ	118
	镇雄县	0.96230	Ⅵ	106	0.25535	Ⅱ	92	1.49935	Ⅱ	2	0.50058	Ⅷ	129	4.31180	Ⅰ	2	1.50588	Ⅰ	5
	彝良县	0.97049	Ⅵ	99	0.16066	Ⅱ	112	0.67866	Ⅴ	26	0.51395	Ⅴ	107	0.91706	Ⅵ	31	0.64816	Ⅵ	46
	威信县	1.01685	Ⅵ	38	0.23490	Ⅱ	100	0.44387	Ⅵ	68	0.50813	Ⅶ	120	0.91706	Ⅵ	31	0.62416	Ⅵ	52
	水富县	1.03555	Ⅴ	29	0.53359	Ⅱ	23	0.15009	Ⅷ	125	0.52579	Ⅳ	29	0.30569	Ⅶ	72	0.51014	Ⅶ	95
丽江市	古城区	1.08684	Ⅲ	5	0.49388	Ⅱ	30	0.29325	Ⅶ	96	0.53040	Ⅲ	12	4.31180	Ⅰ	2	1.34323	Ⅱ	10
	玉龙县	1.02679	Ⅵ	33	−0.08820	Ⅴ	122	0.40017	Ⅶ	78	0.53200	Ⅱ	7	0.00000	Ⅷ	117	0.37415	Ⅷ	127
	永胜县	0.98210	Ⅵ	88	0.03393	Ⅳ	117	0.64404	Ⅴ	34	0.52412	Ⅳ	44	0.91706	Ⅵ	31	0.62025	Ⅵ	53
	华坪县	0.99353	Ⅵ	67	0.02946	Ⅳ	119	0.15502	Ⅷ	124	0.53177	Ⅱ	8	0.91706	Ⅵ	31	0.52537	Ⅶ	86
	宁蒗县	0.95055	Ⅵ	114	0.24999	Ⅱ	95	0.43115	Ⅵ	70	0.50627	Ⅶ	124	0.61138	Ⅶ	52	0.54987	Ⅶ	78
普洱市	思茅区	0.98849	Ⅵ	76	0.40519	Ⅱ	49	0.51799	Ⅵ	53	0.52609	Ⅳ	26	4.31180	Ⅰ	2	1.34991	Ⅱ	9
	宁洱县	0.98985	Ⅵ	72	0.30943	Ⅱ	73	0.38984	Ⅶ	80	0.54112	Ⅰ	1	0.00000	Ⅷ	117	0.44605	Ⅷ	117
	墨江县	0.97939	Ⅵ	91	0.10567	Ⅲ	114	0.56107	Ⅵ	45	0.51895	Ⅴ	81	0.00000	Ⅷ	117	0.43302	Ⅷ	120

续表

地区		教育机会指数			教育质量指数			办学条件指数			师资指数			教育多样性指数			义务教育发展总指数		
		指数	类别	位序	指数	类别	位序	指数	类别	位序	指数	类别	位序	指数	类别	位序	指数	类别	位序
普洱市	景东县	0.92614	Ⅶ	126	0.18971	Ⅱ	110	0.55913	Ⅵ	46	0.52430	Ⅳ	42	0.61137	Ⅶ	54	0.56213	Ⅶ	71
	景谷县	0.92092	Ⅶ	128	0.37312	Ⅱ	57	0.44743	Ⅵ	66	0.52944	Ⅲ	15	0.61137	Ⅶ	54	0.57646	Ⅶ	64
	镇沅县	0.96999	Ⅵ	100	0.44214	Ⅱ	44	0.28791	Ⅶ	97	0.53399	Ⅱ	3	0.00000	Ⅷ	117	0.44681	Ⅷ	116
	江城县	0.97969	Ⅵ	90	0.23201	Ⅱ	102	0.27487	Ⅶ	99	0.51710	Ⅴ	92	0.00000	Ⅷ	117	0.40073	Ⅷ	124
	孟连县	0.94119	Ⅵ	119	0.34386	Ⅱ	67	0.24403	Ⅶ	107	0.51974	Ⅴ	76	0.61137	Ⅶ	54	0.53204	Ⅶ	82
	澜沧县	0.94320	Ⅵ	118	0.29146	Ⅱ	81	0.60552	Ⅵ	37	0.51799	Ⅴ	86	0.61137	Ⅶ	54	0.59391	Ⅶ	58
	西盟县	0.94016	Ⅵ	120	0.29388	Ⅱ	80	0.23210	Ⅶ	112	0.52872	Ⅲ	16	0.00000	Ⅷ	117	0.39897	Ⅷ	125
临沧市	临翔区	1.00276	Ⅵ	55	0.60822	Ⅱ	8	0.43811	Ⅵ	69	0.52961	Ⅲ	14	4.31180	Ⅰ	2	1.37810	Ⅱ	7
	凤庆县	1.01711	Ⅵ	37	0.34917	Ⅱ	66	0.59226	Ⅵ	39	0.52208	Ⅳ	60	0.30569	Ⅶ	72	0.55726	Ⅶ	74
	云县	0.97204	Ⅵ	97	0.44987	Ⅱ	41	0.64782	Ⅴ	33	0.52096	Ⅳ	69	0.91706	Ⅵ	31	0.70155	Ⅵ	32
	永德县	0.96661	Ⅵ	102	0.36790	Ⅱ	59	0.73788	Ⅴ	21	0.51660	Ⅴ	97	0.30569	Ⅶ	72	0.57894	Ⅶ	63
	镇康县	0.97101	Ⅵ	98	0.23241	Ⅱ	101	0.39889	Ⅶ	79	0.50902	Ⅵ	117	0.30569	Ⅶ	72	0.48340	Ⅶ	104
	双江县	0.97839	Ⅵ	92	0.45020	Ⅱ	40	0.34823	Ⅶ	85	0.51848	Ⅴ	85	0.00000	Ⅷ	117	0.45906	Ⅷ	111
	耿马县	0.98393	Ⅵ	83	0.28200	Ⅱ	86	0.88279	Ⅳ	16	0.51572	Ⅴ	101	0.61137	Ⅶ	54	0.65516	Ⅵ	42
	沧源县	0.95243	Ⅵ	111	0.28417	Ⅱ	84	0.45930	Ⅵ	60	0.52281	Ⅳ	54	0.61137	Ⅶ	54	0.56602	Ⅶ	68
楚雄州	楚雄市	1.07389	Ⅴ	8	0.65053	Ⅱ	4	1.01161	Ⅳ	8	0.52526	Ⅳ	34	4.31180	Ⅰ	2	1.51462	Ⅰ	4
	双柏县	1.04432	Ⅴ	23	0.30269	Ⅱ	75	0.21137	Ⅷ	116	0.53506	Ⅱ	2	0.30569	Ⅶ	72	0.47983	Ⅶ	106
	牟定县	1.04970	Ⅴ	20	0.38399	Ⅱ	55	0.25879	Ⅶ	104	0.52851	Ⅲ	17	0.30569	Ⅶ	72	0.50534	Ⅶ	98
	南华县	1.03991	Ⅴ	24	0.51428	Ⅱ	27	0.23068	Ⅶ	113	0.50541	Ⅶ	126	0.30569	Ⅶ	72	0.51919	Ⅶ	89

注：表头“云南省义务教育分指数”涵盖教育机会指数、教育质量指数、办学条件指数、师资指数、教育多样性指数五组；表头斜线单元格为“指标/地区”。

续表

地区	指标	云南省义务教育分指数															义务教育发展总指数		
		教育机会指数			教育质量指数			办学条件指数			师资指数			教育多样性指数					
		指数	类别	位序	指数	类别	位序	指数	类别	位序	指数	类别	位序	指数	类别	位序	指数	类别	位序
楚雄州	姚安县	1.03751	Ⅴ	25	0.28824	Ⅱ	82	0.24072	Ⅶ	110	0.52498	Ⅳ	37	0.30569	Ⅶ	72	0.47943	Ⅶ	107
	大姚县	1.06062	Ⅴ	16	0.55195	Ⅱ	21	0.36436	Ⅶ	82	0.52511	Ⅳ	36	0.30569	Ⅶ	72	0.56155	Ⅶ	72
	永仁县	1.07009	Ⅴ	9	0.48988	Ⅱ	32	0.14315	Ⅷ	126	0.53320	Ⅱ	5	0.30569	Ⅶ	72	0.50840	Ⅶ	97
	元谋县	1.06136	Ⅴ	14	0.21904	Ⅱ	106	0.27342	Ⅶ	100	0.53055	Ⅲ	10	0.30569	Ⅶ	72	0.47801	Ⅶ	108
	武定县	1.01496	Ⅵ	40	0.27119	Ⅱ	87	0.45031	Ⅵ	63	0.52311	Ⅳ	50	0.30569	Ⅶ	72	0.51305	Ⅶ	93
	禄丰县	1.06867	Ⅴ	10	0.39321	Ⅱ	52	0.48049	Ⅵ	58	0.53004	Ⅲ	13	0.91706	Ⅵ	31	0.67789	Ⅵ	37
红河州	个旧市	0.98606	Ⅵ	78	0.58957	Ⅱ	11	0.63466	Ⅴ	36	0.52711	Ⅳ	22	0.00000	Ⅷ	117	0.54748	Ⅶ	79
	开远市	1.01121	Ⅵ	46	0.64056	Ⅱ	5	0.42128	Ⅵ	72	0.52585	Ⅳ	28	0.50000	Ⅶ	66	0.61978	Ⅵ	54
	蒙自市	0.99619	Ⅵ	61	0.59747	Ⅱ	10	0.65694	Ⅴ	30	0.52264	Ⅳ	56	0.50000	Ⅶ	66	0.65465	Ⅵ	43
	屏边县	0.98246	Ⅵ	87	0.44897	Ⅱ	42	0.25134	Ⅶ	105	0.52191	Ⅳ	62	1.00000	Ⅵ	28	0.64094	Ⅵ	50
	建水县	0.99530	Ⅵ	62	0.44575	Ⅱ	43	0.70747	Ⅴ	23	0.52464	Ⅳ	40	3.00000	Ⅲ	17	1.13463	Ⅲ	16
	石屏县	1.01235	Ⅵ	45	0.51786	Ⅱ	26	0.40076	Ⅶ	77	0.51982	Ⅴ	75	1.50000	Ⅴ	19	0.79016	Ⅴ	24
	弥勒市	0.99026	Ⅵ	71	0.38048	Ⅱ	56	0.91768	Ⅳ	15	0.51651	Ⅴ	98	1.50000	Ⅴ	19	0.86099	Ⅴ	19
	泸西县	1.00112	Ⅵ	57	0.57593	Ⅱ	17	0.65958	Ⅴ	29	0.50826	Ⅶ	119	0.50000	Ⅶ	66	0.64898	Ⅵ	45
	元阳县	0.95632	Ⅵ	110	0.36567	Ⅱ	60	0.42036	Ⅵ	73	0.50217	Ⅷ	128	1.50000	Ⅴ	19	0.74890	Ⅴ	28
	红河县	0.98364	Ⅵ	84	0.49050	Ⅱ	31	0.32549	Ⅶ	90	0.50369	Ⅷ	127	0.50000	Ⅶ	66	0.56066	Ⅶ	73
	金平县	0.98424	Ⅵ	82	0.47436	Ⅱ	34	0.44924	Ⅵ	64	0.51616	Ⅴ	100	1.00000	Ⅵ	28	0.68480	Ⅵ	34
	绿春县	0.98744	Ⅵ	77	0.38561	Ⅱ	54	0.49346	Ⅵ	55	0.50948	Ⅵ	116	1.50000	Ⅴ	19	0.77520	Ⅴ	27
	河口县	0.96599	Ⅵ	104	0.58077	Ⅱ	13	0.20464	Ⅷ	118	0.53040	Ⅲ	11	1.00000	Ⅵ	28	0.65636	Ⅵ	41

续表

地区	指标	云南省义务教育分指数															义务教育发展总指数		
		教育机会指数			教育质量指数			办学条件指数			师资指数			教育多样性指数					
		指数	类别	位序	指数	类别	位序	指数	类别	位序	指数	类别	位序	指数	类别	位序	指数	类别	位序
文山州	文山市	0.99865	Ⅵ	59	0.53158	Ⅱ	25	0.59410	Ⅵ	38	0.52421	Ⅳ	43	2.00000	Ⅳ	18	0.92971	Ⅳ	18
	砚山县	0.98316	Ⅵ	85	0.45334	Ⅱ	37	0.72590	Ⅴ	22	0.51268	Ⅵ	108	1.50000	Ⅴ	19	0.83502	Ⅴ	21
	西畴县	0.97641	Ⅵ	93	0.59840	Ⅱ	9	0.34348	Ⅶ	87	0.51986	Ⅴ	74	0.50000	Ⅶ	66	0.58763	Ⅶ	60
	麻栗坡县	0.95769	Ⅵ	108	0.33077	Ⅱ	69	0.30708	Ⅶ	94	0.51954	Ⅴ	78	1.50000	Ⅴ	19	0.72302	Ⅵ	29
	马关县	1.04706	Ⅴ	21	−0.20525	Ⅶ	126	0.59033	Ⅵ	40	0.51771	Ⅴ	88	1.50000	Ⅴ	19	0.68997	Ⅵ	33
	丘北县	0.93346	Ⅵ	124	−0.14295	Ⅵ	124	1.36007	Ⅱ	3	0.51893	Ⅴ	82	1.50000	Ⅴ	19	0.83390	Ⅴ	22
	广南县	0.94801	Ⅵ	115	0.20652	Ⅱ	108	1.14029	Ⅲ	6	0.50695	Ⅶ	123	0.50000	Ⅶ	66	0.66035	Ⅵ	40
	富宁县	0.97569	Ⅵ	94	0.35217	Ⅱ	64	0.58063	Ⅵ	43	0.50736	Ⅶ	122	1.50000	Ⅴ	19	0.78317	Ⅴ	25
西双版纳州	景洪市	0.99462	Ⅵ	64	0.24824	Ⅱ	98	0.70329	Ⅴ	24	0.52599	Ⅳ	27	0.91706	Ⅵ	31	0.67784	Ⅵ	38
	勐海县	1.05392	Ⅴ	19	0.16954	Ⅱ	111	0.57574	Ⅵ	44	0.52282	Ⅳ	53	0.91706	Ⅵ	31	0.64782	Ⅵ	47
	勐腊县	0.97340	Ⅵ	96	−0.27440	Ⅶ	128	0.51239	Ⅵ	54	0.52707	Ⅳ	23	0.91706	Ⅵ	31	0.53110	Ⅶ	84
大理州	大理市	1.06353	Ⅴ	12	0.63367	Ⅱ	6	0.77263	Ⅴ	17	0.51942	Ⅴ	79	0.91706	Ⅵ	31	0.78126	Ⅴ	26
	漾濞县	0.98050	Ⅵ	89	0.45303	Ⅱ	38	0.15897	Ⅷ	123	0.53391	Ⅱ	4	0.00000	Ⅷ	117	0.42528	Ⅷ	121
	祥云县	0.99227	Ⅵ	69	0.42386	Ⅱ	46	0.35319	Ⅶ	84	0.50843	Ⅶ	118	0.30569	Ⅶ	72	0.51669	Ⅶ	91
	宾川县	0.99888	Ⅵ	58	0.45302	Ⅱ	39	0.38489	Ⅶ	81	0.51741	Ⅴ	91	0.30569	Ⅶ	72	0.53198	Ⅶ	83
	弥渡县	1.00520	Ⅵ	51	0.57954	Ⅱ	14	0.44823	Ⅵ	65	0.51661	Ⅴ	96	0.30569	Ⅶ	72	0.57105	Ⅶ	66
	南涧县	0.98941	Ⅵ	73	0.32156	Ⅱ	72	0.23314	Ⅶ	111	0.51455	Ⅴ	106	0.61138	Ⅶ	52	0.53401	Ⅶ	81
	巍山县	1.03031	Ⅵ	31	0.29671	Ⅱ	77	0.40823	Ⅶ	75	0.51168	Ⅵ	113	0.00000	Ⅷ	117	0.44939	Ⅷ	114

续表

地区	指标	云南省义务教育分指数															义务教育发展总指数		
		教育机会指数			教育质量指数			办学条件指数			师资指数			教育多样性指数					
		指数	类别	位序	指数	类别	位序	指数	类别	位序	指数	类别	位序	指数	类别	位序	指数	类别	位序
大理州	永平县	0.98295	Ⅵ	86	0.21084	Ⅱ	107	0.24441	Ⅶ	106	0.52141	Ⅳ	65	0.30569	Ⅶ	72	0.45306	Ⅷ	113
	云龙县	1.05999	Ⅴ	17	0.40893	Ⅱ	48	0.66628	Ⅴ	27	0.50765	Ⅶ	121	0.91706	Ⅵ	31	0.71198	Ⅵ	31
	洱源县	1.00282	Ⅵ	54	0.26211	Ⅱ	89	0.34775	Ⅶ	86	0.51256	Ⅵ	110	0.30569	Ⅶ	72	0.48619	Ⅶ	103
	剑川县	0.99760	Ⅵ	60	0.24917	Ⅱ	96	0.24360	Ⅶ	109	0.52156	Ⅳ	64	0.30569	Ⅶ	72	0.46352	Ⅷ	110
	鹤庆县	1.05616	Ⅴ	18	0.56541	Ⅱ	18	0.45217	Ⅵ	62	0.51635	Ⅴ	99	0.30569	Ⅶ	72	0.57916	Ⅶ	62
德宏州	瑞丽市	1.11983	Ⅰ	1	0.41087	Ⅱ	47	0.42672	Ⅵ	71	0.51902	Ⅴ	80	0.91706	Ⅵ	31	0.67870	Ⅵ	35
	芒市	0.97480	Ⅵ	95	0.35969	Ⅱ	62	0.48797	Ⅵ	57	0.52512	Ⅳ	35	4.31180	Ⅰ	2	1.33188	Ⅱ	11
	梁河县	1.03504	Ⅴ	30	0.22571	Ⅱ	104	0.20567	Ⅷ	117	0.52794	Ⅲ	19	0.91706	Ⅵ	31	0.58228	Ⅶ	61
	盈江县	1.00619	Ⅵ	49	−0.69933	Ⅷ	129	0.52790	Ⅵ	51	0.52410	Ⅳ	45	0.91706	Ⅵ	31	0.45518	Ⅷ	112
	陇川县	1.08785	Ⅲ	4	0.28296	Ⅱ	85	0.33583	Ⅶ	88	0.52475	Ⅳ	39	4.31180	Ⅰ	2	1.30864	Ⅱ	12
怒江州	泸水市	0.94575	Ⅵ	116	0.22467	Ⅱ	105	0.32492	Ⅶ	91	0.52664	Ⅳ	24	4.31181	Ⅰ	1	1.26676	Ⅱ	14
	福贡县	0.94394	Ⅵ	117	0.26102	Ⅱ	90	0.18646	Ⅷ	120	0.50604	Ⅶ	125	0.91706	Ⅵ	31	0.56290	Ⅶ	70
	贡山县	0.92431	Ⅶ	127	0.19493	Ⅱ	109	0.05987	Ⅷ	129	0.53257	Ⅱ	6	0.00000	Ⅷ	117	0.34234	Ⅷ	129
	兰坪县	0.95069	Ⅵ	113	0.30720	Ⅱ	74	0.30373	Ⅶ	95	0.52128	Ⅳ	67	0.00000	Ⅷ	117	0.41658	Ⅷ	123
迪庆州	香格里拉	0.89030	Ⅷ	129	0.40151	Ⅱ	50	0.58444	Ⅵ	41	0.52542	Ⅳ	33	0.91706	Ⅵ	31	0.66375	Ⅵ	39
	德钦县	0.93406	Ⅵ	123	0.06338	Ⅳ	115	0.13903	Ⅷ	127	0.52157	Ⅳ	63	0.91706	Ⅵ	31	0.51502	Ⅶ	92
	维西县	0.96611	Ⅵ	103	−0.01991	Ⅳ	121	0.26494	Ⅶ	101	0.51524	Ⅴ	104	0.00000	Ⅷ	117	0.34528	Ⅷ	128

附录6　云南省129个县(市、区)自然地理背景

地区	指标	经纬度		海拔/m		地形起伏度指数
		经度	纬度	最高海拔	最低海拔	
昆明市	五华区	东经102°10′～103°41′	北纬24°24′～26°33′	2686	1661	0.86959
	盘龙区			2686	1661	0.86959
	官渡区			2686	1661	0.86959
	西山区			2686	1661	0.86959
	东川区	东经102°51′～103°19′	北纬25°47′～26°33′	4253	639	1.41382
	呈贡区	东经102°45′～102°59′	北纬24°42′～24°59′	2785	1567	0.82741
	晋宁区	东经102°13′～102°52′	北纬24°24′～24°47′	2635	1284	0.90976
	富民县	东经102°21′～102°47′	北纬25°08′～26°36′	2769	1524	0.92666
	宜良县	东经102°58′～103°28′	北纬24°30′～25°17′	2575	1226	0.83712
	石林县	东经103°10′～103°41′	北纬24°30′～25°03′	2596	1521	0.77359
	嵩明县	东经102°40′～103°20′	北纬25°05′～25°28′	2823	1795	0.87635
	禄劝县	东经102°14′～102°56′	北纬25°25′～26°22′	4164	−78	1.48597
	寻甸县	东经102°41′～103°33′	北纬25°20′～26°01′	3299	1324	1.06851
	安宁市	东经102°10′～102°37′	北纬24°31′～25°06′	2713	1659	0.85986
曲靖市	麒麟区	东经102°39′～104°13′	北纬25°08′～25°36′	2440	1715	0.79594
	马龙区	东经103°16′～103°45′	北纬25°08′～25°37′	2477	1729	0.82089
	陆良县	东经103°22′～104°02′	北纬24°44′～25°18′	2673	1619	0.79665
	师宗县	东经103°42′～104°34′	北纬24°21′～25°02′	2381	731	0.81790
	罗平县	东经103°57′～104°43′	北纬24°31′～25°25′	2446	654	0.83025
	富源县	东经102°58′～104°49′	北纬25°02′～25°58′	2747	1173	0.92866
	会泽县	东经103°03′～103°55′	北纬25°48′～27°04′	3881	707	1.30285
	沾益区	东经103°29′～104°14′	北纬25°30′～26°06′	2480	1550	0.83361
	宣威市	东经103°35′～104°41′	北纬25°53′～26°44′	2870	938	1.01228
玉溪市	红塔区	东经102°17′～102°41′	北纬24°21′～25°02′	2593	1462	0.83697
	江川区	东经102°34′～102°55′	北纬24°12′～24°32′	2641	1557	0.79738
	澄江县	东经102°47′～103°04′	北纬24°29′～24°55′	2764	1279	0.85890
	通海县	东经102°30′～102°52′	北纬23°55′～24°14′	2414	1200	0.83039
	华宁县	东经102°49′～103°09′	北纬23°59′～24°34′	2586	1049	0.88024

续表

地区		经度	纬度	最高海拔/m	最低海拔/m	地形起伏度指数
玉溪市	易门县	东经 101°54′～102°18′	北纬 24°26′～24°57′	2585	1020	0.93486
	峨山县	东经 101°52′～102°37′	北纬 24°01′～24°32′	2519	765	0.89666
	新平县	东经 101°17′～102°16′	北纬 23°39′～24°27′	3081	301	1.00883
	元江县	东经 101°39′～102°22′	北纬 23°18′～23°55′	2551	266	0.88149
保山市	隆阳区	东经 98°43′～99°30′	北纬 24°46′～25°38′	3615	588	1.11293
	施甸县	东经 98°54′～99°21′	北纬 24°16′～25°00′	2861	480	0.97578
	腾冲市	东经 98°05′～98°46′	北纬 24°38′～25°52′	3720	929	1.14355
	龙陵县	东经 98°25′～99°11′	北纬 24°07′～24°52′	3002	526	0.97578
	昌宁县	东经 99°16′～100°02′	北纬 24°14′～25°12′	2881	621	0.97181
昭通市	昭阳区	东经 103°08′～103°56′	北纬 27°07′～27°39′	3355	462	1.13858
	鲁甸县	东经 103°09′～103°40′	北纬 26°59′～27°32′	3296	556	1.16155
	巧家县	东经 102°52′～103°26′	北纬 26°32′～27°25′	4003	520	1.36476
	盐津县	东经 103°59′～104°28′	北纬 27°49′～28°24′	2209	317	0.69075
	大关县	东经 103°43′～104°07′	北纬 27°36′～28°15′	2770	495	0.96797
	永善县	东经 103°15′～104°01′	北纬 27°30′～28°32′	3184	300	1.14644
	绥江县	东经 103°47′～104°16′	北纬 28°21′～28°41′	1971	266	0.65607
	镇雄县	东经 104°18′～105°19′	北纬 27°17′～27°50′	2367	631	0.84714
	彝良县	东经 103°51′～104°45′	北纬 27°16′～27°57′	2751	516	0.96139
	威信县	东经 104°41′～105°19′	北纬 27°42′～28°07′	1890	475	0.67901
	水富县	东经 104°03′～104°25′	北纬 28°22′～28°39′	1807	259	0.61602
丽江市	古城区	东经 99°23′～100°32′	北纬 26°34′～27°46′	3634	1071	1.29949
	玉龙县			5459	1286	1.73527
	永胜县	东经 100°23′～101°12′	北纬 25°59′～27°05′	3838	983	1.24778
	华坪县	东经 100°59′～101°31′	北纬 26°21′～26°58′	2898	855	0.98918
	宁蒗县	东经 100°21′～101°16′	北纬 26°35′～27°56′	4510	1274	1.58582
普洱市	思茅区	东经 100°19′～101°27′	北纬 22°27′～23°06′	2135	493	0.71434
	宁洱县	东经 100°42′～101°37′	北纬 22°40′～23°36′	2830	515	0.91422
	墨江县	东经 101°08′～102°04′	北纬 22°51′～23°59′	2326	407	0.82649
	景东县	东经 100°22′～101°15′	北纬 23°56′～24°49′	3340	759	1.07073
	景谷县	东经 100°02′～101°07′	北纬 22°49′～23°53′	2912	509	0.88048

续表

地区	指标	经纬度		海拔/m		地形起伏度指数
		经度	纬度	最高海拔	最低海拔	
普洱市	镇沅县	东经 100°21′～101°31′	北纬 23°24′～24°22′	3144	764	1.00261
	江城县	东经 101°14′～102°19′	北纬 22°20′～22°56′	2126	221	0.72780
	孟连县	东经 99°09′～99°46′	北纬 22°05′～22°32′	2582	413	0.79487
	澜沧县	东经 99°29′～100°35′	北纬 22°01′～23°16′	2515	463	0.87379
	西盟县	东经 99°18′～99°43′	北纬 22°27′～22°57′	2224	535	0.76781
临沧市	临翔区	东经 99°49′～100°26′	北纬 23°29′～24°16′	3393	629	1.10790
	凤庆县	东经 99°31′～100°13′	北纬 24°13′～25°02′	3089	924	1.03895
	云县	东经 99°43′～100°33′	北纬 23°56′～24°46′	2897	718	0.98424
	永德县	东经 99°05′～99°50′	北纬 23°45′～24°27′	3478	514	1.07184
	镇康县	东经 98°40′～99°22′	北纬 23°37′～24°15′	2971	537	0.95848
	双江县	东经 99°35′～100°09′	北纬 23°11′～23°48′	3224	645	1.02434
	耿马县	东经 98°48′～99°54′	北纬 23°21′～24°02′	3121	442	0.93018
	沧源县	东经 98°52′～99°43′	北纬 23°04′～23°30′	2640	496	0.88771
楚雄州	楚雄市	东经 100°53′～101°49′	北纬 24°29′～25°14′	2891	684	1.03325
	双柏县	东经 101°03′～102°02′	北纬 24°13′～24°55′	2988	534	1.01267
	牟定县	东经 101°19′～102°51′	北纬 25°09′～25°41′	2725	1167	0.92708
	南华县	东经 100°43′～101°21′	北纬 24°43′～25°22′	2848	943	1.05308
	姚安县	东经 100°56′～101°34′	北纬 25°18′～25°45′	2867	1529	0.99562
	大姚县	东经 100°53′～101°42′	北纬 25°33′～26°24′	3627	1044	1.21899
	永仁县	东经 101°16′～101°49′	北纬 25°51′～26°30′	2882	937	0.96100
	元谋县	东经 101°35′～102°06′	北纬 25°23′～26°07′	2818	759	0.81900
	武定县	东经 101°55′～102°29′	北纬 25°19′～26°11′	2881	874	1.08830
	禄丰县	东经 101°38′～102°25′	北纬 24°51′～25°30′	2772	1215	0.91667
红河州	个旧市	东经 102°54′～103°25′	北纬 22°59′～23°36′	2745	124	0.93200
	开远市	东经 103°04′～103°43′	北纬 23°30′～23°59′	2802	958	0.84900
	蒙自市	东经 103°13′～103°49′	北纬 23°01′～23°34′	2398	351	0.86332
	屏边县	东经 103°24′～103°58′	北纬 22°49′～23°23′	2534	169	0.90579
	建水县	东经 102°33′～103°11′	北纬 23°12′～24°11′	2482	160	0.87519
	石屏县	东经 102°08′～102°43′	北纬 23°19′～24°06′	2554	236	0.95581
	弥勒市	东经 103°04′～103°49′	北纬 23°50′～24°39′	2332	732	0.77781

续表

地区		经度	纬度	最高海拔	最低海拔	地形起伏度指数
指标		经纬度		海拔/m		
红河州	泸西县	东经 103°30′～104°03′	北纬 24°15′～24°46′	2447	768	0.84246
	元阳县	东经 102°27′～103°13′	北纬 22°49′～23°19′	2936	163	0.97246
	红河县	东经 101°49′～102°37′	北纬 23°05′～23°26′	2547	235	0.96269
	金平县	东经 102°31′～103°38′	北纬 22°26′～23°04′	3042	57	0.96497
	绿春县	东经 101°48′～102°39′	北纬 22°33′～23°08′	2626	341	0.90075
	河口县	东经 103°23′～104°16′	北纬 22°30′～23°02′	2311	26	0.62527
文山州	文山市	东经 103°43′～104°27′	北纬 23°06′～23°44′	2974	626	0.90671
	砚山县	东经 103°35′～104°45′	北纬 23°18′～23°59′	2243	1088	0.70749
	西畴县	东经 104°22′～104°58′	北纬 23°06′～23°37′	1941	734	0.69114
	麻栗坡县	东经 104°32′～105°18′	北纬 22°48′～23°33′	2593	117	0.86894
	马关县	东经 103°52′～104°39′	北纬 22°42′～23°15′	2720	110	0.90091
	丘北县	东经 103°34′～104°32′	北纬 23°45′～24°28′	2504	770	0.82612
	广南县	东经 104°31′～105°36′	北纬 23°29′～24°28′	2010	437	0.73402
	富宁县	东经 105°13′～106°12′	北纬 23°11′～24°09′	1824	159	0.62188
西双版纳州	景洪市	东经 100°25′～101°15′	北纬 21°27′～22°36′	2174	458	0.61879
	勐海县	东经 99°56′～100°41′	北纬 21°28′～22°28′	2404	465	0.76834
	勐腊县	东经 101°06′～101°50′	北纬 21°08′～22°25′	2020	369	0.62329
大理州	大理市	东经 99°58′～100°27′	北纬 25°25′～25°58′	4027	1423	1.16082
	漾濞县	东经 99°36′～100°07′	北纬 25°12′～25°54′	4108	1071	1.30627
	祥云县	东经 100°25′～101°02′	北纬 25°12′～25°53′	3247	1436	1.03002
	宾川县	东经 100°16′～100°59′	北纬 25°32′～26°12′	3263	1107	1.05830
	弥渡县	东经 100°19′～100°47′	北纬 24°47′～25°32′	2995	1225	0.98686
	南涧县	东经 100°06′～100°41′	北纬 24°39′～25°11′	3036	865	1.07797
	巍山县	东经 99°55′～100°26′	北纬 24°56′～25°33′	2998	1011	1.06439
	永平县	东经 99°17′～99°56′	北纬 25°03′～25°45′	2957	1063	1.05904
	云龙县	东经 98°52′～99°46′	北纬 25°28′～26°23′	3652	745	1.38563
	洱源县	东经 99°32′～100°20′	北纬 25°48′～26°26′	3961	1499	1.28404
	剑川县	东经 99°28′～100°04′	北纬 26°12′～26°41′	4177	2015	1.33806
	鹤庆县	东经 100°01′～100°29′	北纬 25°57′～26°42′	3806	991	1.21000

续表

地区	指标	经纬度		海拔/m		地形起伏度指数
		经度	纬度	最高海拔	最低海拔	
德宏州	瑞丽市	东经 97°31′～98°10′	北纬 23°50′～24°11′	1997	682	0.51632
	芒市	东经 98°01′～98°43′	北纬 24°04′～24°39′	2896	523	0.82258
	梁河县	东经 98°06′～98°33′	北纬 24°31′～24°58′	2640	858	0.78707
	盈江县	东经 97°31′～98°16′	北纬 24°24′～25°21′	3277	169	1.01587
	陇川县	东经 97°39′～98°17′	北纬 24°08′～24°40′	2616	741	0.71922
怒江州	泸水市	东经 98°34′～99°09′	北纬 25°33′～26°32′	4095	668	1.46197
	福贡县	东经 98°41′～99°02′	北纬 26°28′～27°32′	4675	989	1.63739
	贡山县	东经 98°08′～98°56′	北纬 27°29′～28°23′	5665	1170	2.22097
	兰坪县	东经 98°58′～99°38′	北纬 26°06′～27°04′	4407	1275	1.56662
迪庆州	香格里拉市	东经 99°20′～100°19′	北纬 26°52′～28°52′	5358	1416	1.94008
	德钦县	东经 98°35′～99°32′	北纬 27°33′～29°16′	6661	1697	2.21132
	维西县	东经 98°47′～99°34′	北纬 26°53′～28°02′	4705	1425	1.66112

附录 7　云南省综合自然区划

一、背景

《云南省综合自然区划》由杨一光先生编著，于 1991 年出版。该书是在遵循综合自然区划的一般原理及研究范式的基础上，实事求是地依据云南省复杂的自然地理环境进行编撰的。尽管该区划更多的是在植被调查的基础上编写的，但是它是首次以整个云南省作为范围尺度的综合自然区划成果。既是对中国综合自然区划的补充，又是云南省的社会经济规划后续该地区其他区划研究的重要参考依据。

二、主要内容

该书始终坚持地理区划的基本范式：首先，进行云南省整体地理环境及其地域分异格局下的地貌、气候、水温、土壤、植被等自然地理要素的分析，即自然地理环境要素及其综合体分析。其次，在遵循综合自然区划的一般原理及研究范式的基础上，还结合了云南省地貌北高南低及其地形复杂多样的特点。特制定如下原则：由于地貌复杂，自然地带必然是内部结构相当复杂的地域单元，是多种自然景观的地域组合体；特定的自然地带，具有其特定的自然景观组合模式；自然地带间划分需要遵循代表性土壤和植被类型的“显域性”和自然地带内土地和植被的“隐域性”原则；科学地确定基带的位置和范围原则；自然地带应具有农业生态意义的原则；独特的垂直分异（反垂直带）原则等，提出与云南省独特而复杂的地域分异特征相适应自然地带、自然地区和自然区三级制区划方案。最后，在全面分析认真研究云南特有的地域分异特征的基础上，将综合自然区划的一般原则（发生统一性原则、综合分析与主导因素原则、相对一致性原则、区域共轭性原则）和方法（叠置法、地理相关分析法和主导标志法相结合）因地制宜地应用于云南独特的自然地理环境中，将云南省划分为5个自然地带、8个自然地区、22个自然区。

三、分区系统及示意图

云南省分区系统及示意图如附表7-1和附图7-1所示。

附表7-1　云南省综合自然区划分区系统

自然地带	自然地区	自然区
Ⅰ热带北缘地带	Ⅰ$_{A}$滇南-滇西南低中山盆谷区	Ⅰ$_{A1}$西双版纳低中山盆谷区
		Ⅰ$_{A2}$德宏-孟定中山宽谷区
	Ⅰ$_{B}$滇东南中山河谷地区	Ⅰ$_{B1}$河口中山低谷区
Ⅱ亚热带南部地带	Ⅱ$_{A}$滇西南中山山原地区	Ⅱ$_{A1}$思茅中山山原盆谷区
		Ⅱ$_{A2}$临沧中山山原区
		Ⅱ$_{A3}$梁河-龙陵中山山原区
	Ⅱ$_{B}$滇东南岩溶高原山原地区	Ⅱ$_{B1}$蒙自-元江高原盆地峡谷区
		Ⅱ$_{B2}$文山岩溶山原区
Ⅲ亚热带北部地带	Ⅲ$_{A}$滇西南横断山脉地区	Ⅲ$_{A1}$保山-凤庆中山盆地宽谷区
		Ⅲ$_{A2}$腾冲中山盆谷区
		Ⅲ$_{A3}$云龙-兰坪高中山原区
		Ⅲ$_{A4}$怒江高山峡谷区
	Ⅲ$_{B}$滇东高原地区	Ⅲ$_{B1}$昆明-玉溪湖盆高原区
		Ⅲ$_{B2}$楚雄红岩高原区
		Ⅲ$_{B3}$曲靖岩溶高原区
		Ⅲ$_{B4}$昭通-宣威山地高原区
		Ⅲ$_{B5}$丘北-广南岩溶山原区
		Ⅲ$_{B6}$大理-丽江盆地中高山区
		Ⅲ$_{B7}$金沙江河谷区
Ⅳ亚热带东部地带	Ⅳ$_{A}$滇东北中山山原河谷地区	Ⅳ$_{A1}$滇东北边沿中山河谷区
		Ⅳ$_{A2}$镇雄高原中山区
Ⅴ寒温高原地带	Ⅴ$_{A}$滇西北高山高原地区	Ⅴ$_{A}$中甸-德钦高山高原区

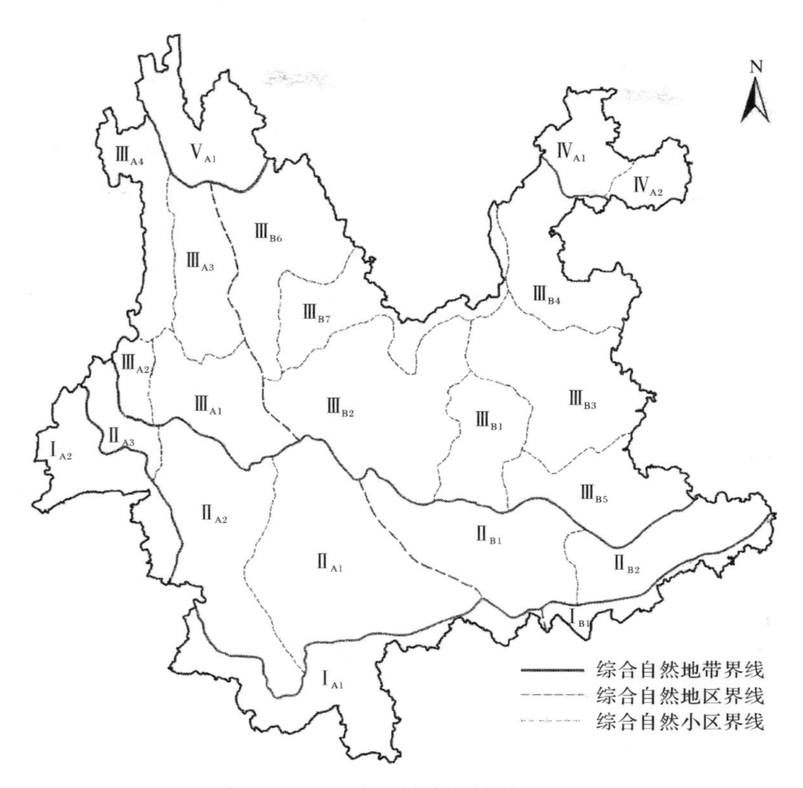

附图 8-1　云南省综合自然地理区划

四、评价与作用

《云南省综合自然区划》不仅服务了当时的社会生产，也为许多云南省相关区划的研究奠定了坚实的基础。如潘玉君教授的云南省主体功能区区划研究、杨月圆等的云南省土地利用敏感性评价、段旭的云南省冰冻灾害气候区划研究、杨旺舟的云南省生态经济区划研究、高庆彦的云南省可持续发展功能区划研究。尤其是在潘玉君教授的《省域主体功能区区划研究》一书的研究中发现云南省各类型主体功能区分区的空间分布格局与《云南省综合自然区划》的各级分区具有高度的相关性。同时，《省域主体功能区区划研究》又更加科学地、精确地揭示了《云南省综合自然区划》中各级分区未曾定量化研究的资源承载力与开发状况的关系。因此，《省域主体功能区区划研究》一书是对《云南省综合自然区划》的继承与创新，将会对云南省未来的区域国土空间开发与规划提供科学的指导意义。